机电工程类创新融合精品规划教材
“互联网＋”教育改革新理念教材

可编程控制器应用技术
（西门子 S7-1200）

张克飞 主审
刘玉涛 王树梅 姜修兰 主编
王晨丰 王 亮 李书领 赵 磊 王丽艳 李耀贵 副主编

·杭州·

图书在版编目（CIP）数据

可编程控制器应用技术：西门子 S7—1200 / 刘玉涛，王树梅，姜修兰主编. — 杭州：浙江工商大学出版社，2023. 7

ISBN 978-7-5178-5550-7

Ⅰ. ①可… Ⅱ. ①刘… ②王… ③姜… Ⅲ. ①可编程序控制器—高等职业教育—教材 Ⅳ. ①TM571. 61

中国国家版本馆 CIP 数据核字（2023）第 126896 号

可编程控制器应用技术：西门子 S7—1200

KEBIANCHENG KONGZHIQI YINGYONG JISHU：XIMENZI S7—1200

刘玉涛　王树梅　姜修兰　主　编

责任编辑　李相玲

封面设计　旗语书装

出版发行　浙江工商大学出版社

（杭州市教工路 198 号　邮政编码 310012）

（E-mail：zjgsupress@163. com）

（网址：http://www. zjgsupress. com）

电话：0571-88904980，88831806（传真）

排　　版　天利排版

印　　刷　唐山唐文印刷有限公司

开　　本　880mm×1230mm　1/16

印　　张　13. 5

字　　数　343 千

版 印 次　2023 年 7 月第 1 版　2023 年 7 月第 1 次印刷

书　　号　ISBN 978-7-5178-5550-7

定　　价　55. 00 元

PREFACE 前言

随着“中国制造”到“中国智造”的转变，我国围绕重点制造领域的关键环节，开展了新一代信息技术与制造装备融合的集成创新和工程应用，很多企业引入了自动化设备及自动化生产线。

西门子S7－1200 PLC作为中小型PLC的佼佼者，在硬件配置和软件编程上都有着强大的优势。本书在介绍西门子S7－1200 PLC项目的创建及硬件的配置基础上，结合PLC相关行业的岗位需求，将内容分为7个项目，分别为可编程控制器基础、PLC电动机启停与转身控制系统设计、PLC电动机定时与计数控制系统设计、功能指令的应用、数字量控制系统的设计、PLC网络通信与变频器控制系统设计、单部四层电梯控制系统的设计。

结合行业岗位新的能力要求介绍西门子公司新一代小型S7－1200 PLC在生产实践中的典型应用。在各项目任务过程中，由浅入深、逐步递进地将知识融入学习与操作中，在做中学，学教合一。

本书每个项目后都配有项目实训，方便学生及时巩固与强化相关知识和技能，检测自己的学习效果。

本书遵守循序渐进的学习规律，内容新颖、结构合理，着重培养学生综合职业能力，为职业院校及技工院校相关专业可编程控制器课程的教材，也可作为工程技术人员的参考书。

由于编者水平有限，书中存在的不妥之处，恳请各位读者朋友批评指正。

编　者

目　录

CONTENTS

项目一　可编程控制器基础

项目导入

可编程控制器（PLC）自诞生以来，凭借其控制能力强、可靠性高、配置灵活、编程简单、使用方便、易于扩展等优点，成为当今工业自动化中重要的控制设备。本项目将介绍可编程控制器的入门知识。

思政目标

感受中国科技的腾飞，增强民族自信心。

培养崇尚技艺、求实创新的职业品质。

知识目标

了解 PLC 的产生、定义、发展历程和趋势。

了解 PLC 的分类和应用。

了解 PLC 的组成。

了解西门子 S7－1200 PLC 的硬件系统、工作原理和开发环境。

技能目标

能够完成西门子 S7－1200 PLC 的安装和接线。

能够正确安装和使用 TIA 博途软件。

任务一　初识可编程控制器

可编程控制器是在继电器控制和计算机控制的基础上开发出来专门在工业环境中应用的控制器。它集计算机技术、控制技术、通信技术于一体，具备逻辑控制、过程控制、运动控制、数据处理和联网通信等功能，被公认为现代工业自动化的三大支柱之一。

一、PLC 的产生和定义

1. PLC 的产生

1968 年美国通用汽车公司公开招标，要求用新的控制装置取代生产线上的继电器一接触器控制系统，要求新的控制装置满足以下条件。

（1）编程简单，可现场修改程序。

（2）维护方便，最好是插件式。

（3）可靠性高于继电器控制装置。

（4）体积小于继电器控制装置。

（5）数据可以直接送入管理计算机。

（6）成本上可以和继电器控制装置竞争。

（7）输入信号可以是交流电压 110～220 V。

（8）输出电流可达 2 A，可以直接驱动电磁阀。

（9）用户存储器容量大于 4 KB 且能扩展。

（10）系统功能扩展和升级方便。

1969 年美国数字设备公司根据上述要求，研制出了世界上第 1 台可编程序控制器 PDP－14，并在通用汽车公司的自动生产线上成功试用。从此以后，这项研究技术迅速发展，从美国、日本、欧洲普及全世界。

因为这种新型工业控制装置可以通过编程改变控制方案，且专门用于逻辑控制，所以人们将其称为可编程序逻辑控制器（programmable logic controiler，PLC）。

2. PLC 的定义

1980 年，美国电气制造商协会（national electronic manufacture association，NEMA）将可编程序逻辑控制器正式命名为可编程控制器（programmable controller），简称 PC。但人们为了与个人计算机相区别，仍称它为 PLC。

国际电工学会（interlaational electro technical commission，IEC）在 1987 年 2 月发布的可编程控制器第三稿标准草案中，对 PLC 做了如下定义：可编程控制器（PLC）是一种数字运算操作的电子系统，专为工业环境应用而设计；它采用可编程序的存储器，用于存储内部程序，执行逻辑运算、顺序控制、定时、计数和算术运算等面向用户的指令，并通过数字式或模拟式输入、输出控制各种类型的机械或生产过程。

二、PLC 的发展历程和趋势

1. PLC 的发展历程

20 世纪 70 年代初，人们将微处理器技术引入 PLC 中，增加了 PLC 的运算、数据传送及处理功能。此时的 PLC 成为了真正具有计算机特征的工业控制装置。

20 世纪 70 年代中末期，PLC 进入了实用化发展阶段。此时，由于全面引入了计算机技术，PLC 的性能有了大幅度提高。超快的运算速度，超小型的体积，可靠的工业抗干扰能力，强大的模拟量运算功能，以及高的性价比奠定了它在现代工业中的地位。

20 世纪 80 年代初，PLC 进入了成熟阶段。在这个时期，PLC 的发展呈现出大规模、高速度、高性能、产品系列化的特点。

20 世纪 80 年代至 90 年代中期，PLC 进入发展最快的时期。在这个时期，PLC 的模拟量处理能力、数字运算能力、人机接口能力和网络能力等都有了大幅度提高，并逐渐进入过程控制领域。

如今，PLC 技术已非常成熟，不仅控制功能增强，功耗和体积减小，成本下降，可靠性提高，而且编程和故障检测更为灵活方便。随着远程 I/O（输入/输出）和通信网络、数据处理及图像显示的发展，PLC 成为实现工业生产自动化的三大支柱之一。

2. PLC 的发展趋势

随着计算机技术、人工智能技术、通信技术及网络技术的发展，PLC 技术正朝着两极化、网络化、模块化和智能化方向发展。

（1）产品规模两极化。一方面，大力发展速度更快、性价比更高的小型和超小型 PLC，以满足单机及小型自动控制的需要；另一方面，向高速度、大容量、技术完善的大型 PLC 方向发展。

（2）通信网络化。网络控制是当前控制系统和 PLC 技术发展的潮流。目前，为了加强 PLC 的联网能力，制造商都在发展专用的通信模块和通信软件。随着工业网络技术的发展，各 PLC 制造商之间也在寻求统一的通信标准，以构成更大的网络系统。

（3）结构模块化、智能化。近年来，PLC 厂家先后开发了不少新器件和模块，如智能 I/O 模块、温度控制模块和专门用于检测 PLC 外部故障的专用智能模块等。这些智能模块本身就是一个小的微型计算机系统，有很强的信息处理能力和较完善的控制功能，可以简化系统设计和编程，完成 PLC 的主 CPU 难以兼顾的功能，提高 PLC 的适应性和可靠性。

三、PLC 的分类和应用

1. PLC 的分类

PLC 的种类繁多，可以从不同的角度对其进行分类。

（1）按结构形式分类。按照其结构形式的不同，PLC 可分为整体式和模块式两类。

整体式 PLC 是将电源、CPU、存储器、I/O 单元等集中在一个机壳内，形成一个整体，如欧姆龙 CPM1A 系列、西门子 S7－200 系列和三菱 FX_{2N}系列的：PLC 等，如图 1-1 所示。

模块式 PLC 按照各组成部分的功能不同分成若干个模块，如电源模块、CPU 模块、I/O 模块、通信模块等。用户可以根据系统要求，组合不同的模块，形成不同用途的 PLC 系统，如欧姆龙 CQM1H 系列、西门子 S7－300/400 系列、西门子 S7－1200/1500 系列和三菱 Q 系列的 PLC 等，如图 1-2 所示。

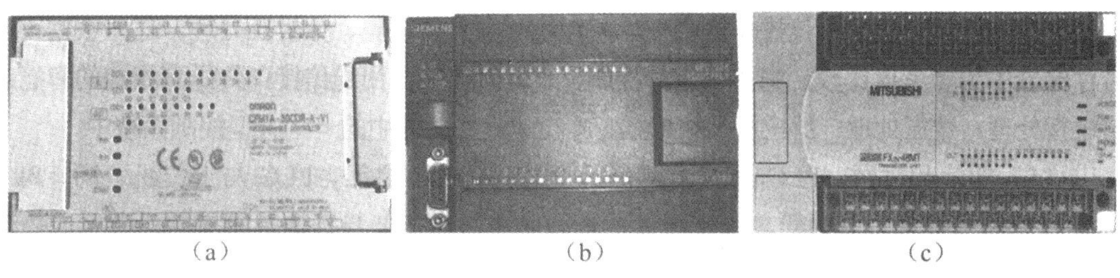
（a）　（b）　（c）

图 1-1　整体式 PLC

（a）欧姆龙 CPM1A 系列 PLC　（b）西门子 S7－200 系列 PLC　（c）三菱 FX_{2N}系列 PLC

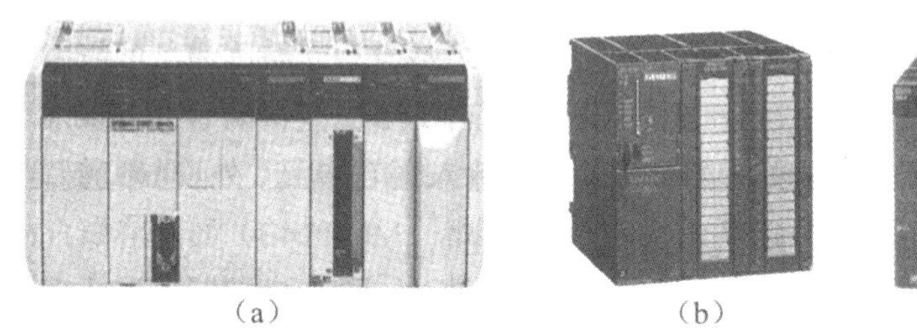
（a）　（b）　（c）

图 1-2　模块式 PLC

（a）欧姆龙 CQM1H 系列 PLC　（b）西门子 S7－300 系列 PLC　（c）三菱 Q 系列 PLC

（2）按 I/O 点数分类。根据其 I/O 点数的多少，PLC 可分为小型机、中型机和大型机 3 类。通常将 I/O 点数在 256 点以下的 PLC 称为小型 PLC，如西门子 S7－1200 系列；将 I/O 点数在 256～2 048 之间的 PLC 称为中型 PLC，如西门子 S7－300 系列；将 I/O 点数在 2 048 以上的 PLC 称为大型 PLC，如西门子 S7－400 系列。

（3）按功能分类。按照其功能强弱，PLC 可分为低档机、中档机和高档机 3 类。小型 PLC 多为低档机，中型 PLC 多为中档机，而大型 PLC 多为高档机。

2. PLC 的应用

目前，PLC 已广泛应用于钢铁、石油、化工、电力、建材、机械制造、汽车、轻纺、交通运输、环保及文化娱乐等各个行业，其应用方向主要有以下几类。

（1）开关量逻辑控制。PLC 可以取代传统的继电器．接触器控制，实现逻辑控制和顺序控制。开关量逻辑控制广泛应用于注塑机、组合机床、磨床、包装生产线、电镀流水线等。

（2）工业过程控制。在工业生产过程中，常存在一些如温度、压力、流量、液位和速度等连续变化的量（即模拟量），PLC 通常采用相应的 A/D 和 D/A 转换模块及各种各样的控制算法来处理这些模拟量，完成闭环控制。工业过程控制广泛应用于冶金、化工、热处理、锅炉控制等。

（3）运动控制。目前，大多数 PLC 制造商已提供了步进电机或伺服电机的单轴或多轴位置控制模块。在多数情况下，PLC 将描述目标位置的数据送给位置控制模块，位置控制模块控制电机移动一轴或多轴到目标位置。当轴移动时，位置控制模块保持适当的速度和加速度，确保运动平滑。运动控制广泛应用于各种机械、机床、机器人、电梯等。

（4）数据处理。PLC 具有数学运算（包含矩阵运算、函数运算、逻辑运算）、数据传送、数据转换、排序、查表、位操作等功能，可以完成数据的采集、分析及处理。这些数据可以与存储器中的参考值比较，完成一定的控制操作，也可以利用通信接口传送到指定的智能装置进行处理。数据处理广泛应用于如造纸、冶金、食品工业中的一些大型控制系统中。

（5）通信和联网。PLC 通信通常包括 PLC 与 PLC 之间、PLC 与上位机之间、PLC 与其他智能设备（如变频器、数控装置）之间的通信。PLC 与其他智能控制设备一起，可以构成“集中管理、分散控制”的分布式控制系统，以满足工厂自动化系统发展的需要。

四、PLC 的组成

PLC 由硬件系统和软件系统组成。

1. PLC 的硬件系统

PLC 的硬件系统包括 CPU（中央处理器）、存储器、输入/输出单元、外设 I/O 接口（通信接口）、I/O 扩展接口、电源等部分。

图 1-3 为整体式 PLC 的硬件组成，所有单元在同一机壳内；图 1-4 为模块式 PLC 的硬件组成，各部件独立封装成模块，各模块通过总线连接。

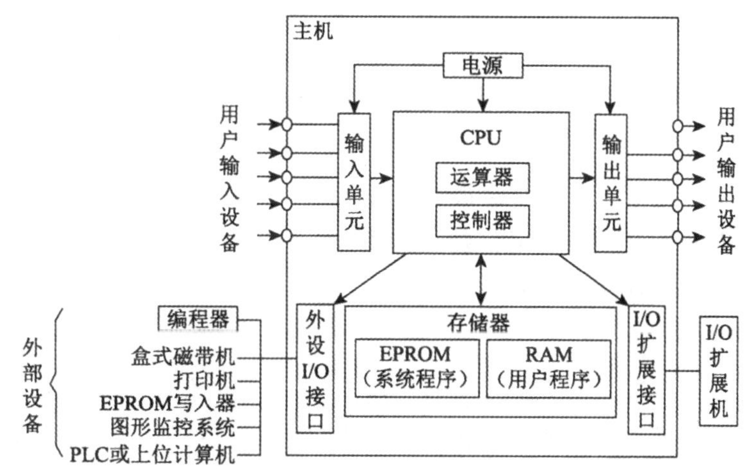

图 1-3　整体式 PLC 的硬件组成

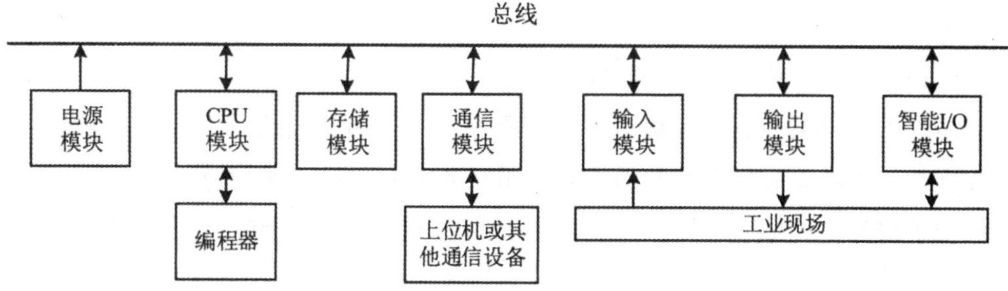

图 1-4　模块式 PLC 的硬件组成

尽管整体式 PLC 与模块式 PLC 的结构不太一样，但各部分的功能是相同的，下面简单介绍 PLC 的主要硬件组成。

（1）CPU。在 PLC 中，CPU 在系统监控程序的控制下，通过循环扫描方式，将外部输入信号的状态写入输入映像寄存器中，PLC 进入运行状态后，从存储器中逐条读取用户指令，按指令规定的任务进行数据传送、逻辑运算、算术运算等操作，然后将结果送到输出映像寄存器中。

CPU 常用的微处理器包括通用微处理器、单片机和位片式微处理器等。

（2）存储器。PLC 的存储器按照读写方式不同，可分为只读存储器和随机存储器；按照用途和功能不同，可分为系统程序存储器和用户存储器。

系统程序存储器主要存放 PLC 生产厂家编写的系统程序并固化在只读存储器中，用户不能访问和修改；而用户存储器专门用来存储用户的程序和数据，常存放在可电擦除可编程的只读存储器（EEPROM）和随机存储器（RAM）中。

提 示

由于系统程序与用户无直接联系，所以在 PLC 产品样本或使用手册中所列存储器的形式及容量是指用户存储器。为避免出现用户存储器容量不够用的情况，许多 PLC 提供了存储器扩展功能。

（3）输入/输出单元也称 I/O 单元或 I/O 模块，是 PLC 与工业生产现场之间的连接部件。PLC 输入单元的作用是将外部电路（如按钮、行程开关、传感器的监测数据）的状态或数据，通过光电耦合电路送至 PLC 内部电路中。PLC 输出单元的作用是将 PLC 的输出信号转换为可以驱动外部电路的信号，以便控制执行元件（如接触器线圈、电机、阀门、水泵等）。

（4）外设 I/O 接口。通信接口与监视器、打印机、其他 PLC、计算机等设备实现信息交互。例如，PLC 可以通过 Profibus 通信接口与其他 PLC 连接，组成多机系统或连成网络，实现更大规模的控制；可以通过以太网通信接口与计算机连接，组成多级分布式控制系统，实现控制与管理相结合。

（5）智能接口模块。为了适应较复杂的控制需要，PLC 还有一些智能接口模块，也称为智能控制单元，如 PID 模块、高速计数器模块、温度控制模块等。这类模块大多带有单独的 CPU，有一定的数据处理能力。

2. PLC 的软件系统

PLC 的软件系统由系统程序和用户程序组成。系统程序一般包括系统诊断程序、输入处理程序、编译程序、信息传送程序、监控程序等。

用户程序是用户根据控制要求编写的应用程序，主要功能包括以下 3 个方面。

（1）检查是否满足热启动需要的条件，如限位开关是否在正确位置。

（2）处理过程数据。例如，用数字量输入信号来控制数字量输出信号，读取和处理模拟量输入和输出模拟量等。

（3）用 OB（组织块）中的程序对中断事件做出反应。例如，在诊断错误终端组织块中发出报警信号，以及处理异常信号等。

PLC 用户程序通常采用相对简单、易懂、形象的专用语言。不同生产厂家、不同系列的 PLC 采用的编程语言的表达方式通常是不同的，但基本上可归纳为两种类型：一是采用字符表达方式的编程语言，如语句表、文本语言等；二是采用图形符号表达方式的编程语言，如梯形图、功能块图、顺序功能图等。

五、市场上的主流 PLC

目前，市场上的主流 PLC 按地域不同可分成 3 大流派，即美国 PLC、欧洲 PLC 和日本 PLC，美国和欧洲的 PLC 技术是在相互隔离的情况下独立研究开发的，因此它们的产品有明显的差异。而日本的 PLC 技术是由美国引进的，故继承了一些美国 PLC 的特点。

1. 美国 PLC

美国是 PLC 生产大国，有 100 多家 PLC 厂商，其中 A－B（罗克韦尔）公司是美国最大的 PLC 制造商，其产品约占美国 PLC 市场的一半，在中国应用也较多。

大型机主要包括专为分布式和上位控制应用项目而设计的 ControlLogix 5570 系列和 ControlLogix 5580 系列的 PLC，它们提供了模块化的架构、各种 I/O 及网络，常用于食品、石油、天然气、化工、塑料、生命科学、金属和矿山等行业。

小型机主要包括 CompactLogix 5480 系列和 CompactLogix 5380 系列的 PLC，它们的主要性能包括：①支持高速 I/O、运动控制、设备级环网和线性拓扑结构；②提供千兆位（Gb）的嵌入式 EtherNet/IP 端口；③提供增强的安全功能，包括基于控制器的变更检测、加密固件、基于角色的例程和用户自定义指令访问控制；④提供基于 EtherNet/IP 的集成运动控制。

CompactLogix 5480 系列 PLC 还集成了用于连接高精度工业监视器的 DisplayPort，以及用于连接外围产品和扩展数据存储的 USB 3.0 端口，因此，适用于需要较高性能控制和较大数据吞吐量的大中型应用项目。

此外，A－B 公司还提供微型 PLC，以满足简单机械的基本控制需求，包括继电器替换及简单的定时和逻辑控制。

2. 欧洲 PLC

欧洲著名的 PLC 制造商包括德国的西门子（SIEMENS）公司、法国的 TE 公司、施耐德电气公司（schneider electric，SA）等。其中，德国的西门子 PLC 因其性能精良、性价比高在中国占有较大的市场份额，在冶金、化工、印刷生产线等领域都有应用。

西门子 PLC 按照控制规模不同，可分为小型机、中型机和大型机。其中，小型机主要包括 S7－200 系列和 S7－1200 系列的 PLC 等。

西门子 S7－300 系列的 PLC 是最常用的中型机，其控制点一般不大于 2 048 个，可以用于对设备的直接控制，也可以对多个下一级的 PLC 进行监控，适用于中型或大型控制系统。

大型机主要包括 S7－400 系列和 S7－1500 系列的 PLC，其控制点一般大于 2 048 点，能完成较复杂的算术运算，还能进行复杂的矩阵运算。

3. 日本 PLC

日本有许多 PLC 制造商，如三菱、欧姆龙、松下、富士、日立、东芝等。日本主推的产品是小型 PLC，在小型 PLC 市场中，日本产品约占 70%的份额。其中，在中国较为流行的是三菱和欧姆龙的 PLC 产品。

三菱 PLC 是较早进入中国市场的产品。其中具有代表性的小型 PLC 是 FX3U 系列 PLC，它是三菱电机公司推出的第三代小型 PLC，是 FX2N 系列 PLC（2012 年 12 月起，三菱电机不再供货）的替代产品。

欧姆龙公司目前还在生产的小型机主要包括 CP1H 系列、CP1L 系列、CP2E 系列和 CJ2 系列。其中，CP2E 系列 PLC（CP1E 的替代品）增强了与网络和外围设备的连接性，并可通过所提供的功能块实现复杂的控制。

目前，CS1 系列 PLC 是欧姆龙公司主推的中型机。CS2 系列 PLC 集自动化控制和过程控制为一体，具有中型机的规模、大型机的功能。

任务二　认识西门子 S7－1200 PLC

S7－1200 PLC 作为西门子公司在小型 PLC 领域的主打产品，吸纳了 S7－200 PLC 和 S7－300 PLC 的优点，将逻辑控制、人机接口和网络控制功能集成于一体，具有模块化、结构紧凑、功能全面、组态灵活和集成工业以太网通信接口等特点，可满足小型独立的离散控制系统处理复杂控制任务的需求。

一、西门子 S7－1200 PLC 的硬件系统

西门子 S7－1200 PLC（见图 1-5）采用模块式结构，将主要模块（CPU 模块、信号板、信号模块和通信模块等）安装在标准 DIN 导轨或面板上。用户可以根据自身的需求确定 PLC 的结构，系统扩展方便。

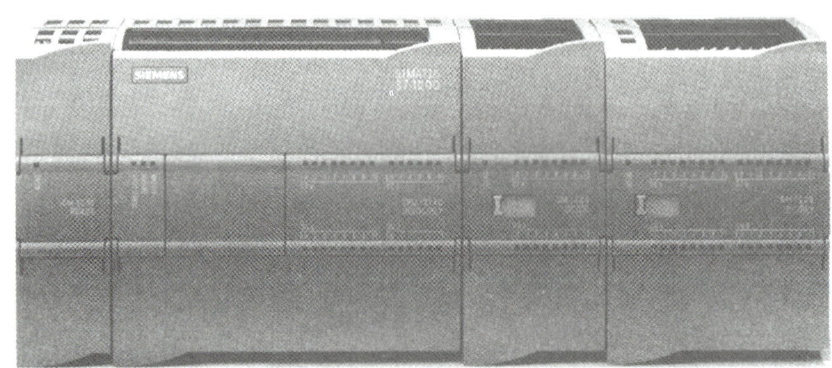

图 1-5　S7－1200 PLC

1. CPU 模块

S7－1200 PLC 的 CPU 将微处理器、集成电源、输入和输出电路、内置 PROFINEF、高

速运动控制 I/O 及板载模拟量输入组合到一个设计紧凑的外壳中，形成功能强大的控制器。

S7－1200 PLC 的 CPU 模块主要包括 CPU1211C、CPU1212C、CPU1214C、CPU1215C 和 CPU1217C 系列，其技术参数如表 1-1 所示。

表 1-1　S7－200 PLC 各系列的技术参数

特征和功能	CPU1211C	CPU1212C	CPU1214C	CPU1215C	CPU1217C
CPU 的类型	DC/DC/DC、DC/DC/RLY、AC/DC/RLY				DC/DC/DC
本机数字量 I/O 点数	6/4			8/6	
本机模拟量 I/O 通道数	2/0			2/2	
输入过程映像（I）	1 024 个字节				
输出过程映像（Q）	1 024 个字节				
工作存储区	50 KB	75 KB	100KB	125 KB	150KB
装载存储区	1 MB	2 MB	4 MB		
位存储器（M）	4 096 个字节		8 192 个字节		
可扩展信号模块个数	无	2	8		
信号板、电池板或通信板	1				
最大本地数字量 I/O 点数	14	82	284		
最大本地模拟量 I/O 通道	13	19	67	69	
高速计数器	最多可组态 6 个使用任意内置或信号板输入的高速计数器				
脉冲输出	最多可组态 4 个使用任意内置或信号板输出的脉冲输出				
上升沿/下降沿中断点数	6/6	8/8	12/12		
脉冲捕获输入点数	6	8	14		
PROFINET 接口	1			2	
数据日志	每次最多打开 8 个 每个数据日志为 500 MB 或受最大可用装载存储器用量限制				
外观尺寸/mm	90×100×75		110×100×75	130×100×75	150×100×75

注：DC 表示直流电信号、AC 表示交流电信号，RLY 表示继电器输出。

2. 信号板

信号板（signal board，SB）（见图 1-6）是 S7－1200 PLC 所特有的硬件设置，任何一种 CPU 模块都可以在其正面安装一块信号板。S7－1200 PLC 的信号板主要包括数字量输入/输出（DI/DO）板、模拟量输入/输出（AI/AO）板和通信板，其技术规范如表 1-2 所示。

图 1-6　信号板

表 1-2　信号板的技术规范

分类	名称	作用
DI/DO	SB1221	4 点的数字量输入信号板
	SB1222	4 点的数字量输出信号板
	SB1223	12 点输入/2 点输出的数字量输入/输出信号板
AI/AO	SB1231	1×12 位的模拟量输入信号板
	SB1231	1 个通道的热电偶和 1 个通道的热电阻模拟量输入信号板
通信板	CB1241	RS485 接口和 9 针 d－sub 插座

3. 信号模块

S7－1200 PLC 的信号模块（I/O 模块）也称为 SM 模块，主要用于扩展 PLC 的输入/输出点数，增加 PLC 的附加功能。信号模块通常安装在 CPU 模块的右侧。

信号模块按其信号类型不同，可分为数字量模块和模拟量模块。其中，数字量模块包括数字量输入模块、数字量输出模块和数字量输入/输出模块，模拟量模块包括模拟量输入模块、模拟量输出模块和模拟量输出/输出模块。

常见信号模块的技术规范如表 1-3 和表 1-4 所示。

表 1-3　数字量 I/O 模块

型号	类型	订货号	输入，输出点数及类型	输入/输出电源类型
SM1221	数字量输入模块	6ES7 221－1BF32－0XB0	8/0	DC 24V
		6ES7 221－1BH32－0XB0	16/0	DC 24V
SM1222	数字量输出模块	6ES7 222－1BF32.0XB0	0/8	DC 24V，0.5A
		6ES7 222－1BH32－0XB0	0/16	DC 24V，0.5A
		6ES7 222－1HF32－0XB0	0/8（RLY）	2 A
		6ES7 222－1HH32－0XB0	0/16（RLY）	2 A
		6ES7 222－1XF32－0XB0	0/8（RLY 双态）	2 A
SM1223	数字量输入/输出模块	6ES7 223－1BH32－0XB0	8/8	DC 24V，0.5A
		6ES7 223－1BL32－0XB0	16/16	DC 24V，0.5A
		6ES7 223－1PH32－0XB0	8/8（RLY）	DC 24V/2A
		6ES7 223－1PL32－0XB0	16/16（RLY）	DC 24V/2A
		6ES7 223－1QH32－0XB0	8/8（RLY）	AC 120V/2A

注：RLY 表示继电器输出。

表 1-4　模拟量 I/O 模块

型号	相关说明
SM1231 模拟量输入模块	包括 4 路、8 路的 13 位模块和 4 路的 16 位模块，可选±10 V、±5V、0～20mA 和 4～20mA 等多种量程

型号	相关说明
SM1231 热电偶和热电阻模块	包括 4 路、8 路的热电偶模块和 4 路、8 路的热电阻模块，可选多种量程的传感器
SM1232 模拟量输出模块	包括 2 路和 4 路的模拟量输出模块，±10 V 电压输出为 14 位，0～20mA 和 4～20mA 电流输出为 13 位
SM1234 模拟量输入/输出模块	包括 4 路模拟量输入和 2 路模拟量输出，输入为 13 位，输出为 14 位

4. 通信模块

S7－1200 PLC 集成了 PROFINET（一种基于工业以太网技术的现场总线）接口，CPU 可以通过这个接口与计算机、PROFINET I/O 设备及使用标准 TCP 协议的设备进行通信。

另外，在 CPU 的左边，最多还可以安装 3 个通信模块。这些模块可以是点对点模块、PROFIBUS 模块、工业远程通信模块、AS－i 接口模块和 IO－Link 模块。通过这些模块，可以实现 PLC 与计算机、PLC 或 PLC 之间的通信，也可以和其他控制部件或智能模块通信或组成局部网络。因此，可以说通信模块的能力代表了 PLC 的组网能力。

二、西门子 S7－1200 PLC 的工作原理和工作模式

1. S7－1200 PLC 的工作原理

S7－1200 PLC 采用循环扫描的工作方式，即“顺序扫描，循环工作”。当 PLC 正常运行时，它将根据用户按控制要求编制的程序，按照指令序号循环扫描。

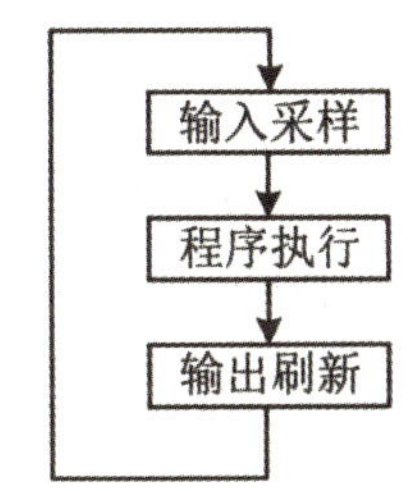

图 1-7　S7－1200PLC 原理

如果忽略远程 I/0 特殊模块和其他通信服务，扫描过程可分为“输入采样”“程序执行”“输出刷新”3 个阶段，如图 1-7 所示。整个过程扫描并执行一次所需要的时间称为扫描周期。

（1）输入采样阶段。CPU 首先扫描所有输入端子，并将各输入状态存入对应的输入映像寄存器中。此时，输入映像寄存器被刷新，接着进入程序执行阶段。

提　示

在程序执行阶段和输出刷新阶段，输入映像寄存器与外界隔离，无论输入信号如何变化，其内容保持不变，直到下一个扫描周期的输入采样阶段，才重新写入输入端的新内容。

（2）程序执行阶段。根据 PLC 梯形图程序扫描原则，CPU 按先左后右、先上后下的顺序逐点扫描。若遇到程序跳转指令，则根据是否满足跳转条件来决定程序的跳转地址。当指令中涉及输入、输出状态时，CPU 就从输入映像寄存器中“读入”上一阶段采入的对应输入端子的状态，从数据块中“读入”对应元件（软继电器）的当前状态，然后进行相应的运算，再将运算结果存入输出映像寄存器中。对输出映像寄存器来说，每一个元件（软继电器）的

状态都会随着程序执行过程而变化。

（3）输出刷新阶段。在所有指令执行完毕后，输出映像寄存器中所有输出继电器的状态（接通/断开）在输出刷新阶段转存到输出锁存器中，通过一定方式驱动外部负载。

综上可知，PLC 在一个扫描周期内，对输入状态的扫描只是在输入采样阶段进行，输出值也只有在输出刷新阶段才能被送出去，而在程序执行阶段输入端和输出端均被封锁。这就是集中采样、集中输出方式。

2. S7－1200 PLC 的工作模式

S7－1200 PLC 有 3 种工作模式，即 STOP 模式、STARTUP 模式和 RUN 模式。在 STOP 模式下，CPU 不执行任何程序，此时用户可以编辑、修改、下载和上传程序；在 STARTUP 模式下，CPU 将执行一次“启动 OB”程序（如果存在）；在 RUN 模式下，CPU 重复执行 PLC 程序。

提 示

当 PLC 工作在 RUN 模式时，用户可以监视和修改输入接口的状态和数据，但无法修改和下载程序。

三、S7－1200 PLC 的开发环境

TIA 博途（TIA Portal）软件将所有的自动化软件工具都统一到一个开发环境中，是自动化行业内首个采用统一工程组态和软件项目环境的自动化软件。

自 2009 年发布第一款 SIMATIC STEP 7 V10.5（STEP 7 Basic）以来，TIA 博途软件经历了 V10.5、V11、V12、V13、V14、V15 和 V16 等版本，它支持西门子最新的硬件 S7－1200/1500 系列 PLC，并向下兼容 S7－300/400 等系列 PLC 和软件控制器（WinAC）。

TIA 博途软件包含 TIA 博途 STEP 7、TIA 博途 WineCC、TIA 博途 Startdrive 和 TIA 博途 SCOUT 等，用户可以根据实际应用情况，购买一种或几种软件产品的组合。

任务三 安装西门子 S7－1200 PLC

安装西门子 S7－1200 PLC 前，需先将 DIN 导轨固定到安装板上。

一、CPU 的安装

S7－1200 PLC 可以方便地安装在标准导轨或面板上，并且可以采用水平或垂直两种安装方式，如图 1-8 所示。

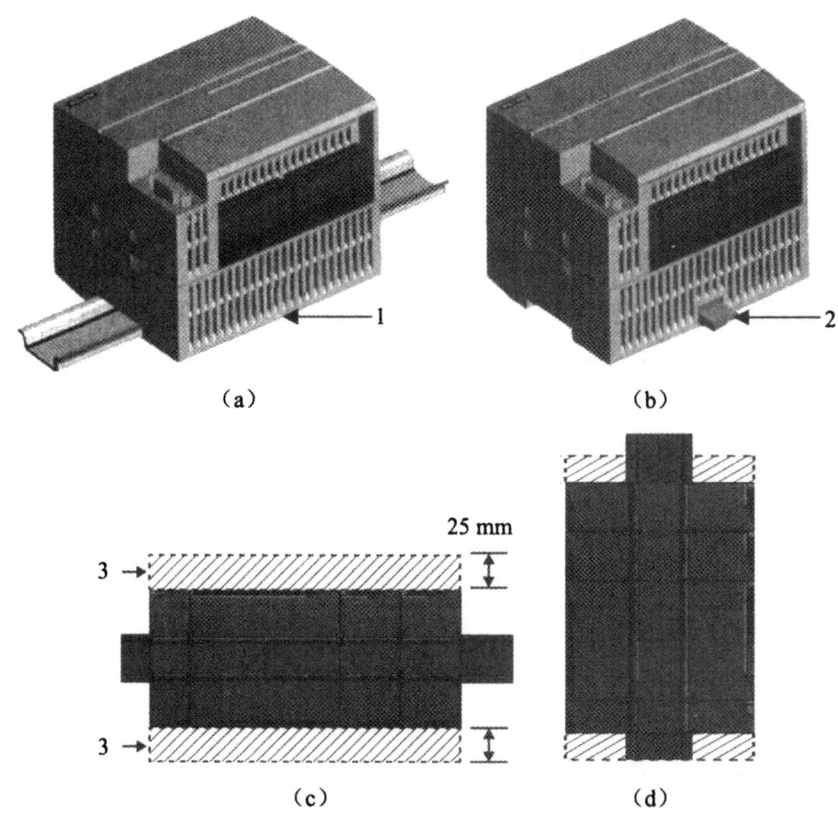

图 1-8　S7－1200 PLC 的安装方式

(a) DIN 导轨安装方式　(b) 面板安装方式　(c) 水平安装方式　(d) 垂直安装方式

1－卡夹处于锁紧位置；2－卡夹处于伸出位置；3－模块前端与机柜内壁间的深度

由于 S7－1200 PLC 需要通过自然对流冷却，所以在设备上方和下方必须留出至少 25 mm 的空隙。此外，模块前端与机柜内壁间至少应留出 25 mm 的深度。

如果有通信模块，应先将通信模块连接到 CPU 模块上，然后将整个组件作为一个单元安装到标准导轨或面板上，再安装信号模块。如果没有通信模块，可直接安装 CPU 模块，再安装信号模块。

提　示

安装时，要注意几点：①垂直安装时，允许的最大环境温度比水平安装时低 10℃；②在安装或拆卸任何模块（含引线）之前，要确保电源处于断开状态；③S7－1200 PLC 必须安装在外壳、控制柜或电控室内；④S7－1200 PLC 必须与热辐射、高压和电噪声隔离开。

二、S7－1200 PLC 的接线

(1) 供电电源接线。S7－1200 PLC 有两种供电方式，即 DC 24 V 和 AC 120～240 V，供电端子的接线方法如图 1-9 所示。其中，标记为 L＋/M 的电源端子为直流电源端，而标记为 L1/N 的电源端子为交流电源端，接线时必须首先确认 CPU 的类型及其供电方式。

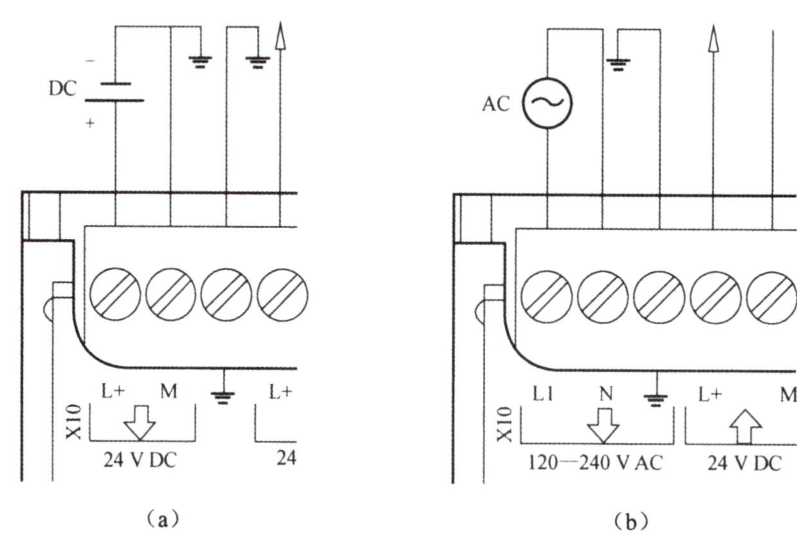

图 1-9　CPU 供电接线

(a) 直流电源接线方法　(b) 交流电源接线方法

(2) 数字量模块接线包括数字量输入模块和数字量输出模块接线。

S7－1200 PLC 的数字量输入方式有 DC 24 v 漏型输入和源型输入两种。漏型输入时，数字量输入公共端 1M 接 24 V 直流电源的负极，如图 1-10 (a) 所示；源型输入时，数字量输入公共端 1M 接 24 V 直流电源的正极，如图 1-10 (b) 所示。

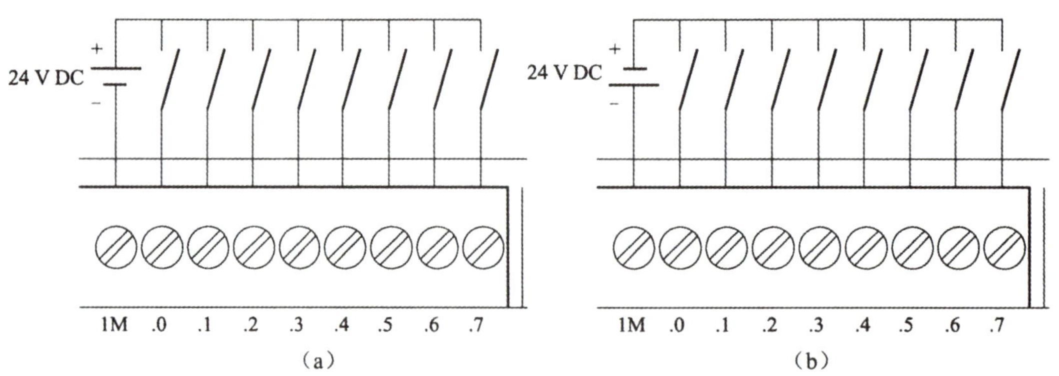

图 1-10　数字量输入接线

(a) 漏型输入　(b) 源型输入

S7－1200 PLC 的数字量输出方式有晶体管输出和继电器输出两种类型。其中，晶体管输出的 CPU 只支持直流信号输出，如图 1-11 (a) 所示；继电器输出的 CPU 可以接直流信号，也可以接 120～240 V 的交流信号，如图 1-11 (b) 所示。

(3) 模拟量模块接线包括模拟量输入模块和模拟量输出模块接线。

模拟量输入模块可以采用标准电流和电压信号，其接线方式根据模拟量仪表或设备线缆个数分为四线制、三线制和二线制 3 种类型，如图 1-12 所示。

模拟量输出模块可以输出标准电流和电压信号，其接线方式（以 SM1232 模块为例）如图 1-13 所示。

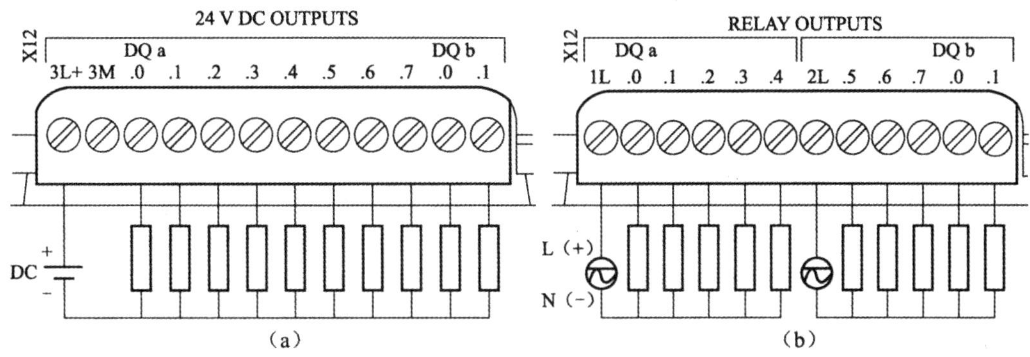

图 1-11　S7－1200 PLC 数字量输出接线

（a）直流晶体管输出接线　（b）继电器输出接线

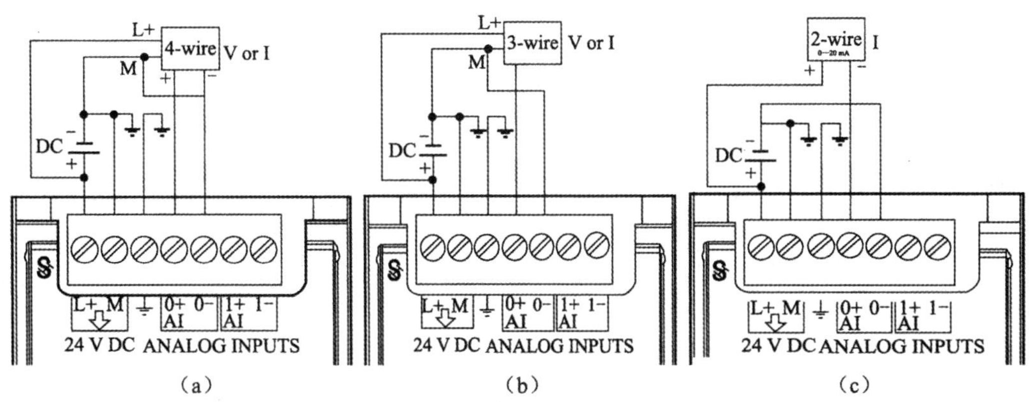

图 1-12　模拟量电流/电压接线

（a）四线制信号接线　（b）三线制信号接线　（c）二线制信号接线

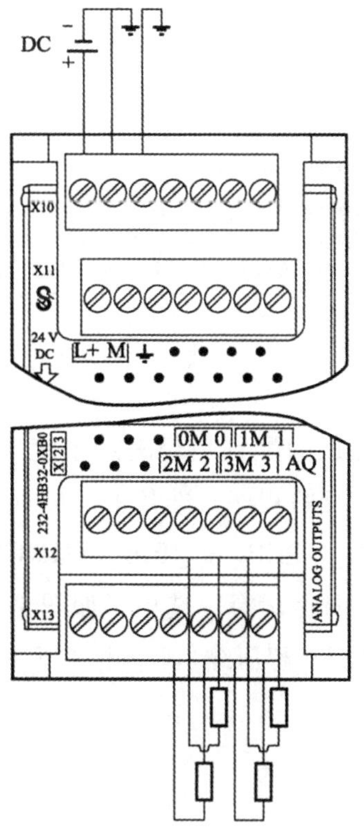

图 1-13　模拟量输出接线

提 示

在对任何电气设备进行接地或接线前，须确保已切断该设备的电源。同时，还要确保已切断所有相关设备的电源。

另外，在使用感性负载时，要加入抑制电路。抑制电路可以限制输出通断时电压的高压瞬变，保护输出，并可以限制感性负载开关时产生的电子噪声。

任务四 安装 TIA 博途软件

TIA 博途 STEP 7 有两种版本，一种为基础版（STEP 7 Basic），用于组态 S7－1200 PLC；另一种是专业版（sTEP 7 Proflessional），用于组态目前西门子品牌中除 S7－200 之外所有的 PLC 及、WinAC。

一、安装要求

本教材所使用的软件版本为 TIA 博途 STEP 7 V15.1 专业版。运行该软件推荐的计算机配置如表 1-5 所示。

表 1-5　推荐的计算机配置

配置	要求
操作系统	Microsoft Windows 7 或更高
处理器	Intel® Core™ i5－6440EQ 2.7 GHz 或更高
内存	16GB 或更大（大型项目为 32GB 以上）
硬盘	50 GB 的固态硬盘或更大
显示器	15.6" 全高清显示器（19202×1080 或更高）

二、安装步骤

在安装软件前首先要检查计算机的配置是否满足系统要求，并确保具有管理员权限。满足这两点要求后，关闭所有正在运行的程序，准备安装软件。

步骤 1　右击“TIA. _ Portal _ STEP _ 7 _ Pro _ WINCC _ Adv _ V15 _ 1. exe”文件，在弹出的快捷菜单中选择“以管理员身份运行”选项，如图 1-14 所示。

步骤 2　进入安装程序引导界面（解压缩），单击“下一步”按钮，如图 1-15 所示。

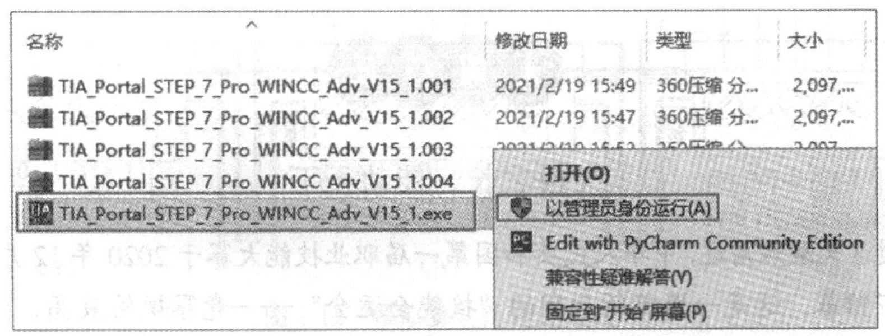

图 1-14　运行安装文件

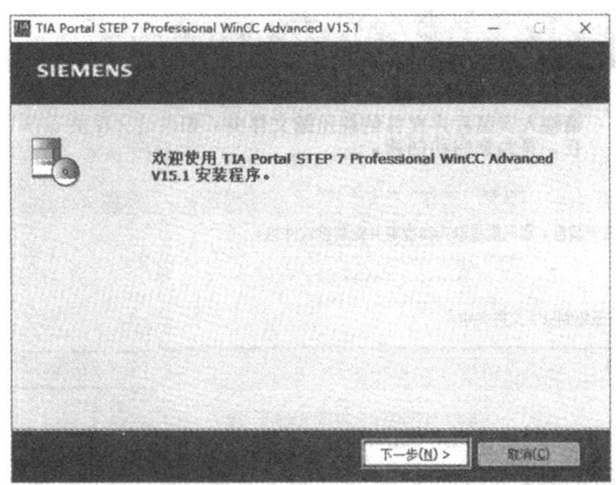

图 1-15　安装程序引导界面

步骤 3　进入选择安装语言界面，选中“下一步”按钮，如图 1-16 所示。

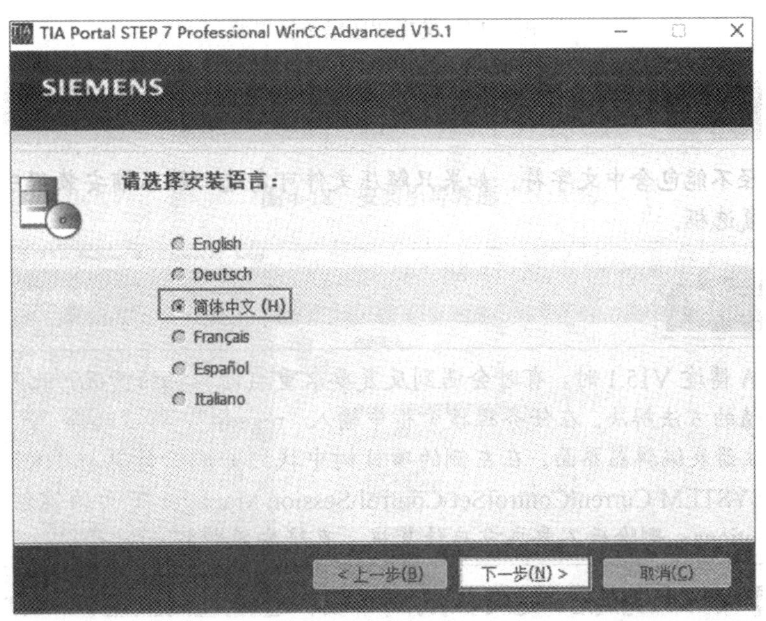

图 1-16　选择安装语言界面

步骤 4　进入解压缩路径设置界面，选择路径后，勾选“退出时删除提取的文件”复选框，单击“下一步”按钮进行解压缩，如图 1-17 所示。

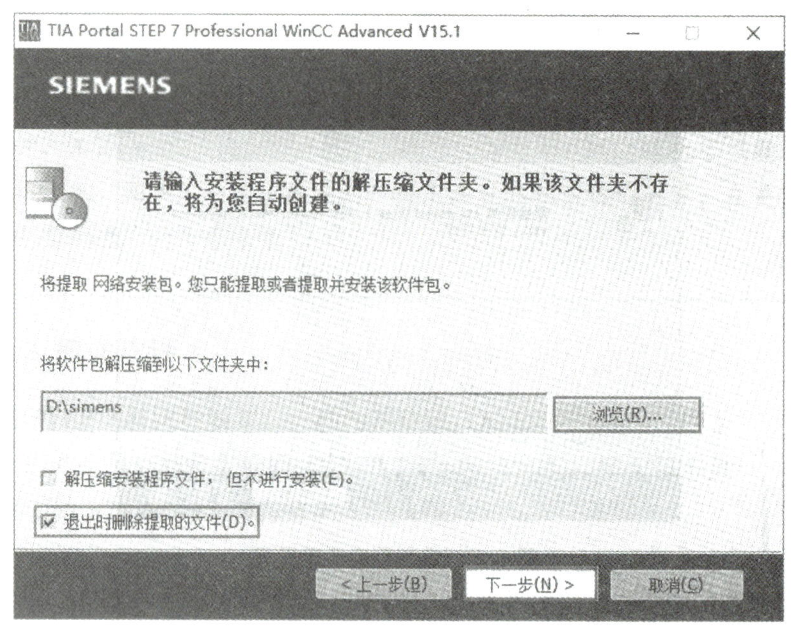

图 1-17　选择解压缩路径界面

提　示

安装路径不能包含中文字符。如果只解压文件可勾选“解压缩安装程序文件，但不进行安装”复选框。

步骤 5　解压缩完成后，进入安装引导界面，选中“安装语言：中文”单选钮，单击“下一步”按钮，如图 1-18 所示。

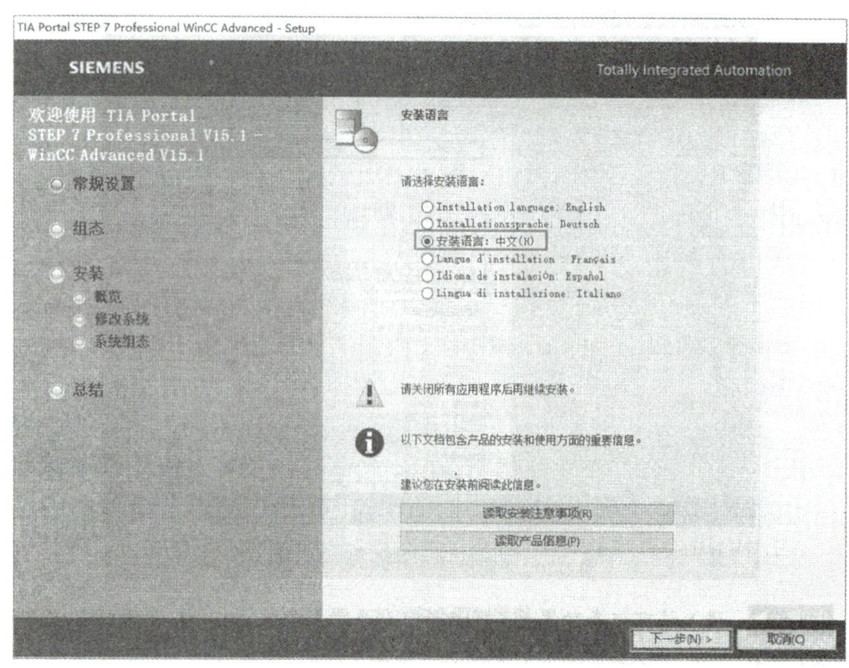

图 1-18　安装引导界面

步骤 6　进入产品语言界面，勾选“中文”复选框，单击“下一步”按钮，如图 1-19 所示。

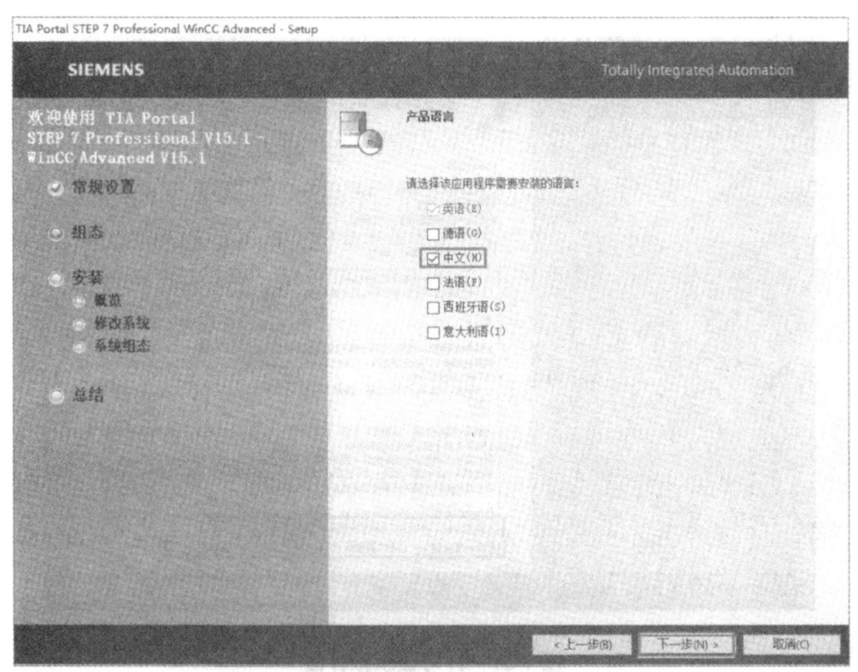

图 1-19　产品语言界面

步骤 7　进入产品配置及安装位置选择界面，选择要安装的产品，并勾选需要安装的文件，单击“浏览”按钮，设置安装路径，然后勾选“创建桌面快捷方式”复选框，单击“下一步”按钮，如图 1-20 所示。

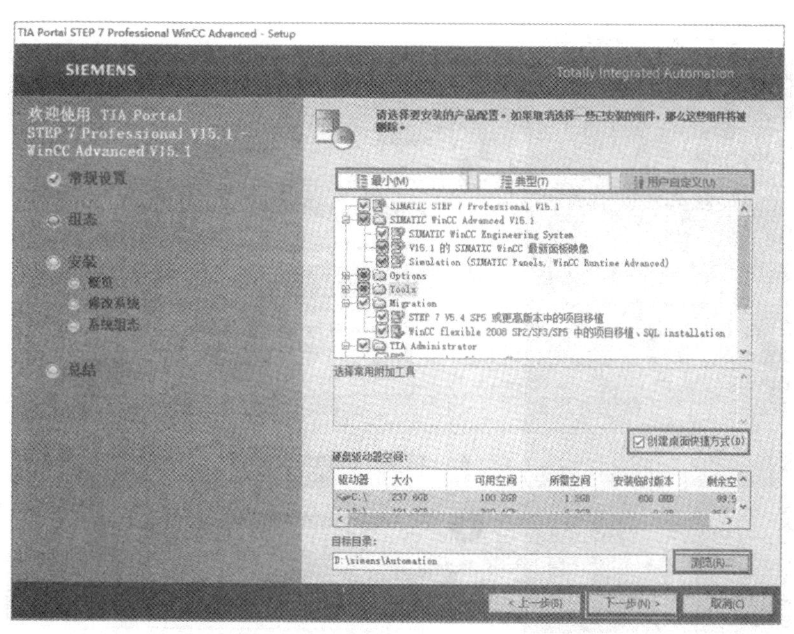

图 1-20　产品配置及安装位置选择界面

步骤 8　进入许可证条款界面，阅读许可证条款并勾选“本人接受所列出的许可协议中所有条款”和“本人特此确认，已阅读并理解了有关产品安全操作的安全信息”两个复选框，单击“下一步”按钮，如图 1-21 所示。

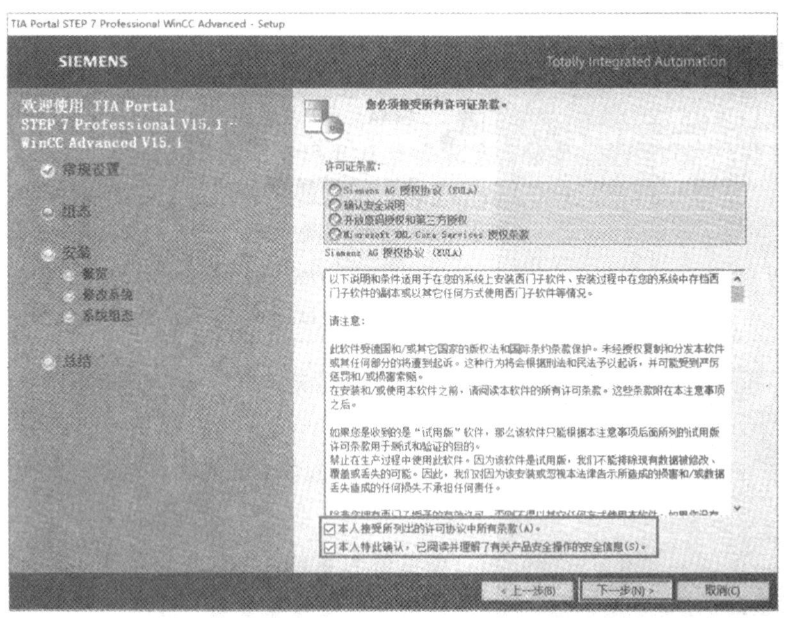

图 1-21　许可证条款界面

步骤 9　进入安全控制界面，勾选“我接受此计算机上的安全和权限设置”复选框，单击“下一步”按钮，如图 1-22 所示。

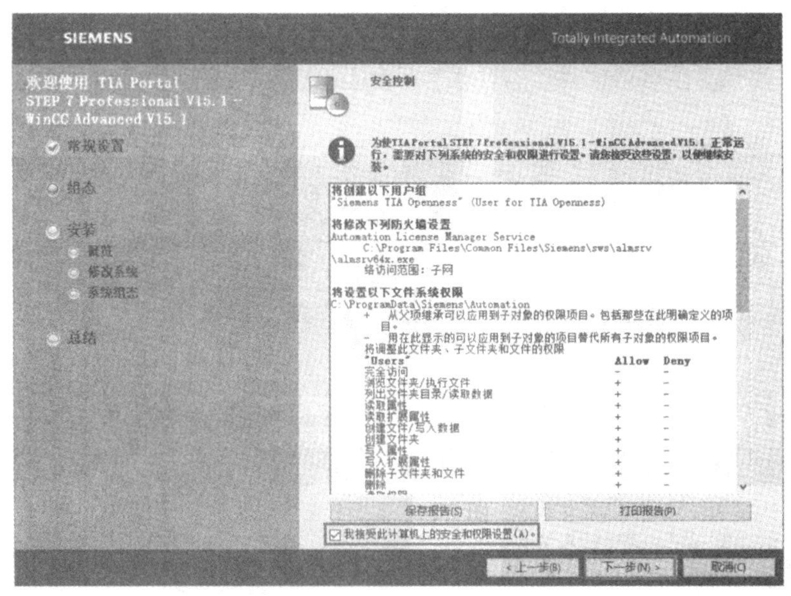

图 1-22　安全控制界面

步骤 10　进入安装设置概览界面，检查产品配置及安装路径无误后，单击“安装”按钮（见图 1-23），进入安装界面，如图 1-24 所示。

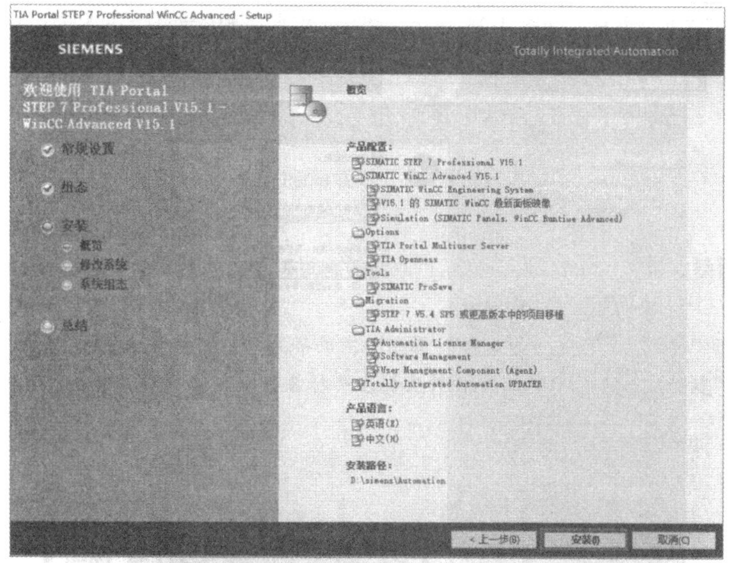

图 1-23　安装设置概览界面

图 1-24　安装界面

提　示

如果安装过程中未在计算机中找到许可证密钥，则可以通过从外部导入的方式将其传送到计算机中；如果跳过许可证密钥传送，安装完成后可通过自动化授权管理器传送。

步骤 11　安装完成后，选中“是，立即重启计算机”单选钮，然后单击“重新启动”按钮，即可重启计算机，如图 1-25 所示。计算机重启后桌面上就会出现图标，表示软件已安装完成。

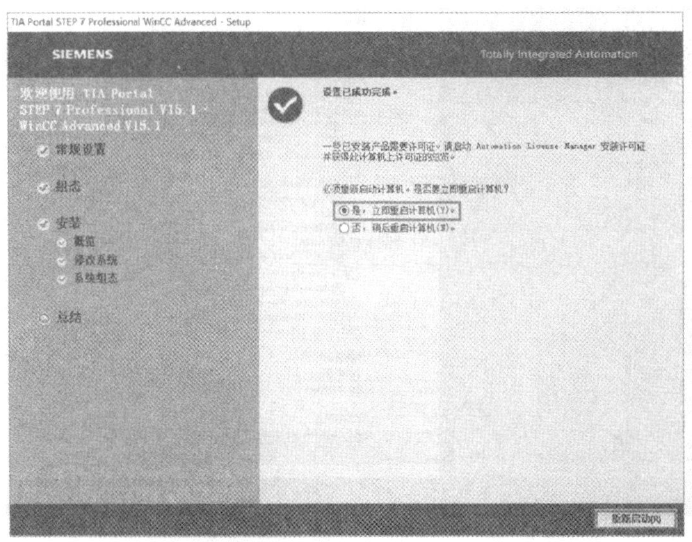

图 1-25　安装完成界面

三、初步使用 TIA 博途软件

在桌面双击 图标，进入 TIA 博途软件开发界面。

1. TIA 博途软件的视图

TIA 博途软件的视图有两种，即 Portal（博途）视图和项目视图，可以单击左下角的图标按钮进行切换，如图 1-26 所示。

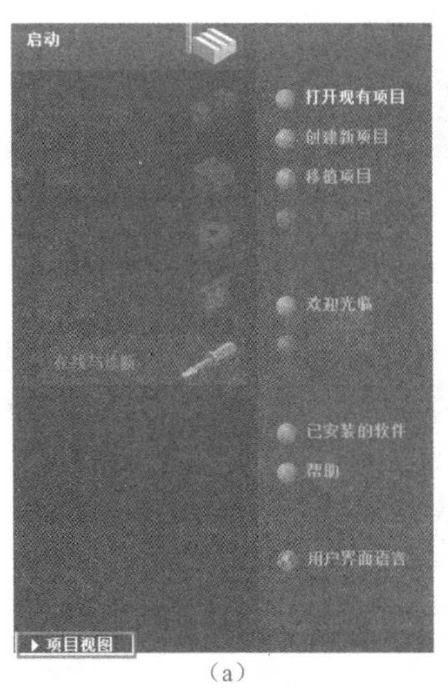

（a）

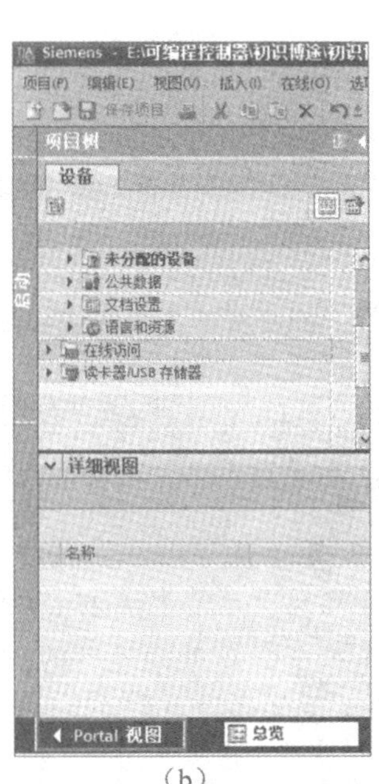

（b）

图 1-26　TIA 博途软件的视图

（a）Portal 视图　（b）项目视图

Portal 视图是面向任务的工作模式，使用简单、直观，可以很快地开始项目设计，适合初学者使用。项目视图能显示项目的全部组件，编辑器、参数和数据等全部显示在一个视图中，并可以方便地访问设备和块。

2. 创建新项目

在 Portal 视图和项目视图中都可以创建新项目，此处以在 Portal 视图中操作为例介绍创建新项目的步骤。

步骤 1　在 Ponal 视图中，在界面左侧选择“启动”→“创建新项目”选项，然后在“项目名称”编辑框中输入项目名称并选择文件存放的路径，单击“创建”按钮，如图 1-27 所示。

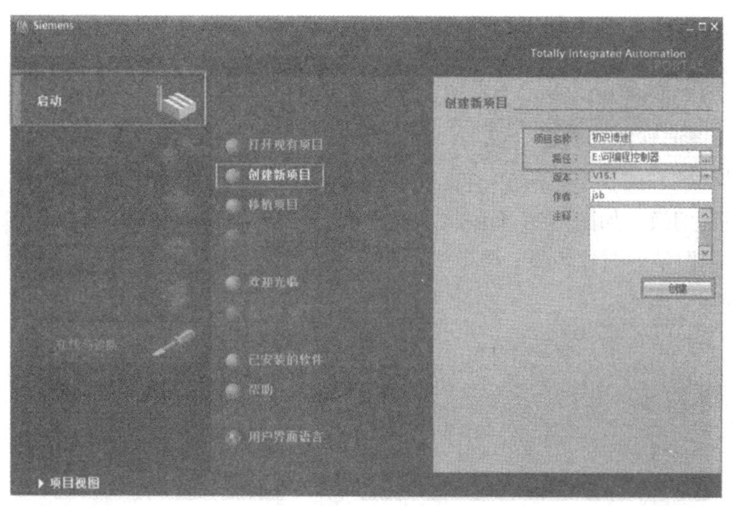

图 1-27　创建新项目

步骤 2　进入新手上路界面，如图 1-28 所示。

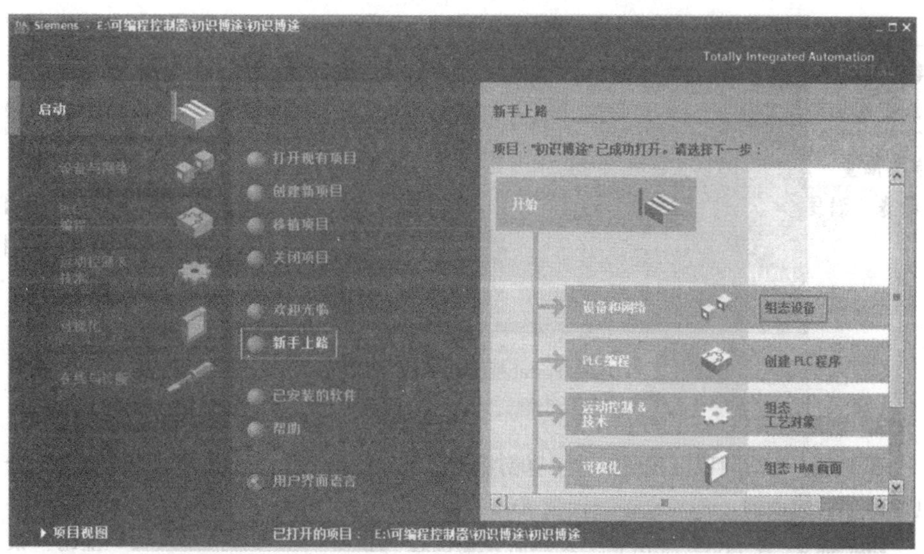

图 1-28　新手上路界面

3. 硬件组态

创建新项目后，需要对各硬件进行组态、参数配置和通信互连。项目中的组态要与实际系统一致。系统启动时，CPU 会自动检测软件的预设组态与系统的实际组态是否一致，不一致则会报错。下面介绍在 Portal 视图中进行项目硬件组态的步骤。

步骤 1　在新手上路界面的右侧选择“组态设备”选项（见图 1-28），进入添加新设备的界面。选择“添加新设备”选项，然后单击“控制器”图标，在“控制器”列表框中选择“SIMATIC S7－1200”→“CPU”→“CPU 1214C DC/DC/DC”→“6ES7 214→1AG40→0XB0（设备订货号）”选项，并勾选“打开设备视图”复选框，单击“添加”按钮，如图 1-29 所示。

步骤 2　此时会打开项目视图，选择“属性”窗口区中的“IO 变量”选项卡，设置 I/O 变量名称，如图 1-30 所示。

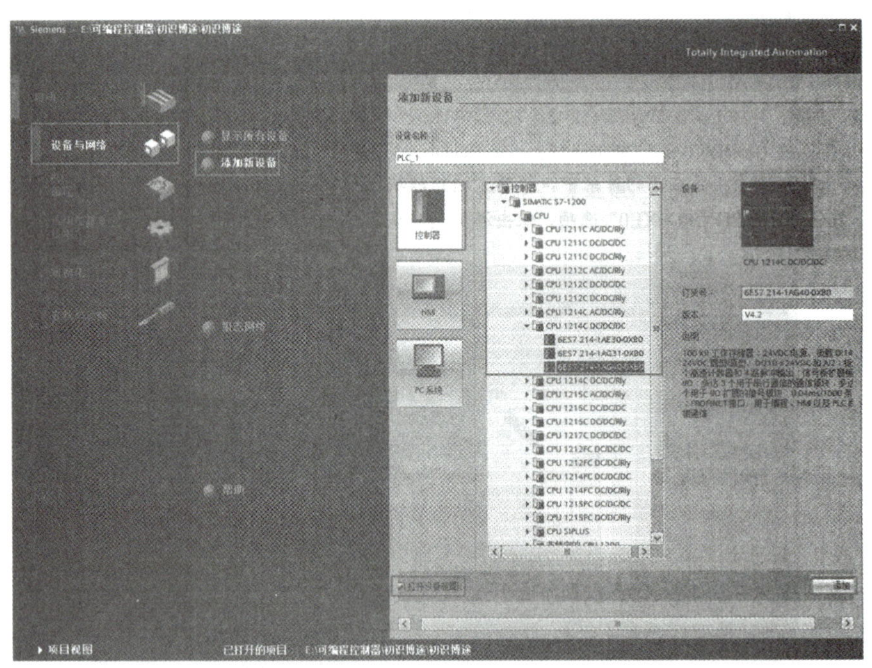

图 1-29　添加新设备

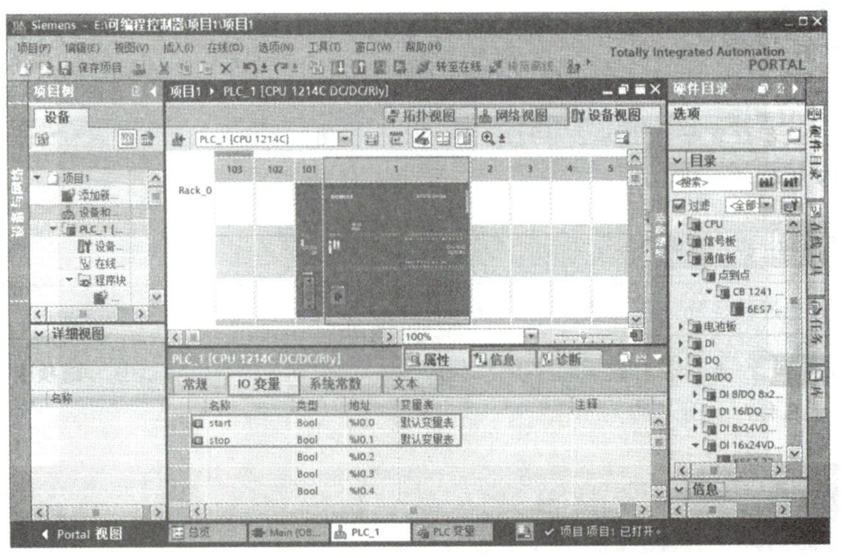

图 1-30　设置 I/O 变量名称

步骤 3　在右侧的目录中，选择“通信模块”→“PROFIBUS”→“CM 1242－5”→“6GK7242→5DX30－0XE0”选项，双击添加到默认位置或拖拽到 CPU 左侧的指定位置，如图 1-31 所示。

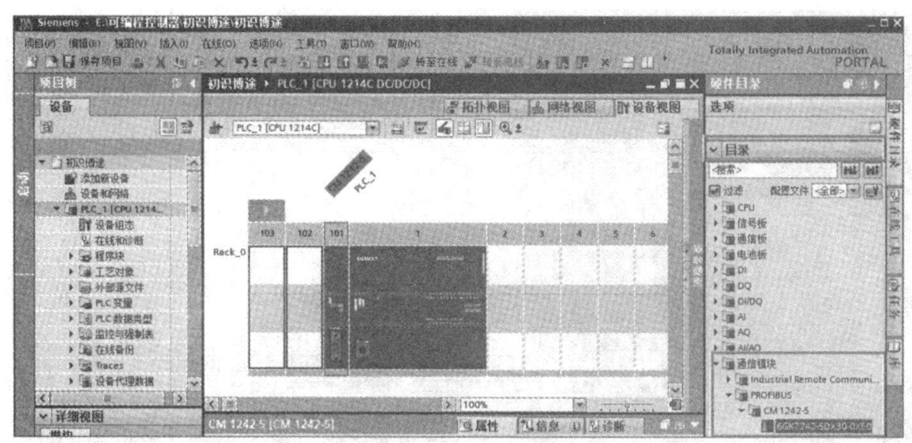

图 1-31　添加通信模块

步骤 4　按照步骤 3 的方法将信号板“6ES7 231－4HA30－0XB0”和 DI/DQ“6ES7223－1PL30－0XB0”添加到合适的位置，如图 1-32 所示。

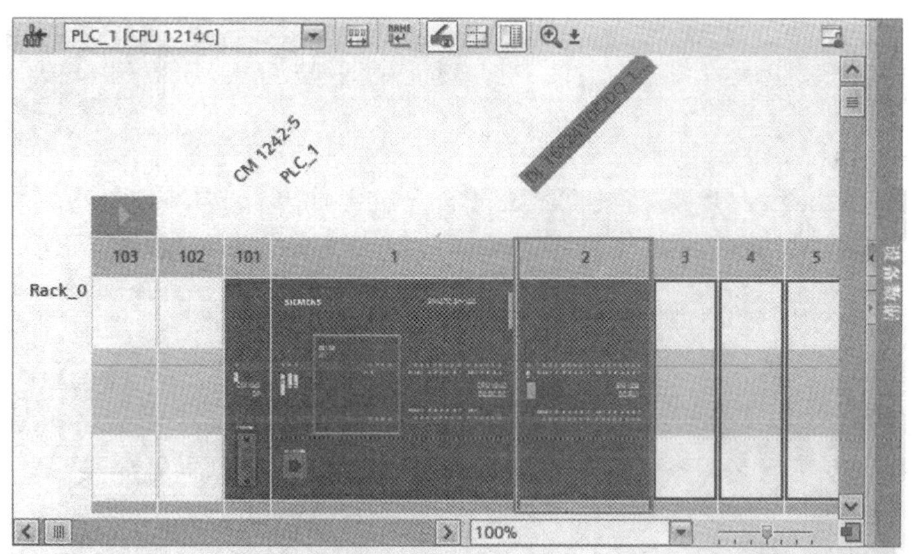

图 1-32　添加信号板和 DI/DQ

步骤 5　在 Portal 视图中，选择“添加新设备”选项，然后单击“HMI”图标，在“HMI”列表框中选择“SIMATIC 精简系列面板”→“15" 显示屏”→“TPl500 Basic”→“6AV6 647－0AG11－3AX0”选项，勾选“启动设备向导”复选框，单击“添加”按钮，如图 1-33 所示。

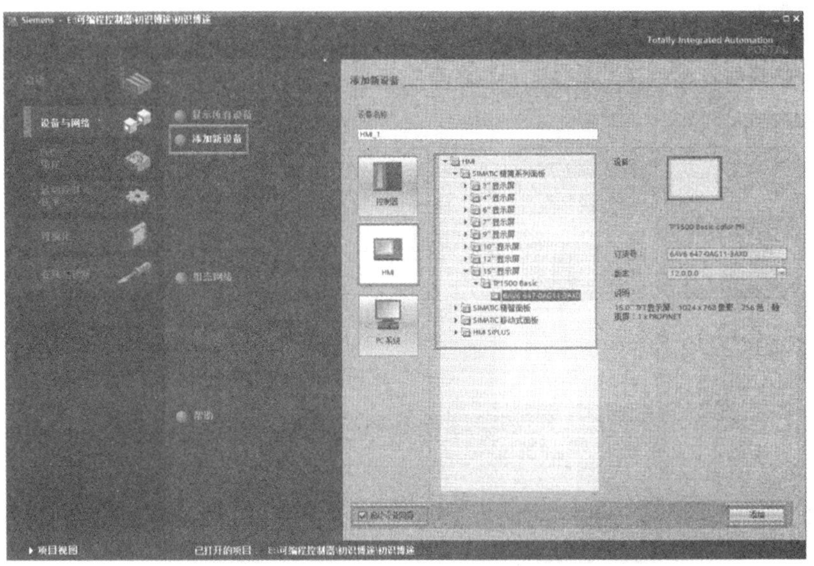

图 1-33　添加 HMI

步骤 6　进入 HMI 设备向导界面，勾选“保存设置”复选框，单击“下一步”按钮，按照提示进行安装。安装完成后，单击“完成”按钮，如图 1-34 所示。

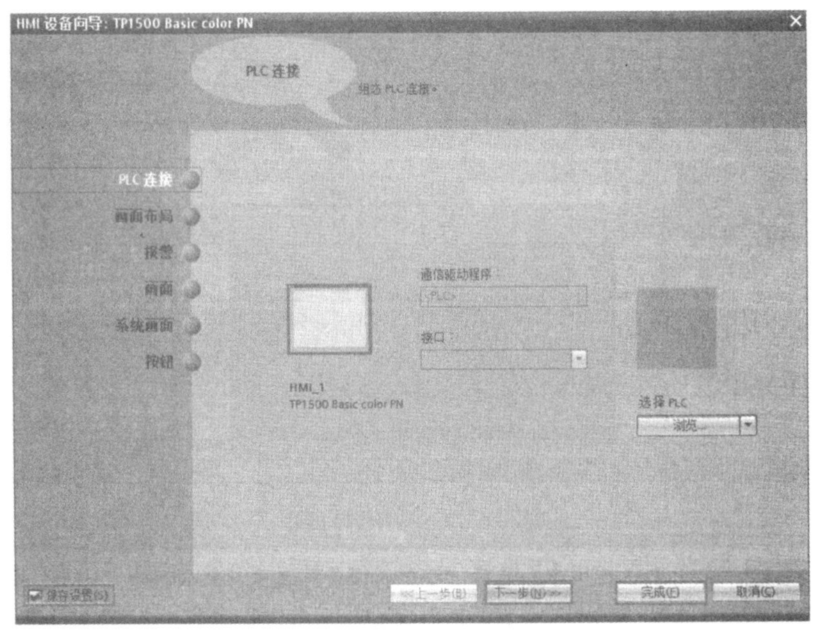

图 1-34　HMI 设备向导界面

步骤 7　此时会进入项目视图，在左侧的项目树窗格中，选择“PLC _ 1（CPU 1214C DC/DC/DC）”“设备组态”选项（双击）。在设备和网络窗格中，选择“网络视图”选项并选中 CPU 模块，然后在“属性”→“常规”选项卡中设置 IP 地址，如图 1-35 所示。

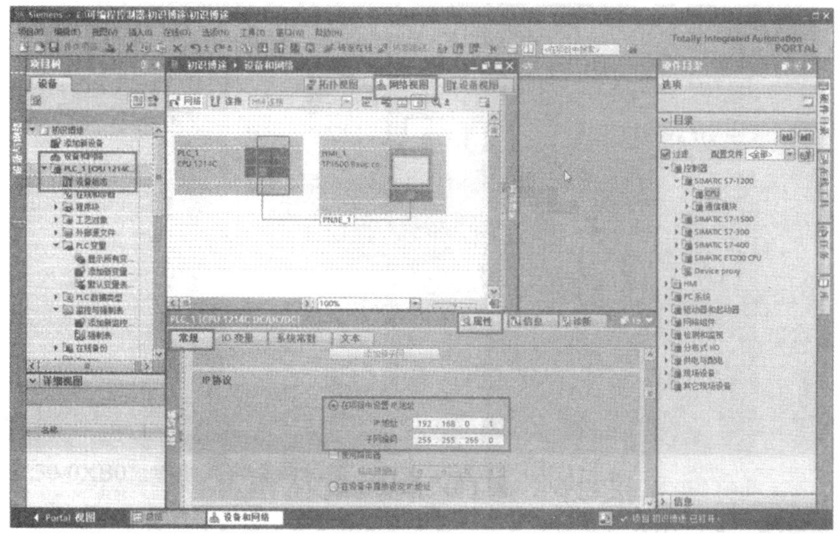

图 1-35　设置 IP 地址

步骤 8　将光标放在 PLC 左下方的 PROFINET 接口处，按下鼠标左键时会出现连接线。将此连接线拖动到 HMI 下方的 PROFINET 接口位置，即可完成 PLC 与 HMI 的网络连接，如图 1-36 所示。

4. 程序设计

硬件组态完成后，便可进行 PLC 程序设计了。在 TIA 博途软件中，支持的 PLC 编程语言有 3 种，即梯形图（LAD）、功能块图（FBD）和结构化控制语言（SCL）。此处以梯形图为例介绍 PLC 程序设计的步骤。

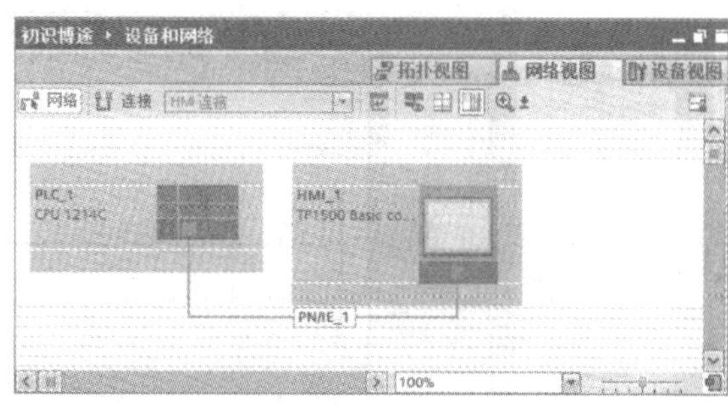

图 1-36　组态网络

步骤 1　在 Portal 视图中，在界面左侧选择“PLC 编程”选项，然后双击缩略图中的 Main 图标，如图 1-37 所示。

步骤 2　进入主程序（main）编辑界面，拖动程序编辑区上方的常开触点、常闭触点、线圈和向上连线到程序段 1 并输入相应的地址，如图 1-38 所示。

步骤 3　单击工具栏中的“编译”按钮，开始编译 PLC 程序。编译完成后，可在信息窗格中查看编译结果，如图 1-40 所示。

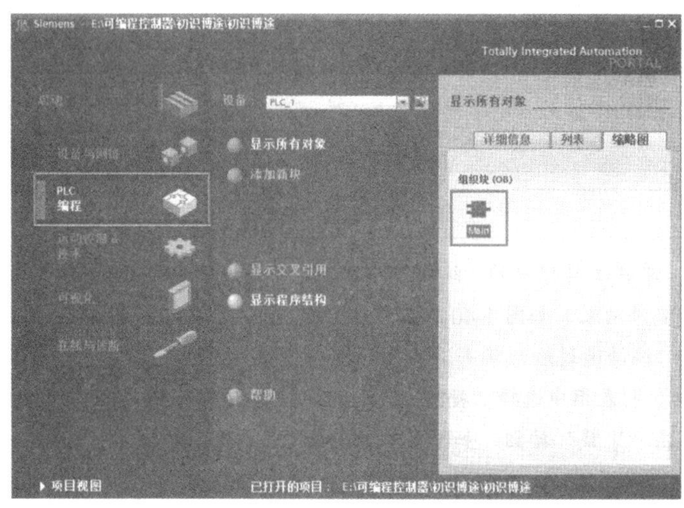

图 1-37　选择“PLC 编程”

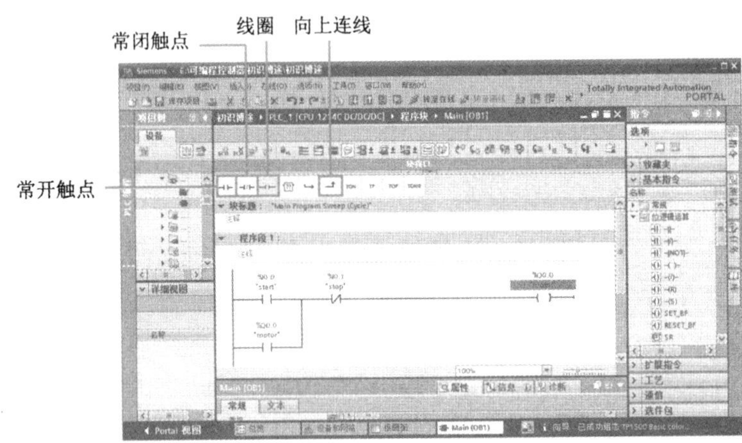

图 1-38　输入梯形图

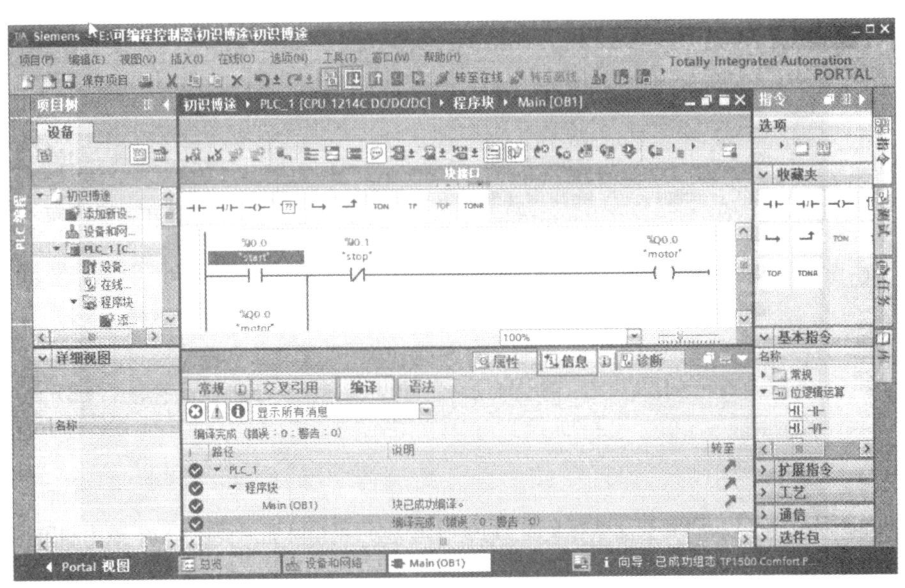

图 1-40　编译和下载

步骤 4　编译通过后，单击工具栏中的“下载”按钮，进入搜索设备界面，在“接口/子网的连接”列表框中选择“插槽‘1X1’处的方向”选项，单击“开始搜索”按钮，搜索完成后单击“下载”按钮，如图 1-41 所示。

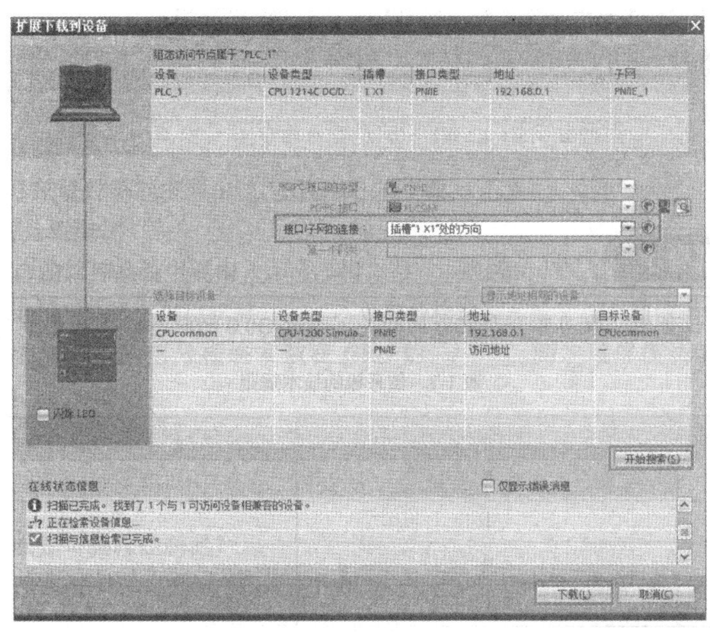

图 1-41　搜索设备

步骤 5　进入下载预览界面，单击“装载”按钮，如图 1-42 所示。

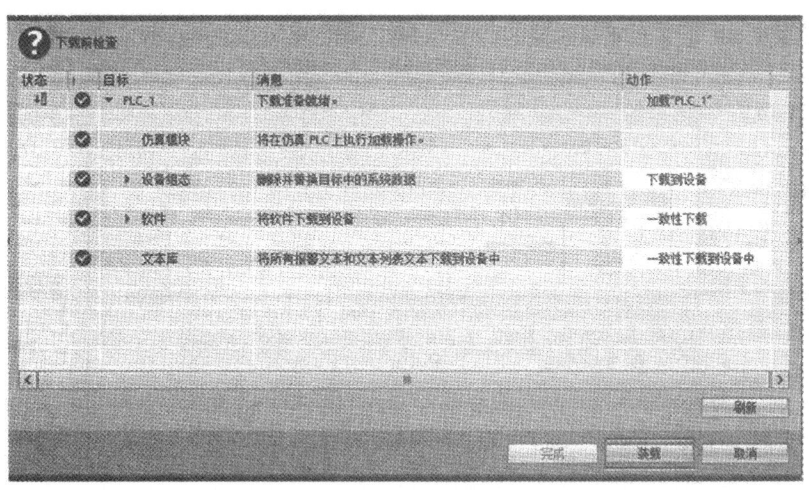

图 1-42　下载预览

步骤 6　下载完成后，单击工具栏中的“转至在线”和“监视”按钮，运行程序并监视变量的状态，单击工具栏中的“启动 CPU”按钮，即可运行该项目，如图 1-43 所示。

图 1-43　运行程序

项目实训

一、实训题目

撰写 PLC 市场调查报告。

二、实训目的及要求

（1）了解市场中的主流 PLC。

（2）了解国产 PLC 的优势和不足。

（3）了解各品牌 PLC 常用的编程软件。

三、实训内容

市场调查报告内容主要包括：①PLC 市场发展现状分析；②PLC 应用状况分析；③国际主流 PLC 主要性能和应用；④国产 PLC 的主要产品及其特点；⑤列举各品牌 PLC 常用的编程软件。

项目二 PLC 电动机启停与转身控制系统设计

项目导入

在工业控制中，很多的被控对象是由电动机来驱动的。在日常生活和工业生产中有些设备经常需要具有上下、左右、前后、正反方向的运行，如垂直电梯轿厢的上行和下行、电梯门的开和关、机床工作台的前进与后退、机床主轴的正转与反转等，这些都可以用 PLC 实现电动机的启停与转向控制。

思政目标

培养自主学习、深入探究的学习能力。
培养认真严谨、一丝不苟的学习态度。
培养科学思维和技术创新意识。

知识目标

掌握 PLC 工作的原理。
掌握用 PLC 控制电动机运行的基本方法。
掌握系统存储器和时钟存储器的组态方法。
掌握自锁与互锁的编程方法。
掌握 PLC 的编程规则和技巧。

技能目标

具备正确分配 I/O 点和接线的能力。
具备用 I、Q、M 软元件编写点动和连续控制程序的能力。
具备利用控制电路移植法设计梯形图的能力。

任务一 PLC 控制电路分析与接线

一、接触器控制电路

图 2-1 所示为接触器实现电动机启停的控制电路。其主电路由低压断路器、接触器的主触点、热继电器热元件及电动机组成，控制电路由热继电器的常闭触点、停止按钮 SB1、启动按钮 SB2、接触器线圈及辅助常开触点组成。

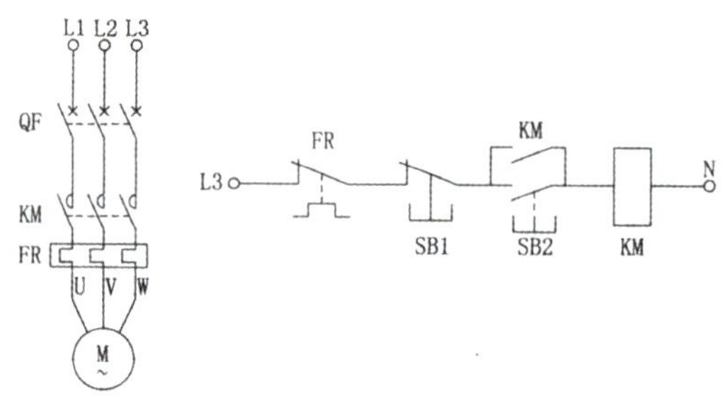

图 2-1 接触器实现电机启停的控制电路

二、PLC 控制 I/O 端口的分配

PLC 最初是用来替代继电器—接触器控制电路的。要求能用 PLC 来构成一个电动机启停控制电路，使其功能与继电器—接触器控制电路完全相同。由于该电气控制要求的控制点数少，图 2-1 中接触器控制回路的线圈电压为交流 220V，可选用 S7－1200PLC 的 CPU 1214CDC/DC/RLY 型，利用 PLC 基本的继电器输出单元即可实现电动机启停控制功能。

在控制电路中，热继电器常闭触点、停止按钮、启动按钮属于输入信号，应作为 PLC 的输入量分配接线端子：而接触器线圈属于被控对象，应作为 PLC 的输出量分配接线端子。其 PLC 的 I/O 端口（也称 I/O 点）分配如表 2-1 所示。

表 2-1 I/O 端口分配

类别	元件	I/O 端口编号	备注
输入	SB1	I0.5	停止按钮
	SB2	I0.4	启动按钮
	FR	I0.2	热继电器触点
输出	KM	Q0.0	接触器

三、I/O 的硬件接线

根据 I/O 端口分配表，可知 PLC 与启停按钮、热继电器和接触器的硬件接线方法，如图 2-2 所示。

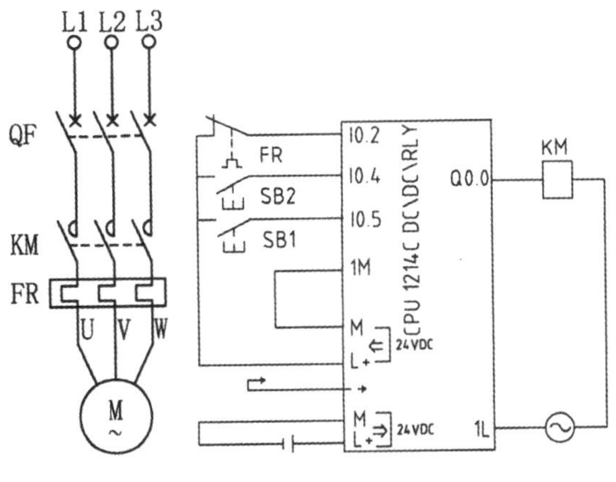

图 2-2　PLC 的 I/O 接线

任务二　PLC 控制原理与程序设计

一、PLC 控制系统的工作原理

PLC 如何实现电动机启停控制呢？我们先看看 PLC 是如何工作的。

1. PLC 对继电器控制系统的仿真

PLC 是一种专用工业控制计算机，其工作原理与计算机控制系统的工作原理基本相同。PLC 采用周期循环扫描的工作方式，CPU 连续执行用户程序和任务的循环序列称为扫描。

最初 PLC 是用于模拟继电器控制的一种编程方法。在一个电气控制电路整体方案中，根据任务与功能的不同可明显划分出主电路（完成主要任务的那部分电路，表象是大电流）和辅助电路（完成控制、保护、信号等任务的那些电路，表象是小电流）。用 PLC 替代继电器控制系统一般是指替代辅助电路那部分，而主电路那部分基本保持不变。主电路中如含有大型继电器仍可继续使用，PLC 可以用其内部的“软继电器”（或称“虚拟继电器”）去控制外部的主电路开关继电器，PLC 的出现不是要“消灭”继电器，而是用来替代辅助电路中起控制、保护、信号作用的那些继电器，达到节能降耗这一目标。

1）继电器控制系统的组成

由控制、保护、信号等继电器辅助电路构成的电气控制系统，可以分解为如图 2-3 所示的三个组成部分：输入部分、逻辑控制部分和输出部分。

输入部分由电路中各种输入设备（如控制按钮、操作开关、位置开关、传感器等）和全

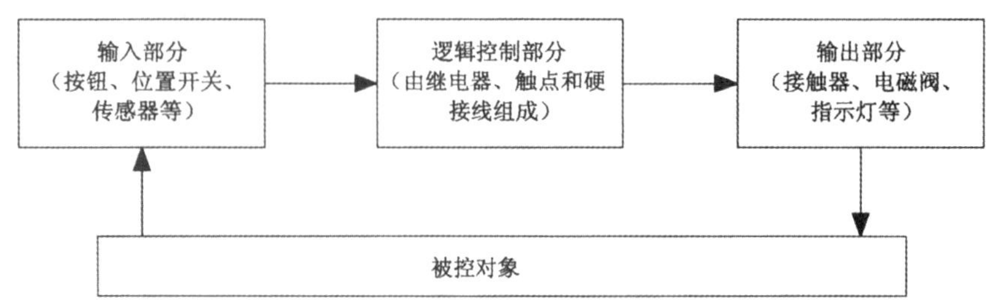

图 2-3　继电器控制系统的组成

部输入信号构成，这些输入信号来自被控对象上的各种开关量信息及人工指令。

逻辑控制部分是按照控制要求设计的，由各种主令电器、继电器、接触器及其触点用导线连接成的具有一定逻辑功能的控制电路，各电气触点之间以固定的方式接线，控制逻辑就设置在硬接线中，这种固化的程序不能灵活变更且接线故障点多。

输出部分由各种输出设备（如接触器、电磁阀、指示灯等执行元件）组成。

2）PLC 控制系统的基本组成

PLC 控制系统的基本组成也大致分为三部分：输入部分、逻辑部分和输出部分，如图 2-4 所示。这与继电器控制系统极为相似，其输入部分、输出部分与继电器控制系统大致相同，所不同的是 PLC 控制系统的输入、输出部分多了 I/O 模块，增加了光电耦合、电平转换、功率放大等功能。

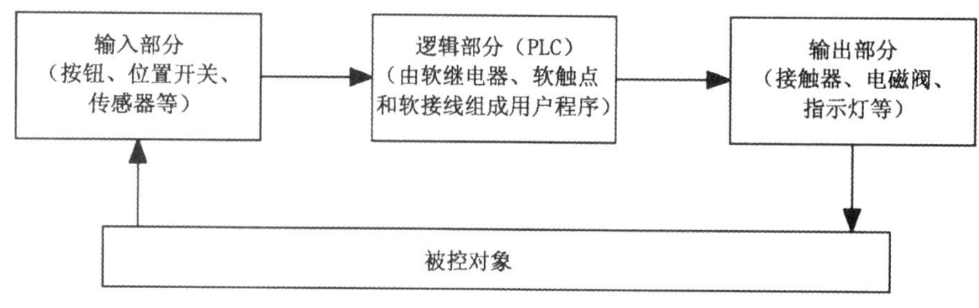

图 2-4　PLC 控制系统的组成

PLC 控制系统的逻辑部分是由微处理器、存储器组成的，由计算机软件替代电器构成的控制、保护与信号电路，实现“软接线”或“虚拟接线”，可以灵活编程。

3）PLC 与继电器控制系统的差异

下面从控制方式、控制速度、延时控制三个方面介绍 PLC 控制系统与继电器控制系统之间的差异。

（1）控制方式。继电器控制系统采用硬件接线，是利用继电器机械触点的串联或并联及延时继电器的滞后动作等组合形成控制逻辑，只能完成既定的逻辑控制。而 PLC 控制系统采用存储逻辑，以程序方式存储在内存中，改变控制逻辑只需要修改程序，即改变“软接线”。

（2）控制速度。继电器控制系统依靠触点的机械动作实现逻辑控制，工作频率低，触点动作为毫秒级，机械触点有抖动现象。而 PLC 控制系统是由程序指令控制半导体电路来实现控制的，速度快，触点动作为微秒级，动作严格地同步，无触点抖动现象。

（3）延时控制。继电器控制系统靠时间继电器的滞后动作实现延时控制，因而精度不高，受环境影响大，调整定时困难。而 PLC 控制系统用半导体集成电路作定时器，时钟脉冲由晶体振荡器产生，精度高，调整定时方便，不受环境影响。

2. PLC循环扫描的工作方式

PLC循环扫描的工作方式有周期扫描方式、定时中断方式、输入中断方式、通信中断方式等，最主要的工作方式是周期扫描方式。PLC采用“顺序扫描，不断循环”的方式进行工作，在每次扫描过程中，对输入信号采样以及对输出状态刷新。

1）PLC的工作过程

PLC上电后，在CPU系统程序监控下，周而复始地按一定的顺序对系统内部的各种任务进行查询、判断和执行，这个过程是按顺序循环扫描的。执行一个循环扫描过程所需的时间称为扫描周期，一般为0.1～100 ms。PLC的工作过程如图2-5所示。

（1）上电初始化。PLC上电后首先进行系统初始化处理，包括清除内部继电器区、复位定时器等，还对电源、PLC内部电路、用户程序的语法进行检查。设该过程占用的时间为T_0。

（2）CPU自诊断。PLC在每个扫描周期都要进入CPU自诊断阶段，以确保系统可靠运行，包括检查用户程序存储器是否正常、扫描周期是否过长、I/O单元的连接是否正确、I/O总线是否正常、复位监控定时器（Watch Dog Timer，WDT）等。发现异常情况时，根据错误类别发出报警输出或者停止PLC运行。设该过程的占用时间为T_1。

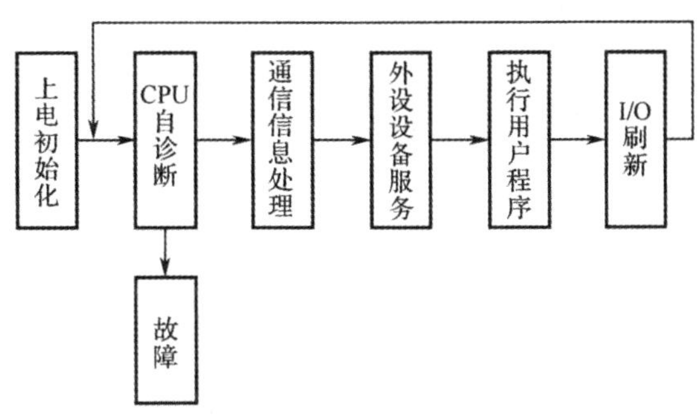

图2-5 PLC的工作过程

（3）通信信息处理。当PLC和PC构成通信网络或由PLC构成集散控制系统时，需要一个通信服务过程，进行PLC与PC、其他PLC、智能I/O模块之间的信息交换。在多处理器系统中，CPU还要与数字处理器交换信息。设该过程的占用时间为T_2。

（4）外部设备服务。当PLC接有终端设备如编程器、彩色图文显示器、打印机等外部设备时，每个扫描周期内要与外部设备交换信息。设该过程的占用时间为T_3。

（5）执行用户程序。PLC在运行状态下，每一个扫描周期都要执行存储器中的用户程序，从输入映像寄存器和其他软元件映像寄存器中读出有关元件的通/断状态，以扫描方式从程序000步开始按顺序运算，扫描一条执行一条，并把运算结果存入对应的输出映像寄存器中。设该过程的占用时间为T_4，它的大小主要取决于PLC的运行速度、用户程序长短、指令种类。

（6）I/O刷新。PLC运行时，每个扫描周期都进行输入、输出信息处理，分为输入信号刷新和输出信号刷新。

输入处理过程将PLC全部输入端子的通/断状态，读进输入映像寄存器。在程序执行过程中，即使输入状态发生变化，输入映像寄存器的内容也不会改变，直到下一扫描周期的输入处理阶段才读入这一变化。此外输入滤波器有一个响应延迟时间。

输出处理过程将输出映像寄存器的通/断状态向输出锁存寄存器传送，成为 PLC 的实际输出。PLC 的对外输出触点相对输出元件的实际动作还有一个响应延迟时间。

设输入信号刷新和输出信号刷新过程的占用时间为 T_5，T_5 的大小取决于 PLC 所带的输入、输出模块的种类和点数多少。

PLC 周而复始地巡回扫描，执行上述整个过程，直至停机。可以看出，PLC 的扫描周期 $T=T_1+T_2+T_3+T_4+T_5$，约为 0.1～100 ms。T 越长，要求输入信号的宽度越大。

2）用户程序的循环扫描过程

PLC 的工作过程与 CPU 的操作方式（STOP/RUN）有关，下面讨论 RUN 方式下执行用户程序的过程。

当 PLC 运行时，通过执行反映控制要求的用户程序来完成控制任务。虽然有众多的操作，但 CPU 不是同时去执行（这里不讨论多 CPU 并行），只按分时操作（串行工作）方式，从第一条程序开始，在无中断或跳转控制的情况下，按程序存储顺序的先后，逐条执行用户程序，这种串行工作过程即为 PLC 的扫描工作方式。程序结束后又从头开始扫描执行，周而复始地重复运行。由于 CPU 的运算处理速度很快，因而从宏观上来看，PLC 外部出现的结果似乎是同时（并行）完成的。

PLC 对用户程序进行循环扫描可划分为三个阶段，即输入采样阶段、程序执行阶段和输出执行阶段，如图 2-6 所示。

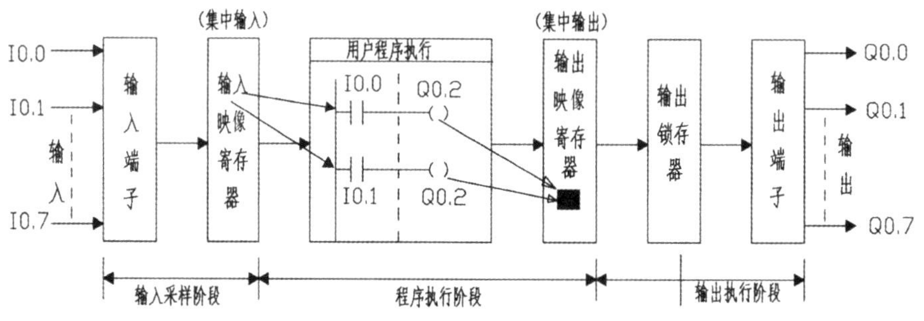

图 2-6　PLC 用户程序的工作过程

（1）输入采样阶段。这是第一个集中批处理过程，CPU 按顺序逐个采集全部输入端子上的信号，不论是否接线，然后全部写到输入映像寄存器中。随即关闭输入端口，进入程序执行阶段，用到的输入信号状态（ON 或 OFF）均从刚保存的输入映像寄存器中去读取，不管此时外部输入信号的状态是否变化，如果发生了变化，也要等到下一个扫描周期的输入采样阶段才去扫描读取。由于 PLC 的扫描速度很快，可以认为这些采集到的输入信息是连续的。

（2）程序执行阶段。在用户程序执行阶段，CPU 对用户程序按顺序进行扫描。如果程序用梯形图表示，则总是按先上后下、从左至右的顺序扫描。当遇到程序跳转指令时，则根据跳转条件是否满足来决定程序是否跳转。每扫描到一条指令，其涉及输入信息的状态均从输入映像寄存器中读取，而不是直接使用现场的立即输入信号（立即指令除外），对其他信息，则从元件映像寄存器中读取。用户程序每一步运算的中间结果都立即写入元件映像寄存器中，对输出继电器的扫描结果，也不是立即去驱动外部负载，而是将其结果写入输出映像寄存器中（立即指令除外）。在此阶段，允许对数字量 I/O 不设置数字滤波的模拟量 I/O 进行处理，在扫描周期的各个部分，均可对中断事件进行响应。

在这个阶段，除了输入映像寄存器外，各个元件映像寄存器的内容是随着程序的执行而不断变化的。

（3）输出执行阶段。这是第二个集中批处理过程，当 CPU 对全部用户程序扫描结束后，将元件映像寄存器中各输出继电器的状态同时送到输出锁存器中，再由输出锁存器通过一定的方式（继电器或晶体管）经输出端子去驱动外部负载。在一个扫描周期内，只在输出执行阶段才将输出状态从输出映像寄存器中集中输出，对输出接口进行刷新。用户程序执行过程中如果对输出结果多次赋值，则只有最后一次有效。在输出执行阶段结束后，CPU 进入下一个扫描周期，重新执行输入集中采样，周而复始地重复此过程。

集中采样与集中输出的工作方式是 PLC 又一特点。在采样期间，将所有输入信号（不论该信号当时是否要用）一起读入，此后在整个程序处理过程中 PLC 系统与外界隔离，直至输出控制信号。此时外界输入信号状态的变化要到下一个工作周期的采样阶段才能被读入，这从根本上提高了系统的抗干扰能力，提高了系统的可靠性。

在程序执行阶段，由于元件映像寄存器中的内容会随程序执行的进程而变化，因此，在程序执行过程中，所扫描到的功能经解算后，其结果立即就可被后面将要扫描到的逻辑的解算所利用，因而简化了程序设计。

二、逻辑电路与梯形图

图 2-7 和图 2-8 所示为一个继电器控制电路图与相应的 PLC 梯形图（LAD）的比较示例。可以看出梯形图与继电器电路图很相似，都是用图形符号连接而成的，这些符号与继电器电路图中的常闭触点、并联连接、串联连接、继电器线圈等是对应的，每一个触点和线圈都对应一个软元件（见表 2-2）。梯形图具有形象、直观、易懂的特点，很容易被熟悉继由器粹制的由气人员掌握。

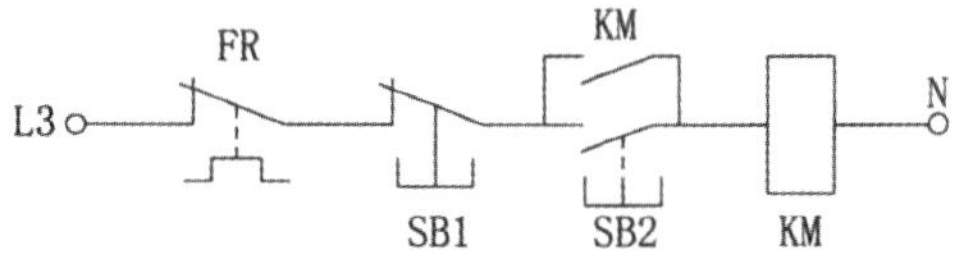

图 2-7　采用继电器的电动机启停控制电路

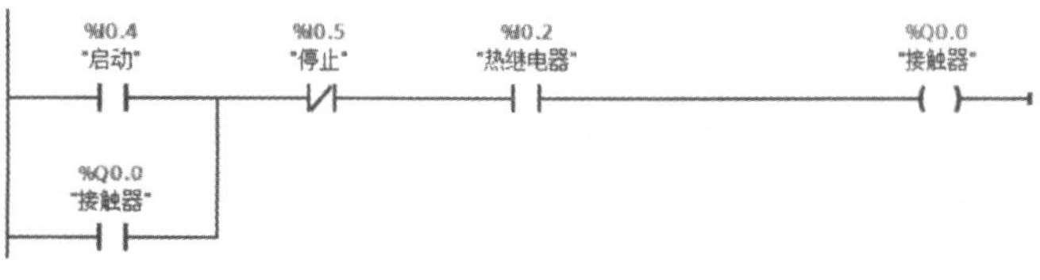

图 2-8　电动机启停控制梯形图

表 2-2　继电器电路符号与梯形图符号对照

符号名称	继电器电路符号		梯形图符号
常开触点			-| |-
常闭触卢			-|/|-
线圈部分			-( )- 或 -O-

继电器控制系统的硬接线逻辑电路与 PLC 控制程序有极相似的外形特征，但 PLC 控制系统中的输入回路与输出回路在电气上是完全隔离的。此外，在 PLC 控制系统的输入回路中，总是更多地使用常开型控制按钮或触点。

任务三　PLC 08 存储器与软元件

PLC 采用梯形图编程是模拟继电器控制系统的表示方法，各种元件沿用继电器控制的叫法，但非物理继电器，称为“软继电器”或“软元件”。实际上这些元件是由电子电路和存储器组成的，按元件的功能命名，例如：输入继电器 I、输出继电器 Q、辅助继电器 M（也称中间继电器）等。在西门子 S7－1200 PLC 中是按照一定的数据格式对 I、Q、M 进行访问的，下面先介绍数据存储类型与系统存储区，再举例说明 I、Q、M 的应用。

一、数据存储类型

（一）数据的长度

在计算机中使用的都是二进制数，其最基本的存储单位是位（bit），如图 2-9 中的 I2. 3. 8 位二进制数组成 1 字节（Byte），如图 2-9 中的 12，其中第 0 位为最低位（LSB），第 7 位为最高位（MSB），两字节（16 位）组成 1 字（Word），两字（32 位）组成一个双字（Double Word），如图 2-10 所示。二进制数的“位”只有 0 和 1 两种值，开关量（或数字量）也只有两种不同的状态，如触点的断开和接通，线圈的失电和得电等。在 S7－1200 梯形图中，可用“位”扫描它们。如果该位为 1，则表示对应的线圈为得电状态，触点为转换状态（常开触点闭合、常闭触点断开）；如果该位为 0，则表示对应线圈、触点的状态与上述状态相反。在数据长度为字或双字时，起始字节均放在高位上。

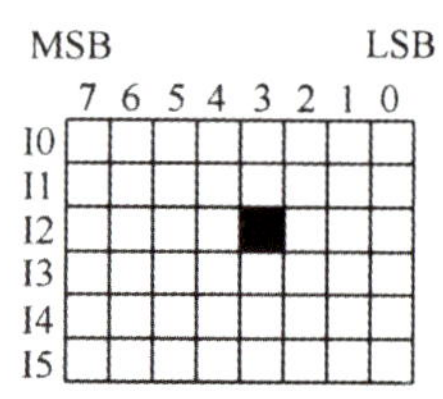

图 2-9　位数据

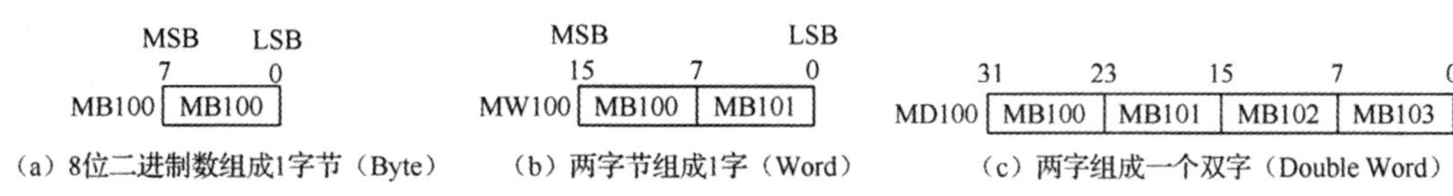

（a）8位二进制数组成1字节（Byte） （b）两字节组成1字（Word） （c）两字组成一个双字（Double Word）

图 2-10 字节、字、双字

（二）数据类型及数据范围

S7－1200 系列 PLC 的数据类型可以是字符串、布尔型（0 或 1）、整数型和实数型（浮点数）。整数型数据包括 16 位符号整数（Int）和 32 位符号整数（DInt）。其数据类型及范围如表 2-3 所示。

表 2-3 S7－1200 PLC 的数据类型及数据范围

基本数据类型		位数	说明
布尔型 Bool		1	位的范围：0，1
无符号数	字节型 Byte	8	字节的范围：0～225
	字型 Wrod	16	字的范围：0～65535
	双字节型 Double Word	32	双字的范围：0～（$2^{32}-1$）
有符号数	字节型 Byte	8	字节的范围：－128～＋127
	整数 Int	16	整数的范围：－32768～＋32767
	双整数 DInt	32	双整数的范围：-2^{31}～（$2^{32}-1$）
实数型 Real		32	实数的范围：符合 IEEF 浮点数标准

（三）常数

常数的数据长度可以是字节、字和双字。CPU 以二进制的形式存储常数，书写常数可以用二进制、十进制、十六进制、ASCII 码或实数等多种形式。

书写格式为：十进制常数，如 1234；十六进制，如 16＃3AC6；二进制常数，如 2＃10100001；ASCII 码，如“Show”：实数（浮点数），如＋1.175495E－38（正数），－1.175495E－38（负数）。

二、系统数据存储区

（一）输入/输出映像寄存器

输入映像寄存器在用户程序中的标志符为 I，它是 PLC 接收外部输入数字量信号的窗口。输入端可以外接常开触点或常闭触点，也可以接多个触点组成的串、并联电路。

在每次扫描循环开始时，CPU 读取数字量输入模块的外部输入电路的状态，并将它们存入输入映像寄存器，如表 2-4 所示。

表 2-4　系统存储区

存储区	描　述	强制	保持
输入映像寄存器（I）	在扫描循环开始时，从物理输入复制的输入值	Yes	No
物理输入（I_：P）	通过该区域立即读取物理输入	No	No
输出映像寄存器（Q）	在扫描循环开始时，从输出值写入物理输出	Yes	No
物理输出（Q_：P）	通过该区域立即写物理输出	No	No
位存储器（M）	用于存储用户程序的中间运算结果或标志位	No	No
临时局部存储器（L）	块的临时局部数据，只能供块内部使用	No	No
数据块（DB）	数据存储器与 FB 的参数存储器	No	No

输出映像寄存器在用户程序中的标志符为 Q，每次循环周期开始时，CPU 将输出映像寄存器的数据传送给输出模块，再由后者驱动外部负载。

用户程序访问 PLC 的输入和输出地址区时，不是去读、写数字量模块中信号的状态，而是访问 CPU 的输入/输出映像寄存器。在扫描循环中，用户程序计算输出值，并将它们存入输出映像寄存器。在下一循环扫描开始时，将输出映像寄存器的内容写到数字量输出模块。

I 和 Q 均可以按位、字节、字和双字来访问，例如 I0.0、IB0、IW0 和 ID0。

（二）物理输入

在 I/O 点的地址或符号地址的后边附加“：P”，可以立即访问物理输入或物理输出。

通过给输入点的地址附加“：P”，例如 I0.3：P 或“Stop：P”，可以立即读取 CPU、信号板和信号模块的数字量输入和模拟量输入。访问时使用 I_：P 取代 I 的区别在于前者的数字直接来自被访问的物理输入点，而不是来自输入映像寄存器。因为数据从信号源被立即读取，而不是从最后依次被刷新的输入映像寄存器中复制，这种访问被称为“立即读”访问。

由于物理输入点从直接连接在该点的现场设备接收数据值，因此写物理输入点是被禁止的，即 I_：P 访问是只读的。

I_：P 访问还受到硬件支持的输入长度的限制。以被组态为从 I4.0 开始的 2DI/2DQ 信号板的输入点为例，可以访问 14.0：P、14.1：P 或 IB4：P，但是不能访问 I4.2：P～I4.7：P，因为没有使用这些输入点。也不能访问 IW4：P 和 ID4：P，因为它们超过了信号板使用的字节范围。

用 I：P 访问物理输入不会影响存储在输入映像寄存器中的对应值。

（三）物理输出

在输出点的地址后面附加“：P”（例如 Q0.3：P），可以立即写 CPU、信号板和信号模块的数字量和模拟量输出。访问时使用 Q_：P 取代 Q 的区别在于前者的数字直接写给被访问的物理输出点，同时写给输出映像寄存器。这种访问被称为“立即写”，因为数据被立即写给目标点，不用等到下一次刷新时再将输出映像寄存器中的数据传送给目标点。

由于物理输出点直接控制与该点连接的现场设备，因此读物理输出点是被禁止的，即 Q

_ ：P 访问是只写的。

Q _ ：P 访问还受到硬件支持的输出长度的限制。以被组态为从 Q4.0 开始的 2DI/2DQ 信号板的输出点为例，可以访问 Q4.0：P. Q4.1：P 或 QB4：P，但是不能访问 Q4.2：P～Q4.7：P，因为没有使用这些输出点。也不能访问 QW4：P 和 QD4：P，因为它们超过了信号板使用的字节范围。

用 Q _ ：P 访问物理输出同时影响物理输出点和存储在输出映像寄存器中的对应值。

（四）位存储器区

位存储器区（M 存储器）用来存储运算的中间操作状态或其他控制信息，可以用位、字节、字或双字读/写存储器区。

（五）数据块

数据块（Data Block）简称为 DB，用来存储代码块使用的各种类型的数据，包括中间操作状态、其他控制信息，以及某些指令（例如定时器、计数器的指令）需要的数据结构。可以设置数据块有写保护功能。

数据块关闭后，或有关代码块的执行开始或结束后，数据块中存放的数据不会丢失。有以下两种类型的数据块：

（1）全局数据块，它存储的数据可以被所有的代码块访问，如图 2-11 所示。

（2）背景（Instance）数据块，它存储的数据供指定的功能块（FB）使用，其结构取决于 FB 的界面（Interface）区的参数，具体可参考 S7－1200 编程手册。

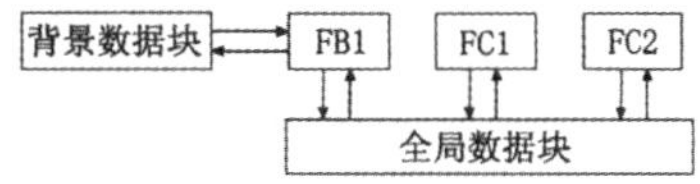

图 2-11　全局数据块与背景数据块

（六）临时存储器

临时存储器用于存储代码块被处理时使用的临时数据。PLC 为 3 个组织块 OB 的优先级组（参考 S7－1200 编程手册）分别提供以下临时存储器：

（1）启动和程序循环（包括有关的功能块 FB 和功能 FC）16 KB。

（2）标准的中断事件（包括有关的功能块 FB 和功能 FC）4 KB。

（3）时间错误中断事件（包括有关的功能块 FB 和功能 FC）4 KB。

临时存储器类似于 M 存储器，二者的主要区别在于 M 存储器是全局的，而临时存储器是局部的。

（1）所有的组织块 OB、功能 FC 和功能块 FB 都可以访问 M 存储器中的数据，即这些数据可以供用户程序中所有的代码块全局性地使用。

（2）在组织块 OB、功能 FC 和功能块 FB 的界面区生成临时变量（Temp）。它们具有局部性，只能在生成它们的代码块内使用，不能与其他代码块共享。即使组织块 OB 调用功能 FC，FC 也不能访问调用它的组织块 OB 的临时存储器。

CPU 按照按需访问的策略分配临时存储器。CPU 在代码块被启动（对于组织块 OB）或被调用（对于功能 FC 和功能块 FB）时，将临时存储器分配给代码块。

代码块执行结束后，CPU 将它使用的临时存储器区重新分配给其他要执行的代码块使用。CPU 不对在分配时可能包含数值的临时存储单元初始化，只能通过符号地址访问临时存储器。

三、系统存储器与时钟存储器

在 PLC 的“设备视图”中，通过 CPU 的“属性”选项卡可以设置系统存储器和时钟存储器，并可以修改系统或时钟存储器的字节地址，默认的系统存储器为 MB1，时钟存储器为 MB0。如图 2-12 所示，项目中选 MB10 为系统存储器，时钟存储器采用默认字节。

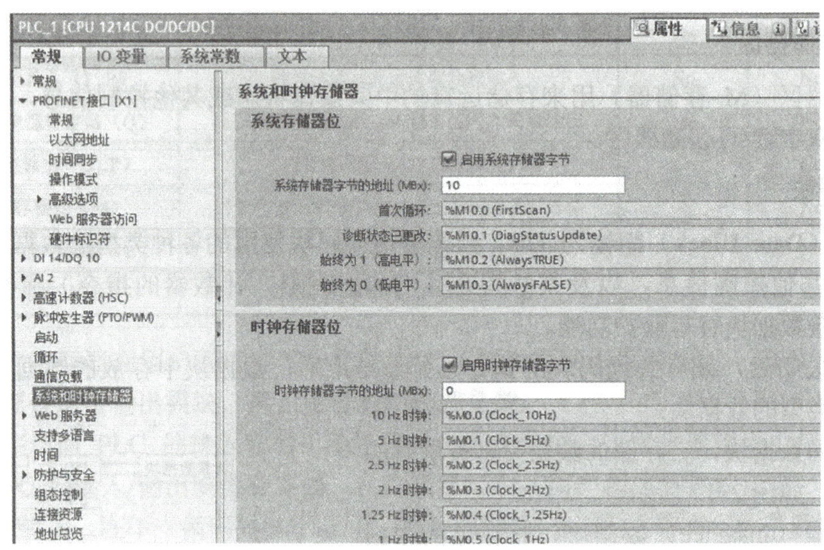

图 2-12　系统存储器和时钟存储器设置

系统存储器字节提供了以下 4 个位，用户程序可通过以下变量名称引用这 4 个位：

（1）M10.0（首次扫描）默认变量名称为“FirstScan”，在启动组织块（OB）完成后的第一次扫描期间内，该位设置为 1。

（2）M10.1（诊断状态已更改）默认变量名称为“DiagStatusUpdate”，在 CPU 记录了诊断事件后的一个扫描周期内，该位设置为 1。由于直到首次程序循环组织块（OB）执行结束，CPU 才能置位“诊断状态已更改”位，因此用户程序无法检测在启动组织块执行期间或首次程序循环组织块执行期间是否发生过诊断更改。

（3）M10.2（始终为 1）默认变量名称为“AlwaysTRUE”，该位始终设置为“1”。

（4）M10.3（始终为 0）默认变量名称为“AlwaysFALSE”，该位始终设置为“0”。

时钟存储器的字节中的每一位都可生成方波脉冲，时钟存储器字节提供了 8 种不同的频率，其范围为 0.5（慢）～10 HZ（快）。这些位可作为控制位，在用户程序中周期性地触发动作。CPU 在从 STOP 模式切换到 STARTUP 模式时初始化这些字节。时钟存储器的位在 STARTUP 和 RUN 模式下会随 CPU 时钟同步变化，其各位含义如表 2-5 所示。

表 2-5　时钟存储器字节各位对应的时钟周期与频率

位	7	6	5	4	3	2	1	0
周期（s）	2	1.6	1	0.8	0.5	0.4	0.2	0.1
频率（Hz）	0.5	0.625	1	1.25	2	2.5	5	10

四、I、Q、M 的应用

（一）输入继电器（输入映像寄存器）

输入继电器是 PLC 接收外部开关信号的窗口，PLC 输入端子的每个接线点均对应一个输入继电器。如图 2-13 所示为 PLC 控制系统示意图。在梯形图中，输入继电器 I 只有常开、常闭触点形式，不会出现线圈。可以认为输入继电器 I 触点的动作直接由外部条件决定，并且作为 PLC 其他编程元件线圈的输入条件。在梯形图中，每一个输入继电器有无限多个常开、常闭触点可以使用。

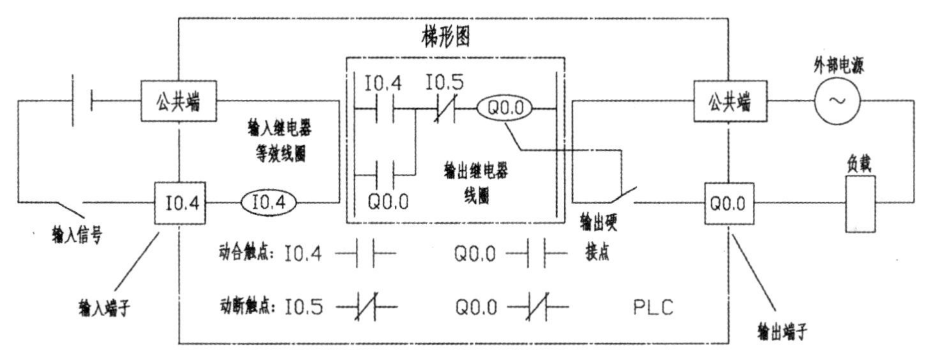

图 2-13　PLC 控制系统示意图

（二）输出继电器（输出映像寄存器）Q

输出继电器是 PLC 向外部负载发送信号的窗口，与 PLC 的输出端子相连。如图 2-13 所示的输出端为继电器输出型的 PLC，PLC 的一个输出端口对应一个输出继电器，PLC 通过它驱动输出负载或下一级电路，它反映了 PLC 程序执行的结果。在梯形图中，每一个输出继电器有无限多个常开、常闭触点可以使用。

（三）中间继电器（位存储器）M

中间继电器用来保存中间操作状态和控制信息，可实现多路同时控制，起到中间转换的作用。它不能直接接收外部输入信号，也不能直接驱动外部负载。中间继电器的线圈只能由程序驱动，触点是内部触点，在程序中可以无限次使用。图 2-14 中的 Q0.3 是线圈重复输出，在用梯形图编程中绝不允许出现，可以通过用中间继电器 M 来解决梯形图中线圈重复输出的问题，修改后的梯形图如图 2-15 所示。

图 2-14　线圈重复输出示例

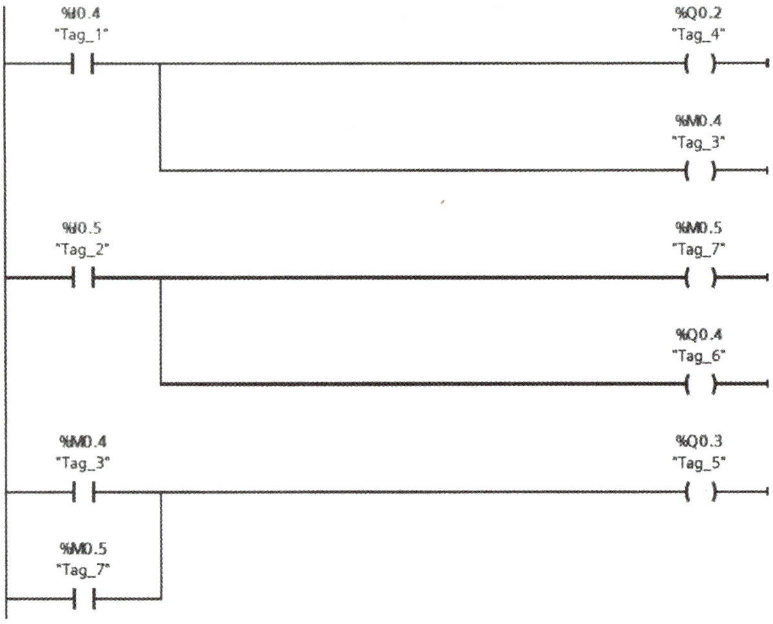

图 2-15　修改线圈重复输出示例

任务四　位逻辑指令及应用

S7－1200 PLC 的位逻辑指令有 17 条。在项目树中选择“程序块”→“Main［OB1］”项，界面右侧出现“指令”栏，在“基本指令”的 位逻辑运算 文件夹下就是位逻辑指令。接下来我们学习基本的位逻辑指令。

一、触点指令与线圈指导

（一）常开触点与常闭触点指令

梯形图中的触点指令有常开触点和常闭触点两种，常闭触点中带“/”符号。当存储器某位地址的位（bit）值为 1，则与之对应的常开触点位值为 1，表示该常开触点闭合；而与之对应的常闭触点值为 0，表示该常闭触点断开。反之，当存储器某位地址的位（bit）值为 0，则与之对应的常开触点值为 0，表示该常开触点断开；而与之对应的常闭触点值为 1，表示该常闭触点闭合。常开、常闭触点指令的符号如图 2-16 所示。

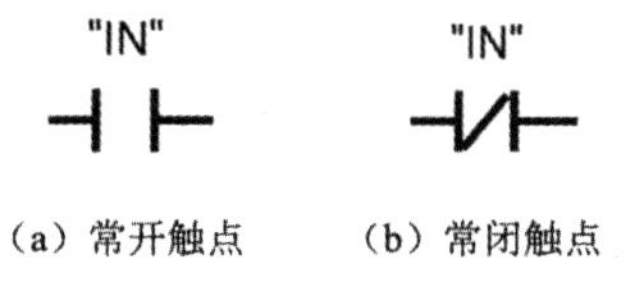

（a）常开触点　（b）常闭触点

图 2-16　常开、常闭触点指令的符号

（二）取非触点指令

取非触点指令 NOT 可用来改变能流的状态，能流到达取非触点指令时，能流就停止；能流未到达取非触点指令时，能流就通过。梯形图中，取非触点指令的符号如图 2-17 所示。

图 2-17　取非触点指令的符号

（三）输出线圈指令

如果有能流通过输出线圈，则输出位设置为 1；没有能流通过输出线圈，则输出位设置为 0。指令符号如图 2-18（a）所示。

（四）反向输出线圈指令

如果有能流通过反向输出线圈，则输出位设置为 0；如果没有能流通过反向输出线圈，则输出位设置为 1。反向输出线圈指令的符号如图 2-18（b）所示。

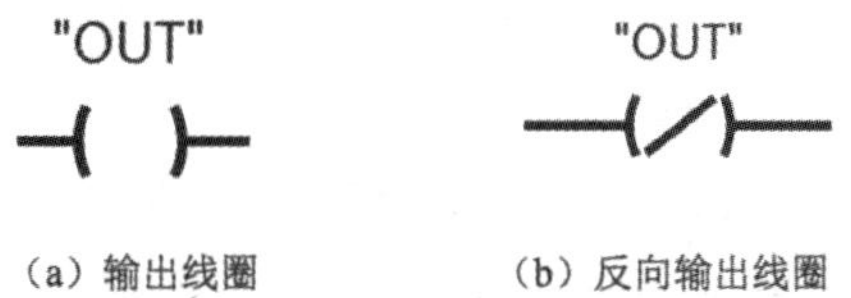

（a）输出线圈　（b）反向输出线圈

图 2-18　输出线圈指令的符号

例 1　如图 2-19 所示的梯形图，当输入 I0.4 与 I0.5 的信号状态为 1，或者输入 I0.6 的信号状态的为 1，输出 Q0.2 为 0。当输入 I0.4 与 I0.5 的信号状态为 1，或者输入 I0.6 的信号状态的 1，同时输入 I0.7 的信号状态为 1，输出 Q0.3 为 0。

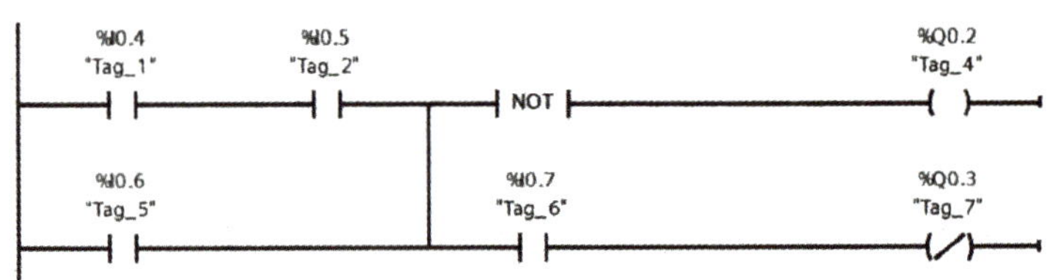

图 2-19　反向输出线圈与取非触点指令示例

二、置位/复位指令

（一）置位/复位指令

置位/复位指令指只要能流到达就能执行的置位和复位指令。执行置位指令时，指令操作数（bit）指定的地址被置位且保持，置位后即使能流中断，仍保持置位；执行复位指令时，指令操作数（bit）指定的地址被复位且保持，复位后即使能流中断，仍保持复位。由于 CPU 的扫描工作方式，程序中写在后面的指令有优先权。置位和复位指令的符号如图 2-20 所示。

"OUT"　　"OUT"
—(S)—　　—(R)—

（a）置位指令　　（b）复位指令

图 2-20　置位和复位指令的符号

例 2　如图 2-21（a）所示的梯形图，当输入 I0.4 的信号状态由 0 变为 1 时，输出 Q0，2 瞬间置位为 1，且 Q0.2 保持为 1，即使 I0.4 的信号状态已由 1 变为 0 时。当输入 I0.5 的信号状态由 0 变为 1 时，输出 Q02 瞬间复位为 0。

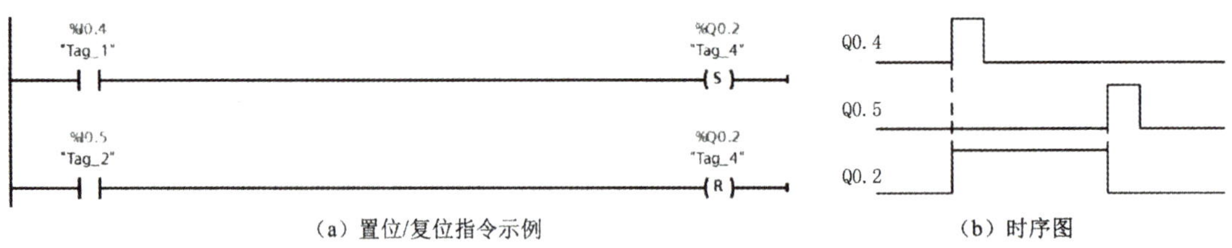

（a）置位/复位指令示例　　（b）时序图

图 2-21　置位/复位指令示例及时序图

（二）多点置位/复位指令

多点置位/复位指令指只要能流到达就能执行的多点置位和多点复位指令。执行多点置位指令时，把从指令操作数（bit）指定地址开始的 n 个点数被置位且保持，置位后即使能流中断，仍保持置位；执行多点复位指令时，把从指令操作数（bit）指定地址开始的 n 个点都被复位且保持，复位后即使能流中断，仍保持复位。多点置位和复位指令符号如图 2-22 所示。

"OUT"
—(SET_BF)—
"n"
（a）置位指令

"OUT"
—(RESET_BF)—
"n"
（b）复位指令

图 2-22　多点置位和复位指令的符号

例 3　如图 2-23 所示的梯形图，让输入 I0.4 的信号状态由 0 变为 1 再变为 0，再让输入 I0.5 的信号状态做同样变化时，请观察 Q0.2、Q0.3、Q0.4 的变化情况，此梯形图编写是否完善，如何改进？

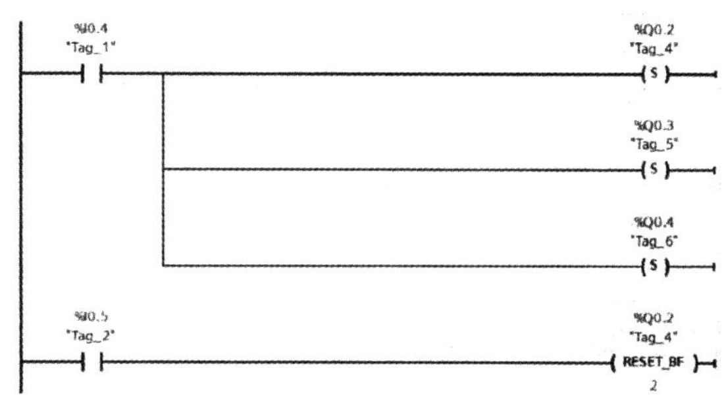

图 2-23　多点置位/复位指令示例

（三）置位/复位优先触发器

RS 是置位优先触发器，如果置位（S1）和复位（R）信号都为 1，则输出地址 OUT 将为 1；SR 是复位优先触发器，如果置位（S）和复位（R1）信号都为 1，则输出地址 OUT 将为 0。置位/复位优先触发器指令的符号如图 2-24 所示，参数含义如表 2-6 所示，RS 与 SR 触发器的功能如表 2-7 所示。

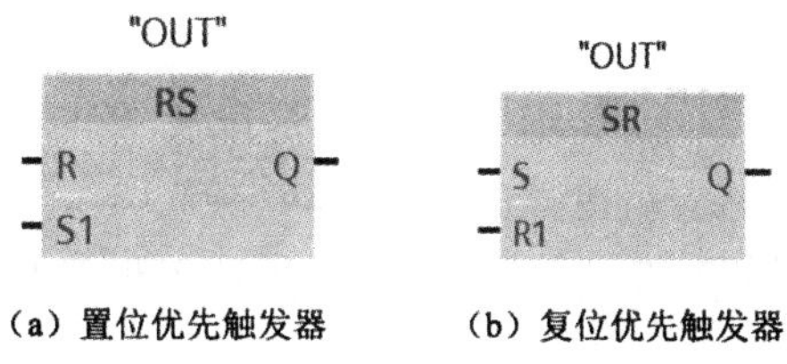

（a）置位优先触发器　　（b）复位优先触发器

图 2-24　置位/复位优先触发器指令的符号

表 2-6　置位/复位优先触发器参数含义

参数	数据类型	说　明
S、S1	Bool	置位输入：S1 表示优先
R、R1	Bool	复位输入：R1 表示优先
OUT	Bool	分配的位输出“OUT”
Q	Bool	遵循“OUT”

表 2-7 RS 与 SR 触发器的功能

复位优先触发器			置位优先触发器		
S	R1	Q	S1	R	Q
0	0	保持前一状态	0	0	保持前一状态
0	1	0	0	1	0
1	0	1	1	0	1
1	1	0	1	1	1

例 4 如图 2-25（a）所示的梯形图，当输入 I0.4 和 I0.4 的信号时时为 1 时，请观察 Q0；2 是否有输出；如图 2-25（b）所示的梯形图号，当输入 I0.6 和 I0.7 的信号同时为 1 时，请观察 Q0.3 是否有输出，这两者的区别在哪里？

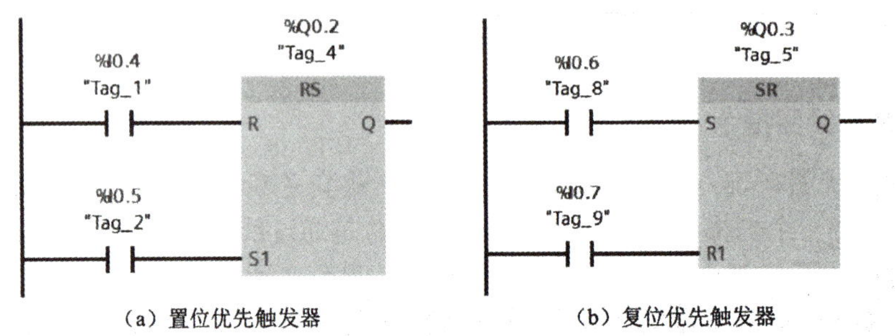

（a）置位优先触发器　　（b）复位优先触发器

图 2-25 置位优先触发器与复位优先触发器示例

三、边沿检测指令

（一）边沿检测触点指令

上升沿检测触点指令输入信号“m”由 0 状态变为 1 状态（即输入信号“IN”的上升沿），则该触点 P 接通一个扫描周期。P 触点可以放置在程序段中除分支、结尾外的任何位置，其符号如图 2-26（a）所示。

P 触点下面的 M _ BIT 为边沿存储位，用来存储上一次扫描循环时输入信号“IN”的状态。通过比较输入信号的当前状态和上一次循环时的状态，来检测信号的边沿。边沿存储位的地址只能在程序中使用一次，它的状态不能在其他地方被改写。只能使用 M、全局 DB 和静态变量来作为边沿存储位，不能使用局部数据或 I/O 作为边沿存储位。

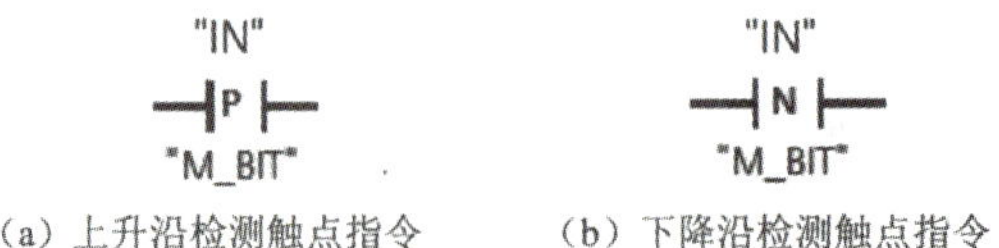

（a）上升沿检测触点指令　　（b）下降沿检测触点指令

图 2-26 边沿检测触点指令的符号

下降沿检测触点指令输入信号“IN”由 1 状态变为 0 状态（即输入信号“IN”的下降

沿），则该触点 N 接通一个扫描周期。N 触点可以放置在程序段中除分支、结尾外的任何位置，其符号如图 2-26（b）所示。

例 5　如图 2-27 所示的梯形图，当输入 I0.4 的信号由 0 变为 1 时，Q0.2 被置位并保持；当输入 I0.5 的信号由 1 变为 0 时，Q0.2 被复位。

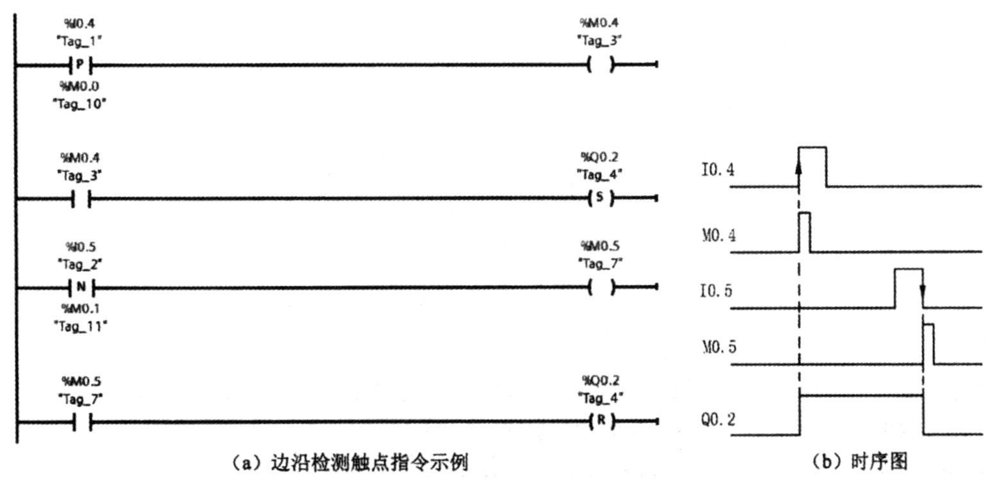

（a）边沿检测触点指令示例　（b）时序图

图 2-27　边沿检测触点指令示例及时序图

（二）边沿检测线圈指令

上升沿检测线圈在进入线圈的能流中检测到正跳变（断到通）时，分配的位“OUT”为 TRUE，且维持一个扫描周期。其能流输入状态总是通过线圈后变为能流输出状态。

下降沿检测线圈在进入线圈的能流中检测到负跳变（通到断）时，分配的位“OUT”为 TRUE，且维持一个扫描周期。其能流输入状态总是通过线圈后变为能流输出状态。

边沿检测线圈指令可以放置在程序段中的任何位置，边沿检测线圈不会影响逻辑运算结果（RLO），它对能流是畅通无阻的，其输入的逻辑运算结果被立即送给线圈的输出端。边沿检测线圈指令的符号如图 2-28 所示。

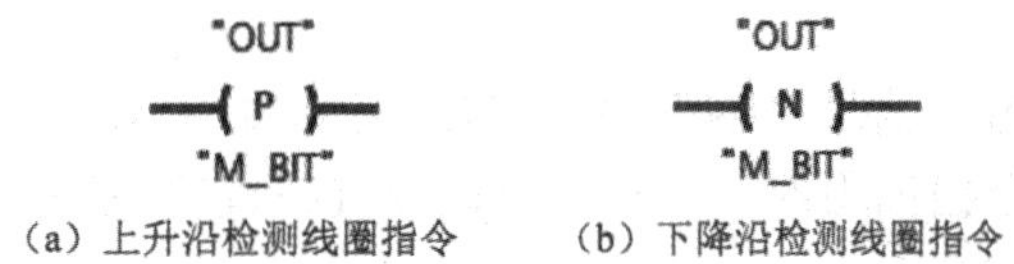

（a）上升沿检测线圈指令　（b）下降沿检测线圈指令

图 2-28　边沿检测线圈指令的符号

例 6　如图 2-29 所示的梯形图，在运行时先将 I0.0 的状态由 0 变为 1，I0.0 的常开触点闭合，能流经 P 线圈和 N 线圈流过 Q0.2 的线圈。在 I0.0 的上升沿，M0.0 的常开触点闭合一个扫描周期，使 Q0.3 置位。再将 I0.0 的状态由 1 变为 0，在 I0.0 的下降沿，M0：1 的常开触点闭合一个扫描周期，使 Q0：3 复位，其时序如图 2-30 所示。

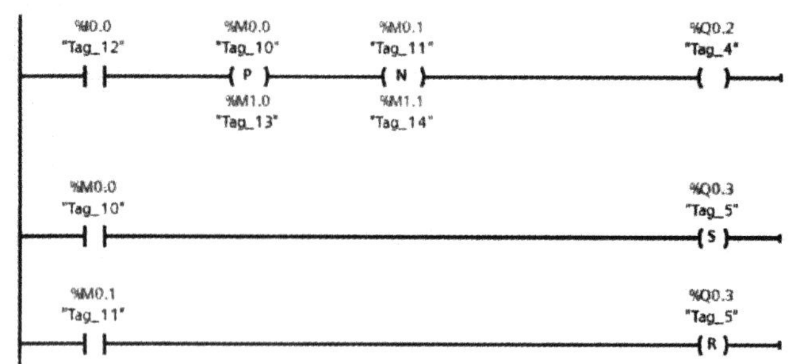

图 2-29　边沿检测线圈指令示例

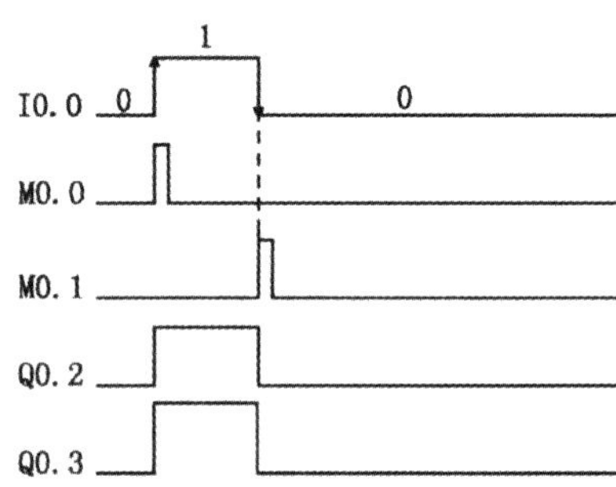

图 2-30　边沿检测线圈指令的时序图

（三）P _ TRIG 指令与 N _ TRIG 指令

P _ TRIG 指令在 CLK 能流输入中检测到正跳变（断到通）时，Q 输出能流或逻辑状态为 TRUE。N _ TRIG 指令在 CLK 能流输入中检测到负跳变（通到断）时，Q 输出能流或逻辑状态为 TRUE。M _ BIT 为脉冲存储位，在梯形图中 P _ TRIG、N _ TRIG 指令不能放置在程序段的开头或结尾，指令符号如图 2-31 所示。

（a）P_TRIG　　（b）N_TRIG

图 2-31　P _ 7RIG 指令与 N _ TRIG 指令的符号

例 7　如图 2-32 所示的梯形图，在流进 P _ TRIG 指令的 CLK 输入端能流的上升沿（能流刚出现），Q 端输出一个扫描周期的能流，使 0.4 置位。指令框下面的 M3.0 为脉冲扫描周期的能流，使 Q0.4 复位。指令框下面的 M3.1 为脉冲存储位。

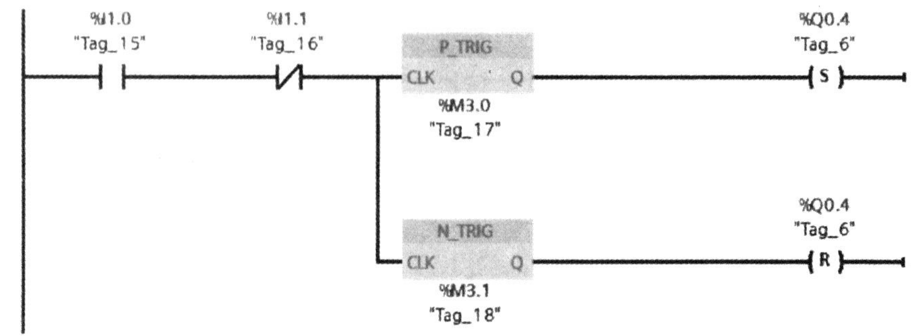

图 2-32　P _ RIO 指令与 N _ TRIG 指令示例

任务五　PLC 控制程序中的自锁与互锁

一、自锁的应用

在 PLC 控制程序的设计中，经常要对脉冲输入信号或者点动按钮输入信号进行保持，常采用自锁电路。自锁电路的基本形式与时序图如图 2-33 所示。将输入触点（I0.4）与输出线圈的常开触点（Q0.0）并联，这样一旦有输入信号（超过一个扫描周期），就能保持（Q0.0）有输出。要注意的是，自锁电路必须有解锁设计，一般在并联之后采用某一常闭触点作为解锁条件，如图 2-33 中的 I0.5 触点。

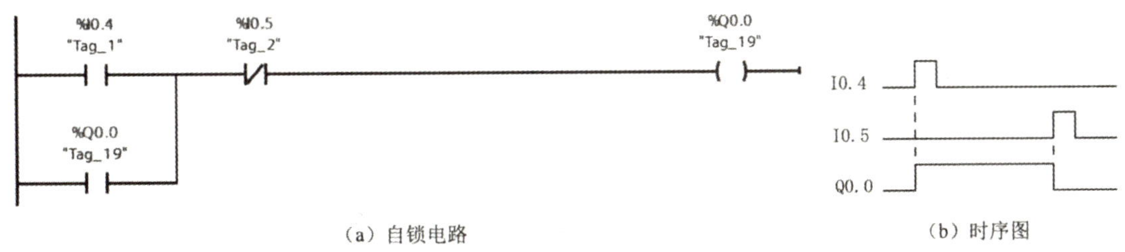

（a）自锁电路　　（b）时序图

图 2-33　自锁电路示例与时序图

二、互锁的应用

互锁电路，也称优先电路，是指两个输入信号中先到信号取得优先权，后者无效。例如，在抢答器程序设计中的抢答优先，又如，防止控制电动机的正反转按钮同时按下的保护电路。图 2-34 所示为优先电路的例子，其中，I0.4 先接通，M10.0 线圈接通，则 Q0.0 线圈有输出；同时，由于 M10.0 的常闭触点断开，I0.6 输入再接通时，则无法使 M11.0 动作，Q0.1 无输出。若 I0.6 先接通，情况正好相反。

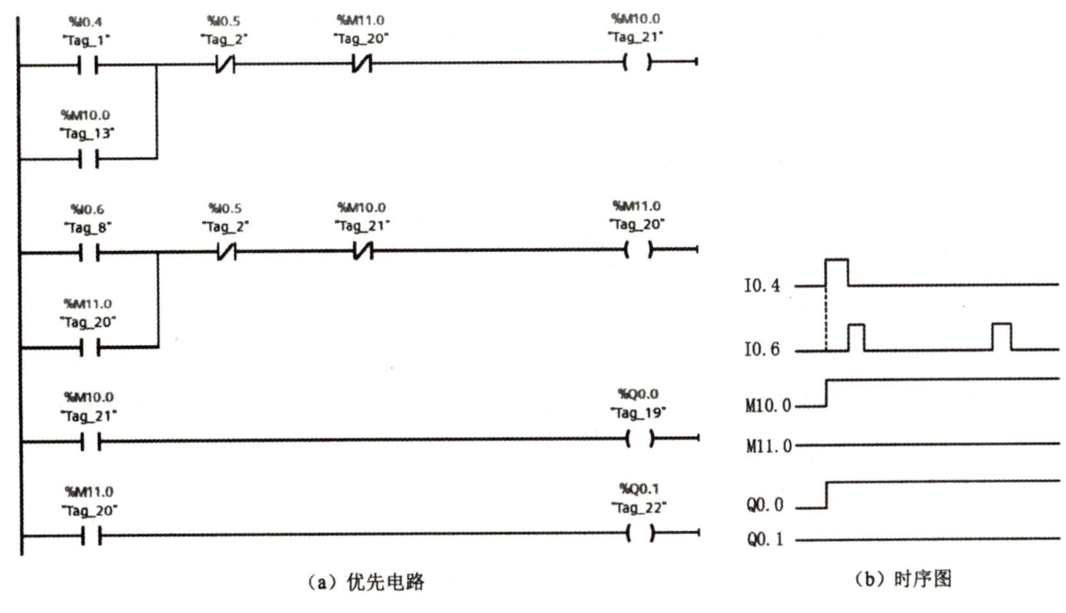

（a）优先电路　　（b）时序图

图 2-34　优先电路示例与时序图

任务六 编程规则及技巧

一、梯形图编程规则

梯形图作为 PLC 的第一用户语言，被广大的电气设计师们使用，并广泛应用子工业现场的控制领域。为使初学 PLC 的人员能更快更好地使用这种编程语言，下面介绍一些梯形图的编程规则。

1）总的编程顺序

程序总体上应按自上而下、从左至右的顺序编写。

2）避免双线圈输出

同一操作数的输出线圈在一个程序中不能使用两次，不同操作数的输出线圈可以并行输出，如图 2-35 所示。双线圈输出就是在同一个程序中，同一元件的线圈被使用了两次甚至多次。如图 2-36 中的程序在两处使用同一线圈 Q0.2，根据 PLC 循环扫描的工作过程，PLC 从上而下扫描用户程序，输出映像寄存器里的值不断被刷新。程序中有两个相同的线圈，PLC 真正输出的是后一个线圈的状态，当 I0.4＝1、I0.5＝0 时，Q0.2 没有输出。

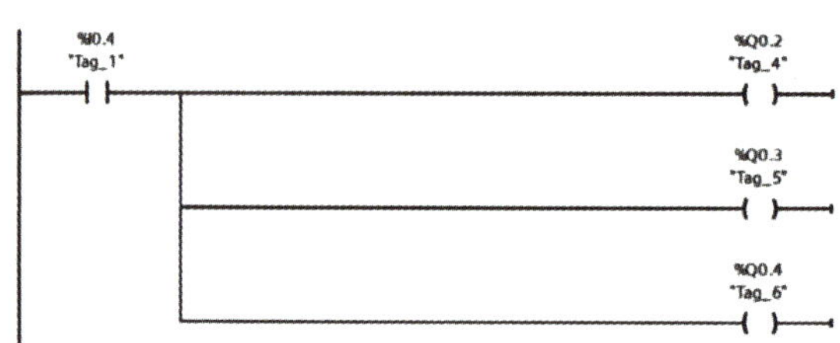

图 2-35　不同操作数的输出线圈并行

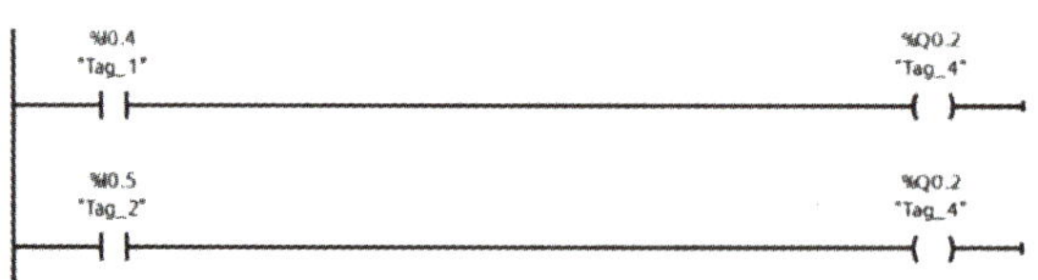

图 2-36　双线圈输出

双线圈输出并不违反输入程序的语法规则，但 PLC 只能按最后一个线圈的状态输出执行，会使程序的实际控制动作十分复杂。另外，图 2-36 所示程序中 Q0.2 线圈的通断状态除了对外部负载起作用外，通过它的触点还可能对程序中其他元件的状态产生影响。因此，在编写控制程序时应避免出现双线圈输出，可按如图 2-37 所示的方法对图 2-36 所示程序进行改进设计。

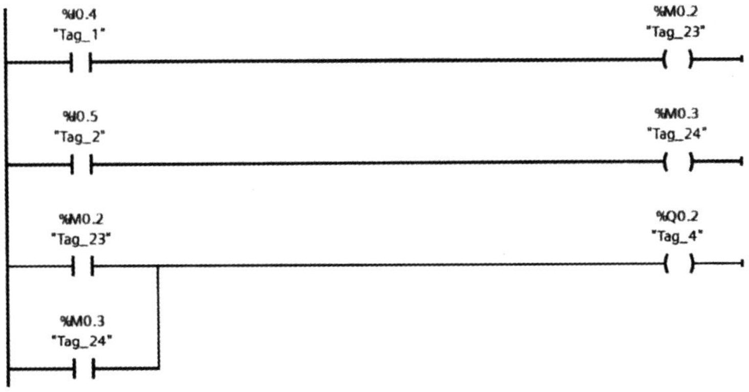

图 2-37 改变双线圈输出

3）适当安排编程川页序，以减少程序的步数

（1）串联多的支路应尽量放在上部，如图 2-38 所示。

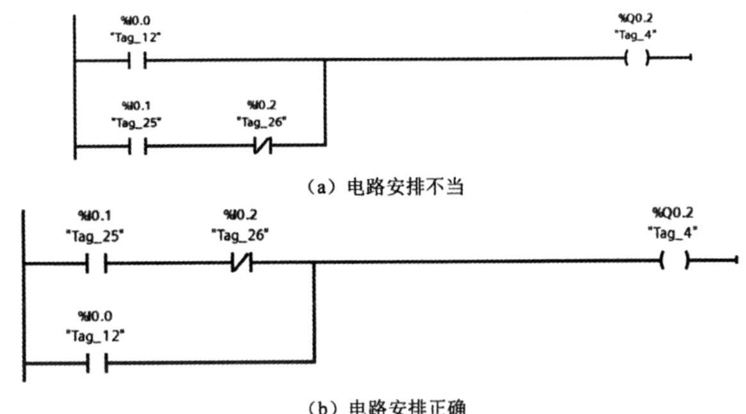

（a）电路安排不当

（b）电路安排正确

图 2-38 串联多的支路应放在上部

（2）并联多的支路应靠近左母线，如图 2-39 所示。

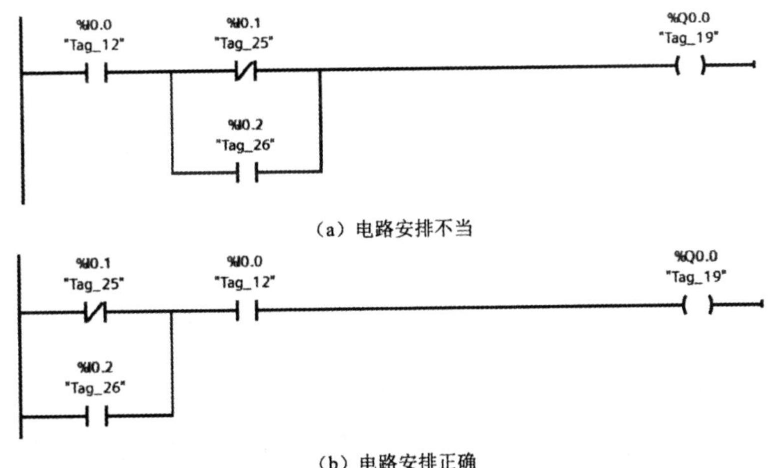

（a）电路安排不当

（b）电路安排正确

图 2-39 并联多的支路应靠近左母线

（3）触点不能放在线圈的右边。

二、编程技巧

1）设置中间单元

在梯形图中，若多个线圈受某一触点串并联电路的控制，为了简化电路，可设置该电路控制的存储器的位，如图 2-40 所示，这类似于继电器电路中的中间继电器。

2）尽量减少可编程控制器的输入信号和输出信号

可编程控制器的价格与 I/O 点数有关，因此减少 I/O 点数是降低硬件费用的主要措施。如果几个输入器件触点的串并联电路是作为一个整体出现，可以将它们作为可编程控制器的一个输入信号，只占可编程控制器的一个输入点。如果某器件的触点只用一次并且与 PLC 输出端的负载串联，不必将它作为 PLC 输出端口的驱动对象，可以将它放在 PLC 外部的输出回路，与外部负载串联。

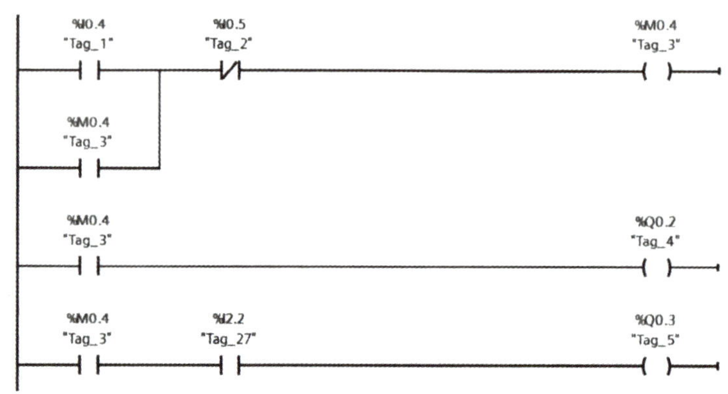

图 2-40　设置中间单元

3）设立外部联锁电路

为了防止控制正反转的两个接触器同时动作造成三相电源短路，应在 PLC 外部设置硬件联锁电路。

项目实训

一、实训目的

（1）学会用 PLC 控制时 I/O 端口的确定方法，能够正确接线；

（2）掌握 PLC 位逻辑指令、自锁与互锁指令的编程方法，能够正确将其应用于项目中；

（3）掌握博途软件的使用方法，熟练运用软件进行程序编写和调试。

二、实训器材

（1）PLC 实训装置 1 台（含 CPU 1214C DC/DC/DC）；

（2）计算机 1 台（已安装博途软件）以及电工常用工具 1 套、导线若干。

三、实训步骤

（1）检查 PLC 与计算机的网线是否已连接，PLC 实训装置的电源是否打开。

（2）理解控制要求：有 3 组抢答台和一位主持人，每一个抢答台上各有一个抢答按钮和一盏抢答指示灯。参赛者在允许抢答时，第一个按下抢答按钮的抢答台上的指示灯将会亮，且释放抢答按钮后，指示灯仍然亮，以后另外两个抢答台上即使再按各自的抢答按钮，其指示灯也不会亮。这样主持人就可以轻易地知道谁是第一个按下抢答器的。该题抢答结束后，主持人按下主持台上的复位按钮，则指示灯熄灭，又可以进行下一题的抢答比赛。

（3）确定 I/O 端口分配，见表 2-8，绘制 I/O 接线图并正确接线，如图 2-41 所示。

（4）绘制抢答器的 PLC 控制系统梯形图如图 2-42 所示。本控制程序的关键在于：抢答器指示灯的“自锁”功能，即当某一抢答台抢答成功后，即使释放其抢答按钮，其指示灯仍然亮，直至主持人进行复位后该指示灯才熄灭；3 个抢答台之间的“互锁”功能，即只要有一个抢答台亮，另外两个抢答台上即使再按各自的抢答按钮，其指示灯也不会亮。

表 2-8　I/O 端口分配

类别	元件	I/O 端口编号	备注
输入	SB1	I0.4	主持人开始按钮，常开触点
	SB2	I0.5	主持人复位按钮，常开触点
	SB3	I1.0	1＃抢答按钮，常开触点
	SB4	I1.1	2＃抢答按钮，常开触点
	SB5	I1.2	3＃抢答按钮，常开触点
输出	HL1	Q0.2	0＃指示灯
	HL2	Q0.33	1＃指示灯
	HL3	Q04	2＃指示灯
	HL4	Q0.5	3＃指示灯

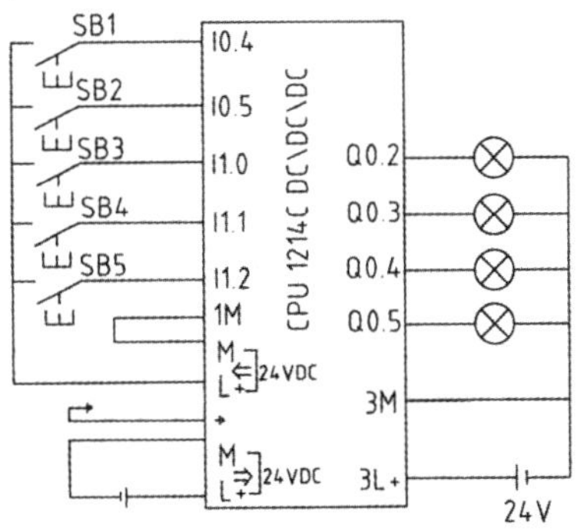

图 2-41　抢答器的 PLC 外部接线

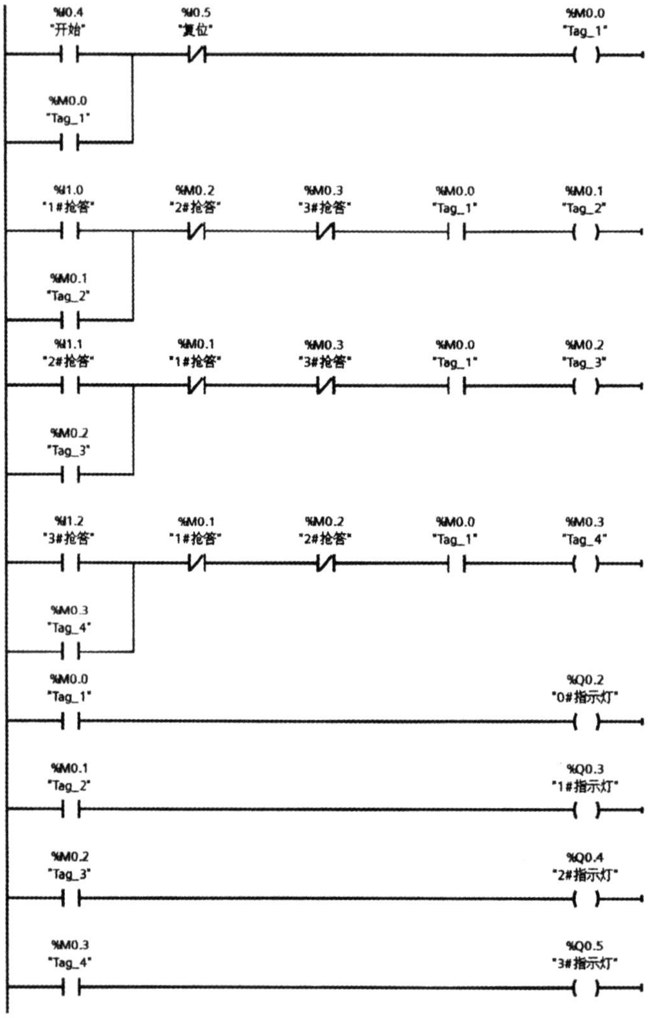

图 2-42　抢答器的 PLC 控制系统梯形图

四、实训思考

如果采用置位和复位指令来实现上述功能，如何改写程序？

项目三　PLC 电动机定时与计数控制系统设计

项目导入

在汽车自动化生产线上装有多台电动机，各电动机的启动和停止有先后的顺序要求。对多台电动机有顺序的启动或停止的控制方式称为顺序控制。在工业生产中，常需要对运料小车的运行进行自动往返控制，并对小车自动运行往返的次数进行统计。介绍如何应用 PLC 的定时器和计数器实现电动机的顺序控制、定时控制与运料小车自动往返控制等。

思政目标

培养守时遵规的职业素养。
培养安全意识、规范意识、创新意识。
培养精益求精的工匠精神。
培养劳动精神。

知识目标

掌握定时器和计数器的基本工作原理。
掌握软元件定时器、计数器的基本用法。
掌握定时器和计数器的嵌套使用方法。

技能目标

具有正确选用不同定时器的能力。
具有正确分配 I/O 点和接线的能力。

任务一 PLC 的定时器及梯形图

S7－1200 PLC 的定时器有 4 种：接通延时定时器（TON）、脉冲定时器（TP）、保持型接通延时定时器（TONR）和断开延时定时器（TOF）。

S7－1200 PLC 的定时器指令采用 IEC 标准，用户程序中可以使用的定时器数仅受 CPU 存储器容量的限制。定时器均使用 16 字节的 IEC Timer 数据类型的 DB 结构来存储定时器指令的数据，博途软件会在插入指令时自动创建该数据块 DB。

定时器指令的 IN 为输入使能端，为定时器的启动信号。IN 从 0 状态跳变到 1 状态时，接通延时定时器（TON）启动定时，脉冲定时器（TP）、保持型接通延时定时器（TONR）启动定时；但断开延时定时器（TOF），IN 从 1 状态跳变到 0 状态时启动定时。PT 为定时器的预制值，ET 为定时器开始定时后已经消耗的时间，R 为保持型接通延时定时器的复位信号。

S7－1200 PLC 的 4 种定时器功能比较，如表 3-1 所示。

表 3-1 PLC 的定时器功能比较

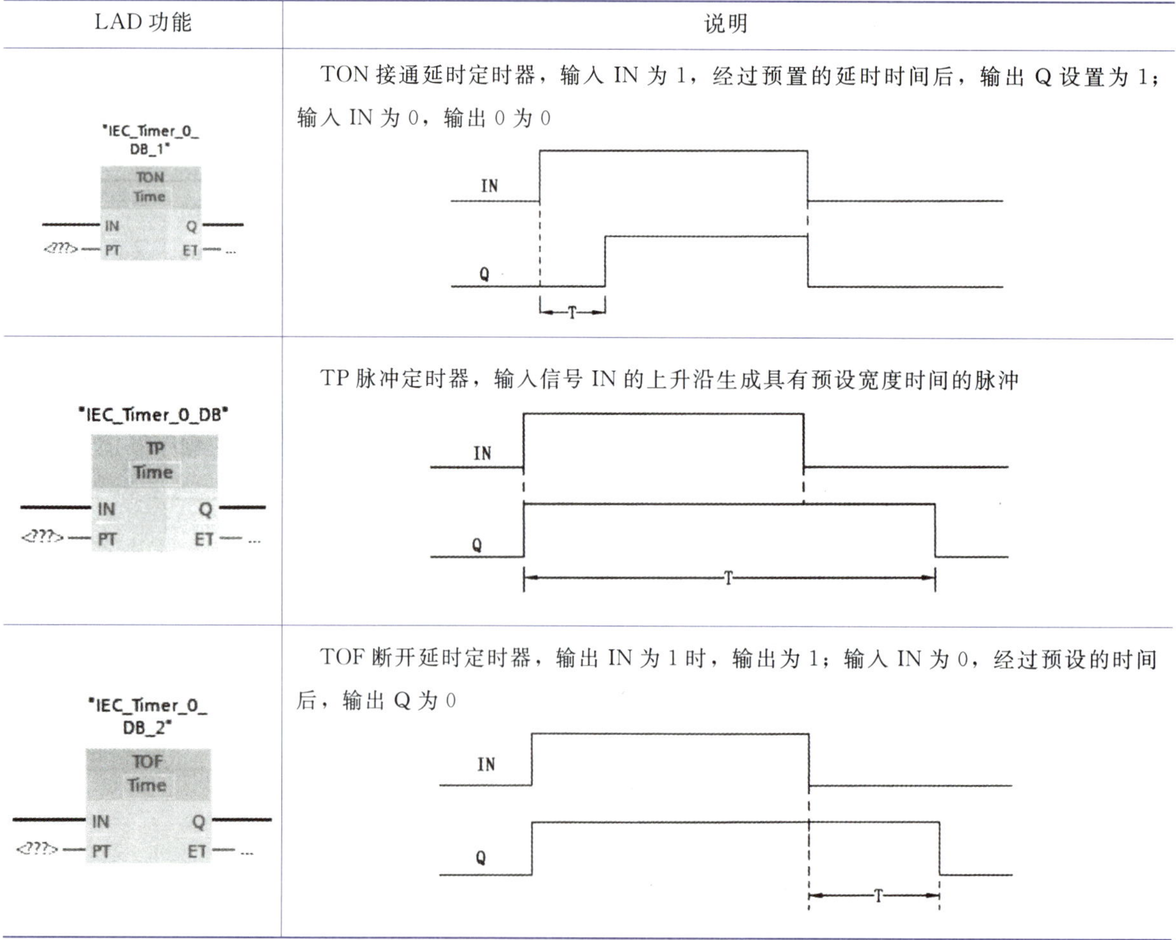

LAD 功能	说明
"IEC_Timer_0_DB_1" TON Time IN Q <???> PT ET ...	TON 接通延时定时器，输入 IN 为 1，经过预置的延时时间后，输出 Q 设置为 1；输入 IN 为 0，输出 0 为 0 IN Q T
"IEC_Timer_0_DB" TP Time IN Q <???> PT ET ...	TP 脉冲定时器，输入信号 IN 的上升沿生成具有预设宽度时间的脉冲 IN Q T
"IEC_Timer_0_DB_2" TOF Time IN Q <???> PT ET ...	TOF 断开延时定时器，输出 IN 为 1 时，输出为 1；输入 IN 为 0，经过预设的时间后，输出 Q 为 0 IN Q T

LAD 功能	说明
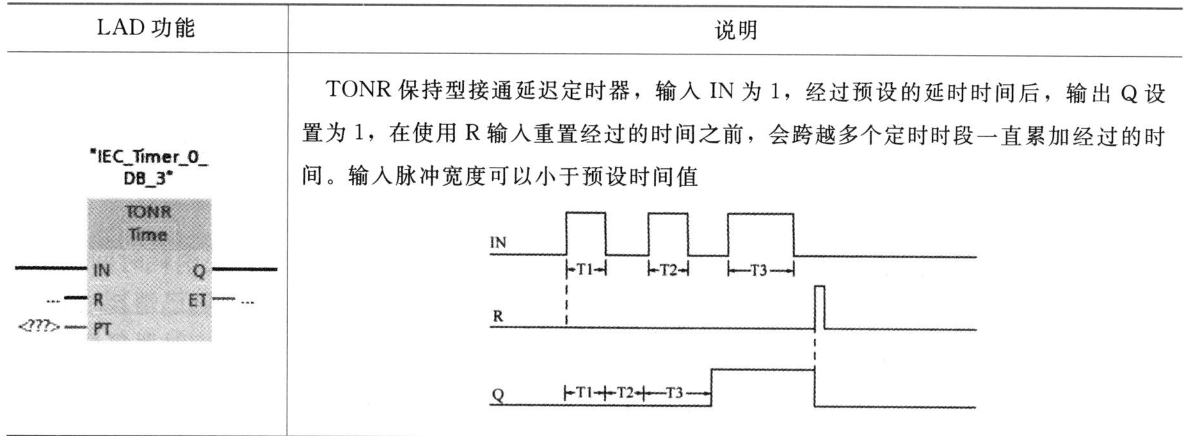	TONR 保持型接通延迟定时器，输入 IN 为 1，经过预设的延时时间后，输出 Q 设置为 1，在使用 R 输入重置经过的时间之前，会跨越多个定时时段一直累加经过的时间。输入脉冲宽度可以小于预设时间值

IEC 定时器属于功能块，调用时需要知道配套的背景数据块，定时器指令的数据保存在背景数据块中。在梯形图中输入定时器指令时，打开右边的指令窗口，将“定时器操作”文件夹中的定时器指令拖放到梯形图中适合的位置，可以修改将要生成的背景数据块的名称，或采用默认的名称，单击“确定”按钮，会自动生成数据块。

IEC 定时器指令没有编号，在使用对定时器的复位（RT）指令时，可以用背景数据块的编号或符号名来指定需要复位的定时器，如果没有必要，可以不用复位指令。

一、接通延时定时器的应用

接通延时定时器（TON）的使能输入端由断开变为接通时开始定时，定时时间大于等于设定时间，输出 Q 为 1。IN 输入端断开，定时器被复位，已消耗时间被清零，输出 Q 变为 0。CPU 第一次扫描时，定时器输出被清零。

图 3-1 中的 I0.3 为 1 状态时，定时器复位线圈 RT 接通，定时器被复位，已消耗时间被清零，Q 输出端为 0；I0.3 变为 0 状态时，如果 IN（I0.2）输入为 1 状态，将重新开始定时。

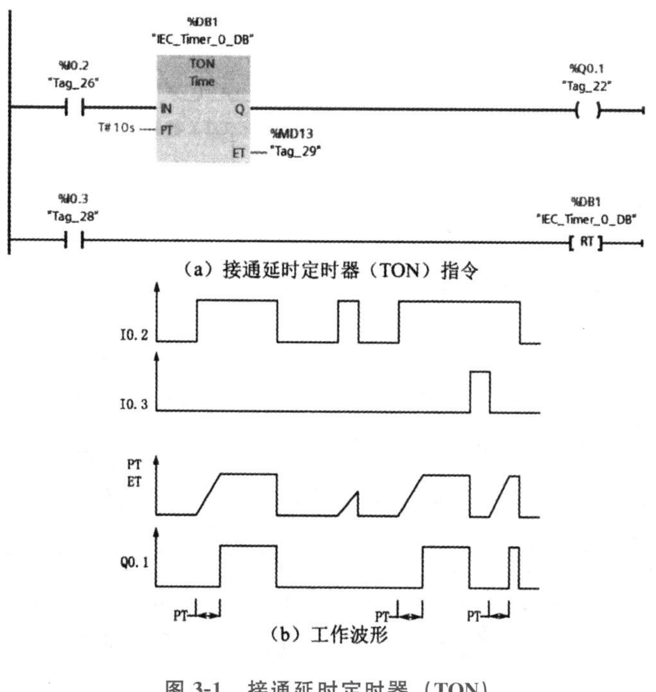

图 3-1 接通延时定时器（TON）

二、脉冲定时器的应用

脉冲定时器（TP）可生成具有预设宽度时间的脉冲，从图 3-2（b）的波形可见。在 IN 输入信号的上升沿，Q 输出为 1 状态，开始输出脉冲，达到 PT 预设的时间时，Q 输出变为 0 状态。IN 输入的脉冲宽度可以小于 Q 端输出的脉冲宽度。在脉冲输出期间，即使 IN 输入又出现上升沿，也不会影响脉冲的输出。

用程序状态监控功能可以观察已消耗时间的变化。定时器开始时，已消耗时间从 0 ms 开始不断增加，达到 PT 预设值的时间时不再增加，如果 IN 为 1 状态，则已消耗时间保持不变；如果 IN 为 0 状态，则已消耗时间变为 0 ms。在 IN 输入为 1 时，定时器复位指令可以复位已消耗时间，但不能复位输出值 Q，复位信号消失，继续输出固定时间的脉宽，如图 3-2 所示。

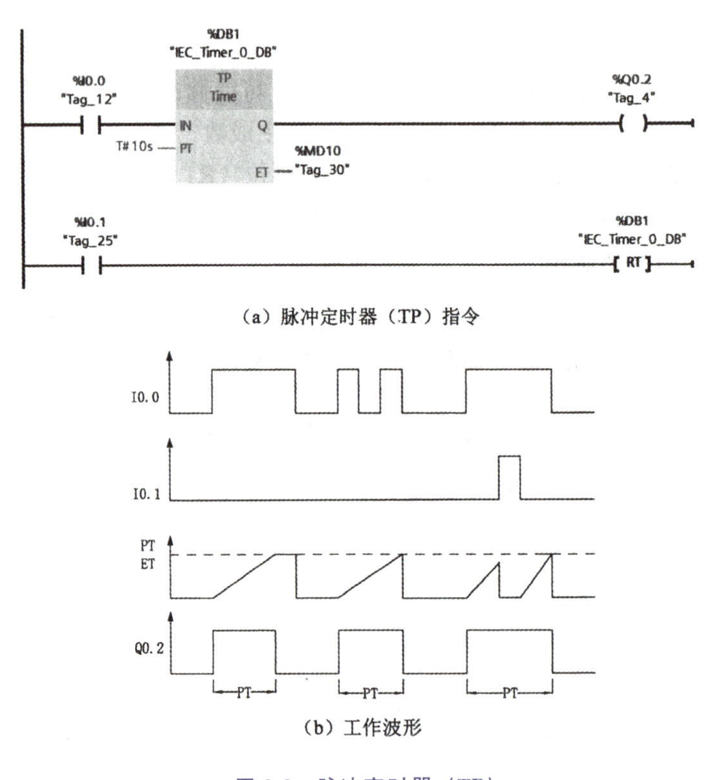

（a）脉冲定时器（TP）指令

（b）工作波形

图 3-2　脉冲定时器（TP）

三、断开延时定时器应用

输入端（IN）为 1 时，断开延时定时器（TOF）的位值立即置为 1，并把预设值置为 0。输入端（IN）为 0 时，定时器开始计时，当断开延时定时器（TOF）耗尽预设值时间时，定时器的位值立即置为 0，并停止计时。TOF 指令必须用负跳变（由 ON 到 OFF）的输入信号启动计时。断开延时定时器模拟断电延时型物理时间继电器。断开延时定时器的输入端接通时，输出 Q 为 1，已消耗时间被清零，输入电路由接通变为断开时开始定时，已消耗时间从 0 逐渐增大，已消耗时间大于等于设定时间，输出变为 0，已消耗时间不变，直到 IN 输入电路接通，如图 3-3 所示。断开延时定时器主要用于设备停止后的延时，如大型变频电动机冷却风扇的延时运行。

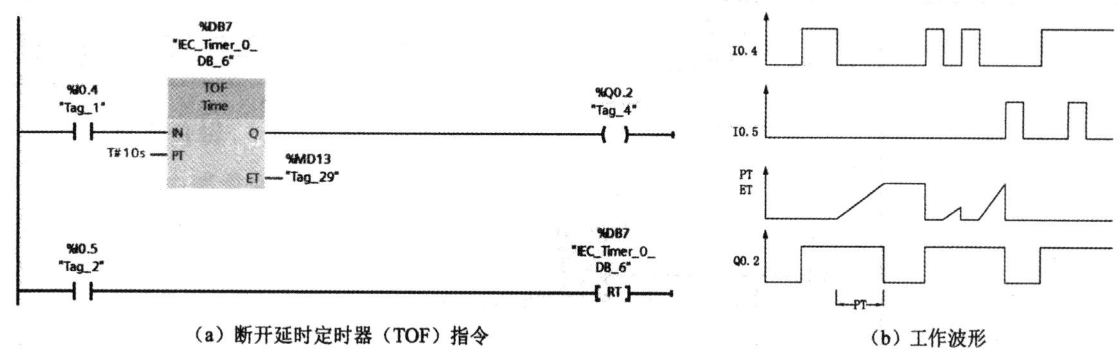

（a）断开延时定时器（TOF）指令　　（b）工作波形

图 3-3　断开延时定时器（TOF）

当输入 IN 为低电平时，复位指令对已消耗的时间清零并复位输出；当输入 IN 为高电平时，定时器复位指令不起作用。

四、保持型接通延时定时器应用

保持型接通延时定时器（TONR）的输入电路 m 接通开始定时，输入电路断开，累计的已消耗时间保持不变。可以用来累计输入电路接通的若干时间间隔。复位输入 I0.7 为 1 状态时，TONR 被复位，其累计时间变为 0，同时输出变为 0，如图 3-4 所示。

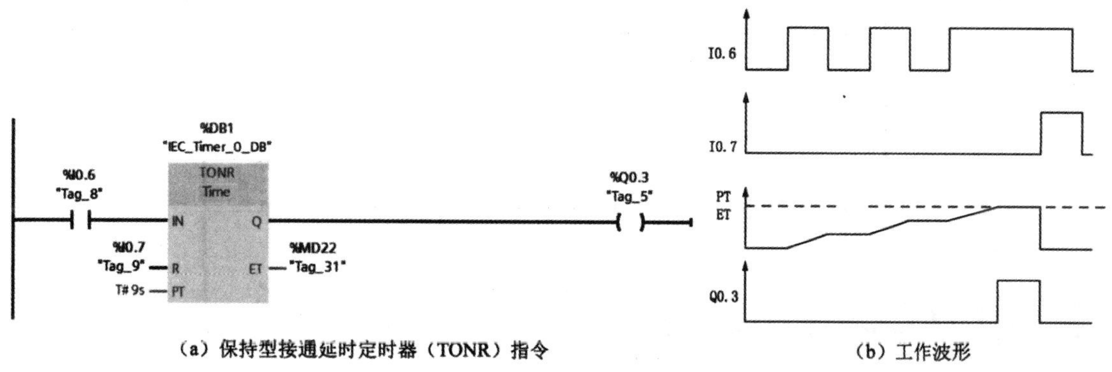

（a）保持型接通延时定时器（TONR）指令　　（b）工作波形

图 3-4　保持型接通延时定时器（TONR）

例 1　定时闪烁电路设计

用定时器设计输出脉冲周期和占空比可调的振荡电路。要求：接通 3 s，断开 2 s（闪烁电路）。

闪烁电路实际上是一个具有正反馈的振荡电路。第一个定时器“IEC _ Time _ 0 _ DB”，其输出的 Q 位信号，可以表示为“IEC _ Time _ 0 _ DB”.Q；第二个定时器“IEC _ Time _ 0 _ DB _ 1”，其输出的 Q 位信号，可以表示为“IEC _ Time _ 0 _ DB _ 1”.Q，如图 3-5 所示。

上电开始，第一个定时器“IEC Time O DB”输入为 1，开始定时，2 s 后定时时间到，其常开触点" IEC _ Time _ 0 _ DB" .Q 闭合，能流流入第二个定时器“IEC _ Time _ 0 _ DB _ 1”，并开始定时，同时 Q0.0 线圈接通。3 s 后第二个定时器的定时时间到，输出为 1，下一个扫描周期使其输出的常闭触点“IEC _ Time _ 0 _ DB _ 1”.Q 断开，第一个定时器输入开路，使 Q 输出为 0，使 Q0.0 和第二个定时器的 Q 输出也变为 0 状态。在下一个扫描周期，因第二个定时器的常闭触点接通，第一个定时器又从预设值开始定时，以后 Q0.0 的线圈就这样周期性地接通与断开。同样，可以用脉冲定时器实现以上功能，其梯形图如图 3-6 所示。

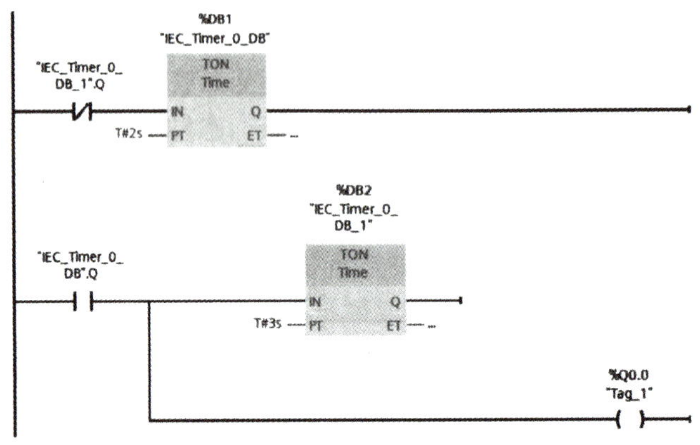

图 3-5　闪烁电路（接通延时定时器）

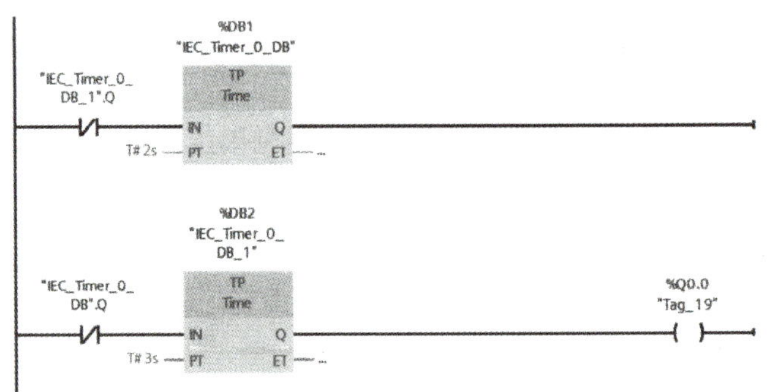

图 3-6　闪烁电路（脉冲定时器）

任务二　PLC 的计数器

S7－1200 有 3 种计数器：加计数器（CTU）、减计数器（CTD）和加减计数器（CTUD）。它们属于软件计数器，其最大计数速率受到其所在 OB 的执行速率限制，如果需要速率更高的计数器，可以使用 CPU 内置的高速计数器。调用计数器指令时，需要生成保存计数器数据的背景数据块。计数器指令的符号如图 3-7 所示。

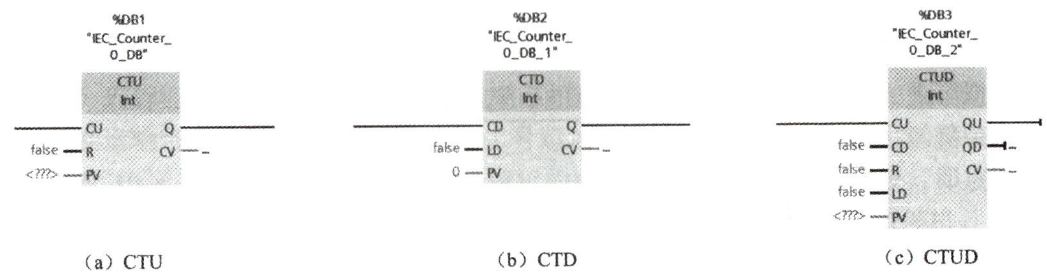

图 3-7　3 种计数器指令的符号

图中的 CU（CountUp）和 CD（CountDown）分别是加计数输入和减计数输入，在 CU 或 CD 由 0 变为 1 时，实际计数值 CV 加 1 或减 1。复位输入 R 为 1 时，计数器被复位，CV 被清 0，计数器的输出 Q 变为 0。LD 为 1，将预设值 PV 装入计数器的当前值。计数器指令的参数与数据类型如表 3-2 所示。

表 3-2　计数器指令的参数与数据类型

参　数	数据类型	说　明
CU/CD	Bool	加计数或减计数，按加或减 1 计数
R（CTU、CTUD）	Bool	将记数值重置为 0
LD（CTD、CTUD）	Bool	预设值的装载控制
PV	SInt、Int、DInt、USInt、UInt、UDInt	预设计数值
Q、QU	Bool	计数器当前计数值大于预设值时为“1”
QD	Bool	CV=0 时为真
CV	SInt、Int、USInt、UInt、UDInt	当前计数值

计数值的数值范围取决于所选的数据类型：如果计数值是无符号整数，则可以减计数到零或加计数到范围上限值；如果计数值是有符号整数，则可以减计数到负整数下限值或加计数到正整数上限值。

用户程序中可以使用以下数据类型：

（1）对于 SInt 或 USInt 数据类型，计数器指令占用 3 个字节。

（2）对于 Int 或 UInt 数据类型，计数器指令占用 6 个字节。

（3）对于 DInt 或 UDInt 数据类型，计数器指令占用 12 个字节。

一、加计数器指令

加计数器指令（CTU）参数 CU 的值从 0 变为 1 时，CTU 使计数值加 1，直到 CV 达到指定的数据类型的上限值，此后，CU 状态的变化，CV 值不再增加。如果参数 CV（当前计数值）的值大于或等于参数 PV（预设值）的值，则计数器输出参数 Q=1。如果复位参数 R 的值从 0 变为 1，则当前计数值 CV 复位为 0。在第一次执行程序时，CV 被清零。加计数器指令的基本应用及时序如图 3-8 所示。

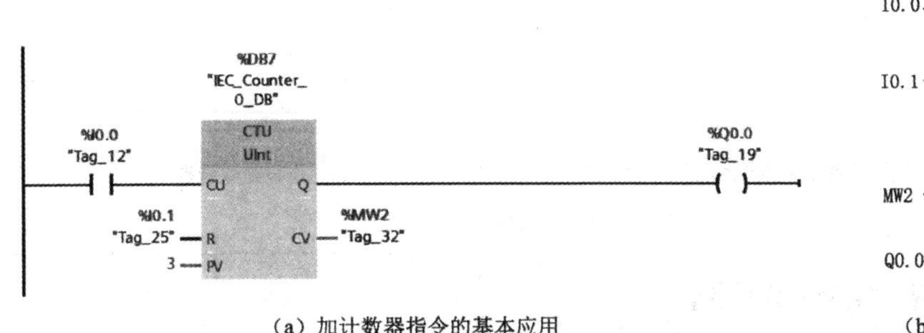

（a）加计数器指令的基本应用　　（b）加计数器指令的时序

图 3-8　加计数器指令

二、减计数器指令

减计数器（CTD）指令参数 LD 的值从 0 变为 1，则参数 PV（预设值）的值将作为新的 CV（当前计数值）装载到计数器，输出 Q 为 0。参数 CD 的值从 0 变为 1 时，CTD 使计数值减 1。如果参数 CV（当前计数值）的值等于或小于 0，则计数器输出参数 Q=1。在第一次执行程序时，CV 被清零。减计数器指令的基本应用及时序如图 3-9 所示。

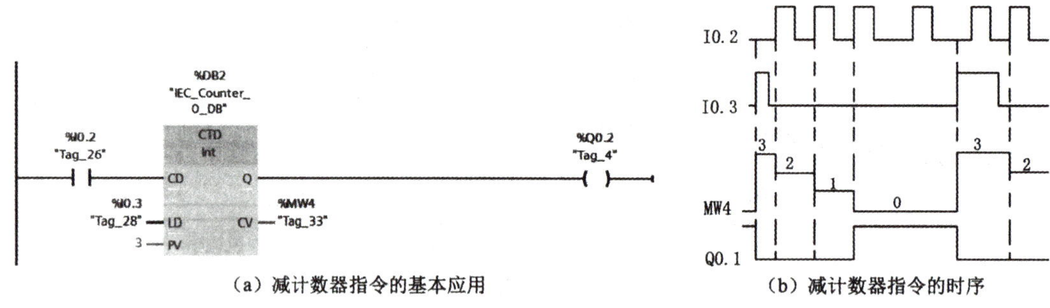

（a）减计数器指令的基本应用　　（b）减计数器指令的时序

图 3-9　减计数器指令

三、加减计数器指令

加减计数器（CTUD）指令：加计数（CU）或减计数（CD）输入的值从 0 跳变为 1 时，CTUD 会使计数值加 1 或减 1。

如果参数 CV（当前计数值）的值大于或等于参数 PV（预设值）的值，则计数器输出参数 QU=1。如果参数 CV 的值小于或等于零，则计数器输出参数 QD=1。

如果参数 LD 的值从 0 变为 1，则参数 PV（预设值）的值将作为新的 CV（当前计数值）装载到计数器。

如果复位参数 R 的值从 0 变为 1，则当前计数值复位为 0。加减计数器指令的基本应用及时序如图 3-10 所示。

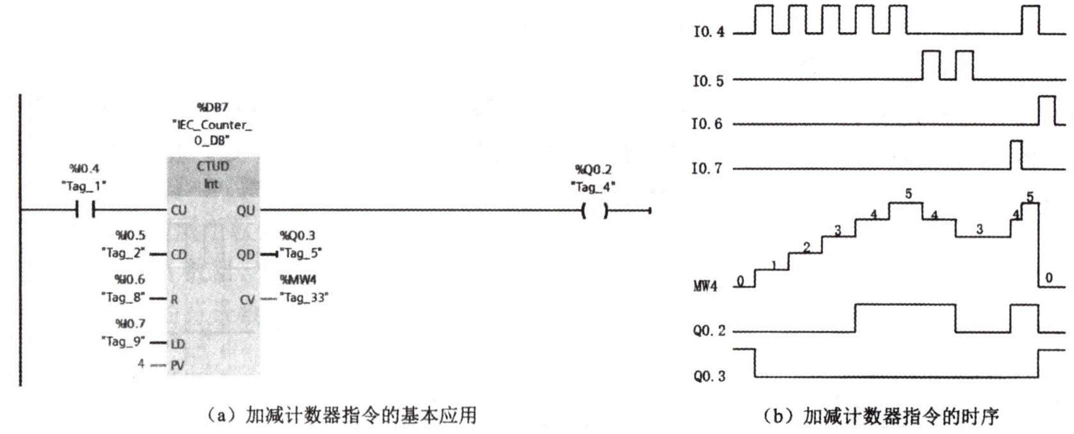

（a）加减计数器指令的基本应用　　（b）加减计数器指令的时序

图 3-10　加减计数器指令

例 2　传送带产品计数控制

由电动机带动传送带 KM1 启停，I0.0 接传送带的启动按钮，I0.1 接传送带的停止按钮，产品检测信号 PH 接到 I0.2 上，传送带电动机接输出 Q0.0，输出 Q0.1 控制机械手动作。当传送带开始运行，工件通过产品检测器检测到信号，每检测到 5 个产品已进入包装箱，机械手动作 1 次，机械手抓取包装箱送往下一工位后，延时 2 S，机械手的电磁铁断开并复位，重新开始下一次计数，示意图如图 3-11 所示，梯形图程序如图 3-12 所示。

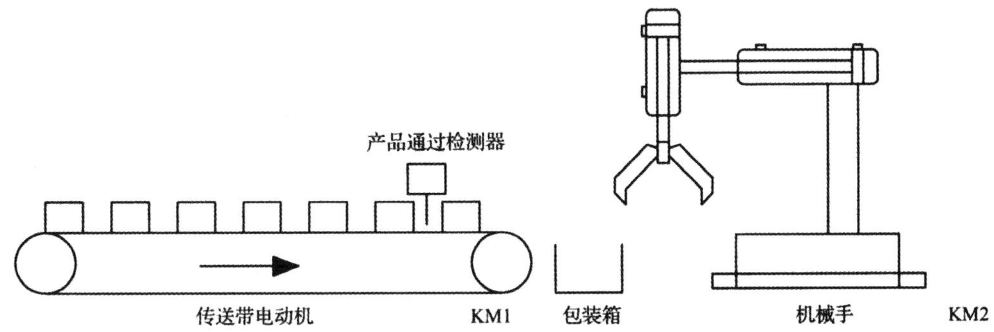

图 3-11　计数器指令应用实例

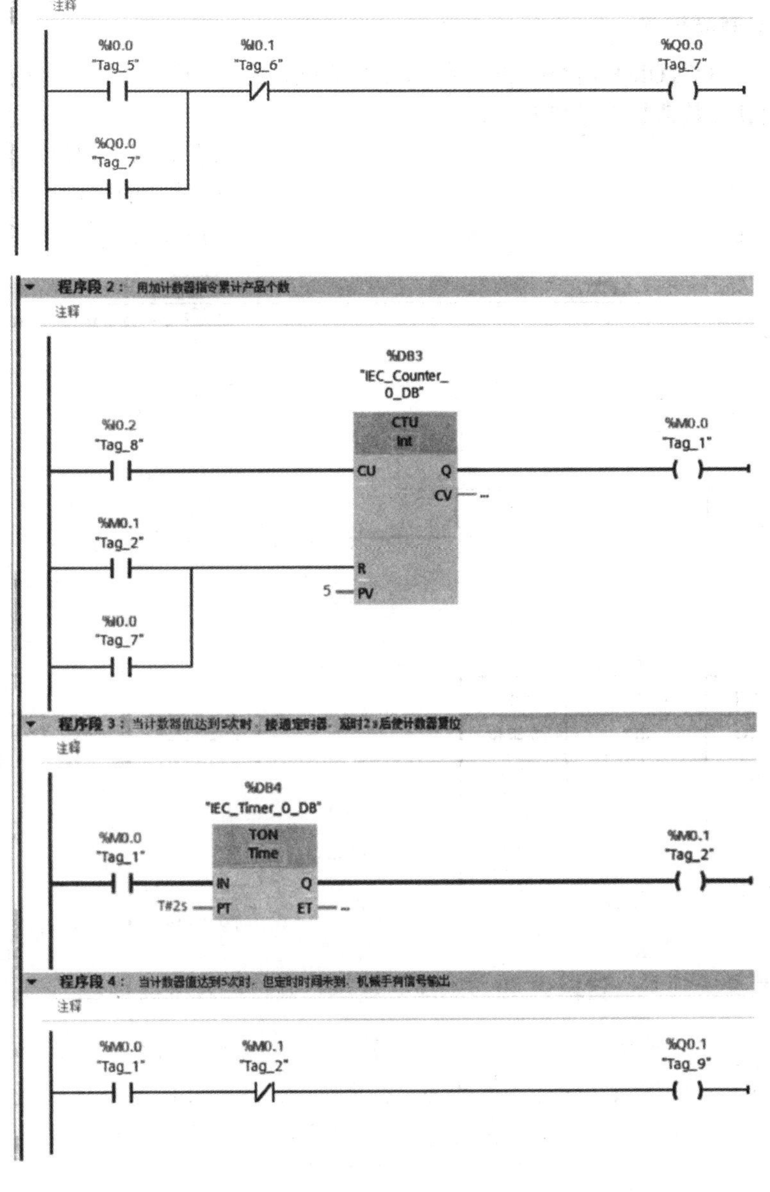

图 3-12　计数器指令应用实例梯形图（续）

四、运料小车自动往返控制的操作

（一）任务分析

小车运动示意图如图 3-13 所示。设小车在初始位置时停在左边（限位开关 I0.1 为 1 状态），按下启动按钮 I0.4 后，小车向右运动（简称右行），碰到限位开关 I0.2 后，停在该处，3 S 后开始左行，碰到限位开关 I0.1 后，小车继续右行，如此往返 3 次后，小车停止在限位开关 I0.1 处。

根据 Q0.0 和 Q0.1 状态的变化，显然一个工作周期可以分为右行、暂停和左行三步，另外还应设置等待启动的初始步（M0.0），并分别用 M0.0～M0.3 宋代表这四步。初始步 M0.0 通过在系统和时钟存储器中设置系统存储器字节的地址为 10，当 PLC 由停机切换至运行状态时 M10.0 会激活 M0.0 初始步。启动按钮 I0.4 和限位开关的常开触点、TON 接通延时定时器的常开触点是各步之间的转换条件，其顺序控制流程如图 3-14 所示。

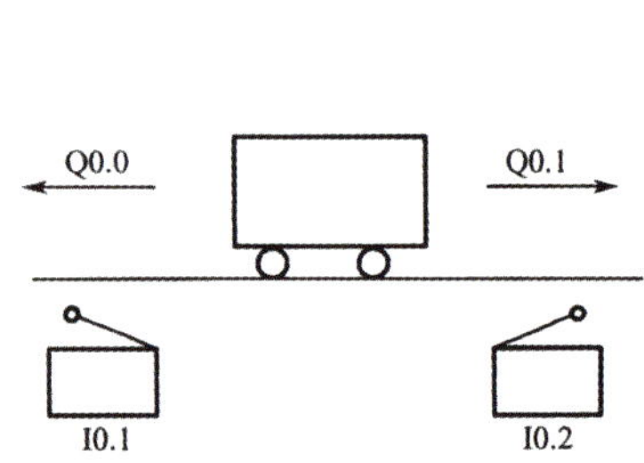

图 3-13　小车运动示意图

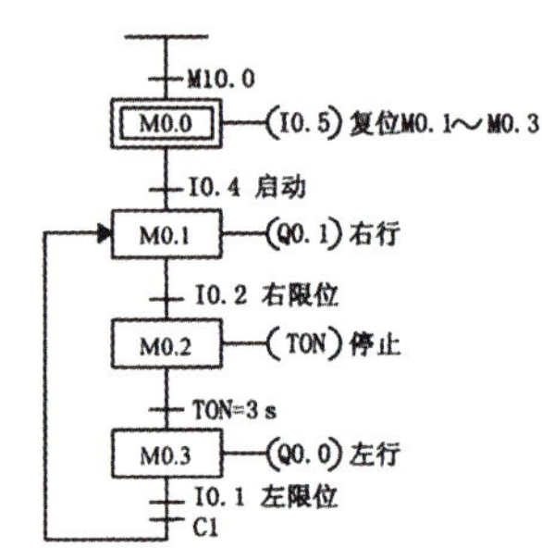

图 3-14　小车往返运动的控制流程

（二）I/O 分配及硬件接线

综上分析，将 I/O 点进行分配，如表 3-3 所示。PLC 的 I/O 接线如图 3-15 所示。

表 3-3　0/O 点分配

类别	元件	I/O 点编号	备注
输入	SBl	I0.1	左限位
	SB2	I0.2	右限位
	SB3	I0.4	启动
	SB4	I0.5	停止
输出	KA1	Q0.0	左行
	KA1	Q0.1	右行

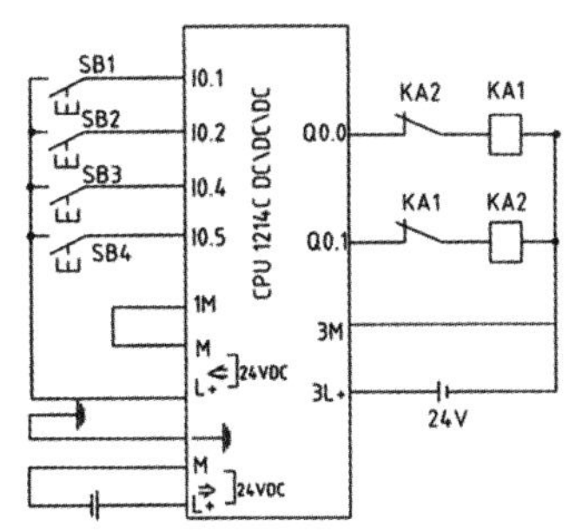

图 3-15　PLC 的 I/O 接线

从 PLC 的外部接线图可以看出，所有的输入开关均采用常开触点，当输入开关接通时，相对应的输入元件接通，即为得电状态。在图 3-15 中，PLC 的停止按钮 SB4 连接常开触点。而在实际中，通常情况下停止按钮连接常闭触点，这主要是因为停止按钮一般在系统中具有安全特性，特别是紧急停车对于安全生产非常重要。

从设计的角度考虑，如果连接常开触点，正常状态下在 PLC 的输入端没有信号输入。一旦停机线路发生故障时不能及时发现，等到需要紧急停机时，停止按钮失去控制功能。而连接常闭触点作为停止按钮，一旦停机线路发生故障立即停机并检修，从而保证停机线路总是完好无损。I/O 点分配如表 3-4 所示，接线如图 3-16 所示，SB4 连接常闭触点。

表 3-4　I/O 点分配

类别	元件	I/O 点编号	备注
输入	SB1	I0. 1	左限位
	SB2	I0. 2	右限位
	SB3	I0. 4	启动
	SB4	I0. 5	停止
输出	KA1	Q0. 0	左行
	KA3	Q0. 1	右行

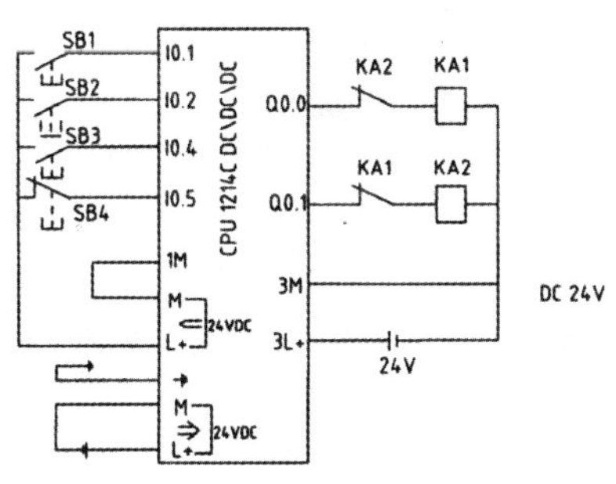

图 3-16　PLC 的 I/O 接线

（三）梯形图设计

根据图 3-16 的 I/O 接线，设计梯形图程序如图 3-17 所示，M10. 0 用于激活初始步 M0. 0，其设置方法参考系统存储器与时钟存储器中的内容。

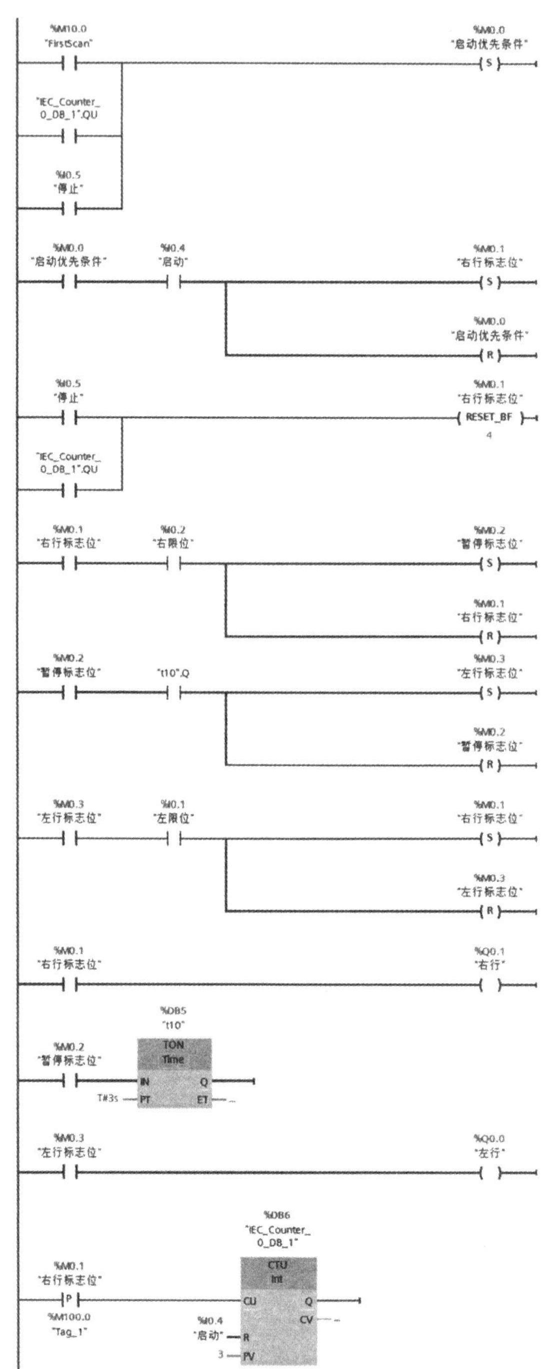

图 3-17　小车自动往返控制梯形图

例 4　小车手动/自动运行控制

假设小车的初始位置不在左侧（I0.1）位置时，如何设计手动/自动运行切换程序？

（1）I/O 分配表及外部接线图。根据控制要求，小车不在初始位置时，可通过手动调节小车的运行位置。为满足手动/自动切换，实现手动让小车右行和左行，应增加手动/自动切换开关、右行按钮和左行按钮各 1 个。具体 I/O 点分配如表 3-5 所示，接线如图 3-18 所示。

表 3-5　I/O 点分配

类别	元件	I/O 点编号	备注
输入	SB2	I0. 2	右限位
	SB3	I04	启动
	SB4	I0. 5	停止
	SA1	I1. 0	手/自动切换按钮
	SB6	I1. 1	右行按钮
	SB7	I1. 2	左行按钮
输出	KA1	Q0. 0	左行
	KA2	Q0. 1	右行

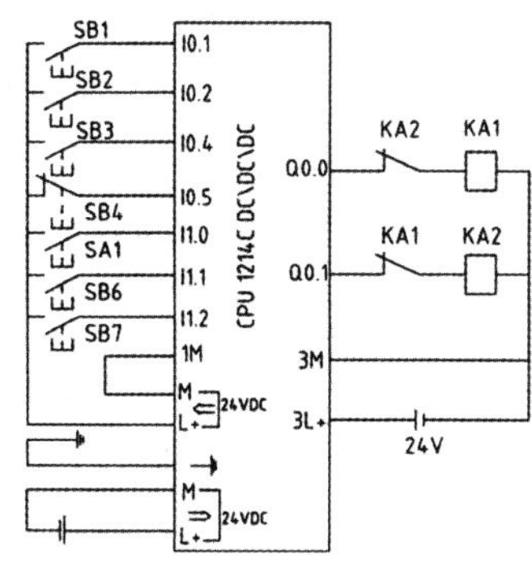

图 3-18　PLC 的 I/O 接线

（2）程序梯形图如图 3-19 所示。

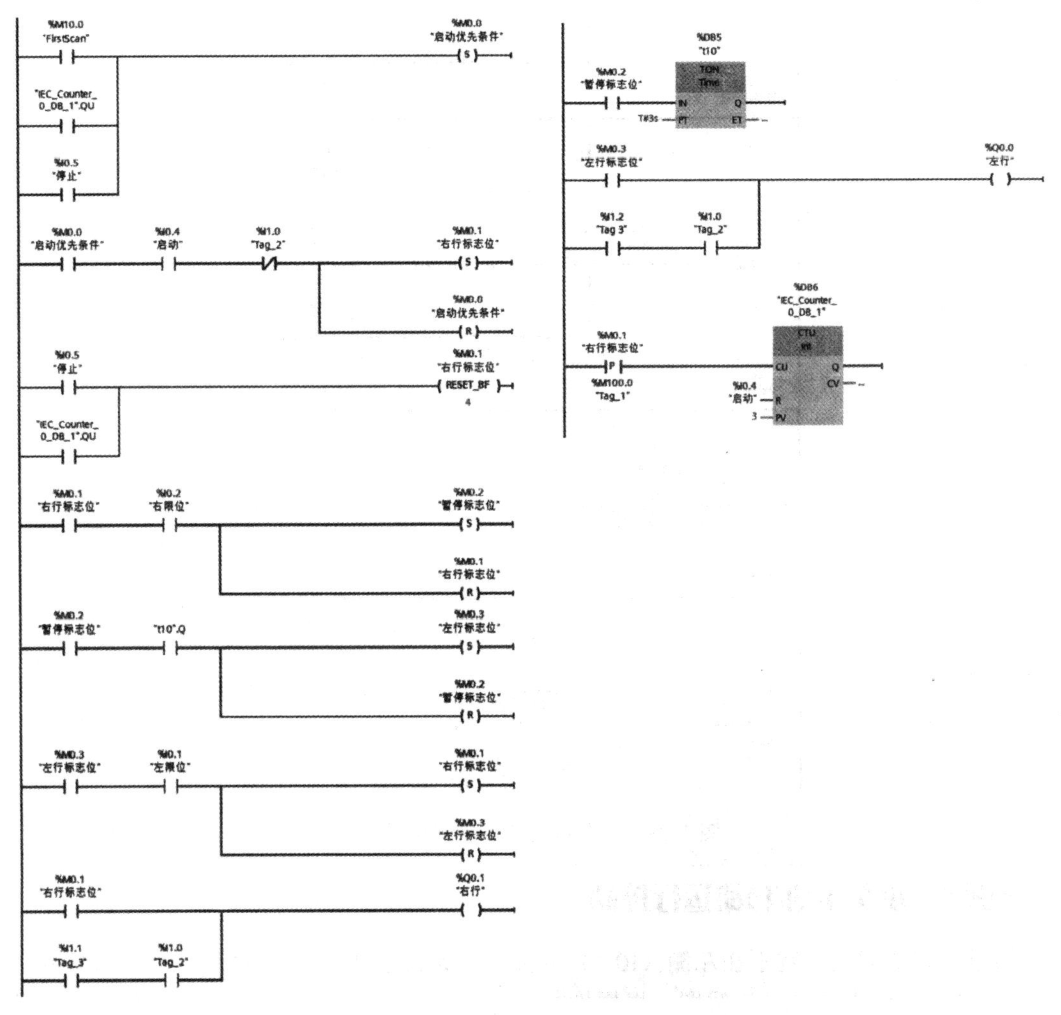

图 3-19　小车手动/自动切换往返控制梯形图

任务三 时序图法设计

时序图是信号随时间变化的图形，横坐标为时间，纵坐标为输出信号的值，取值为 0 或 1。以这种图形为基础，进行 PLC 梯形图程序设计的方法，称为时序图法。针对典型的顺序控制系统，用时序图法进行程序的分析设计，是一种实用有效的设计方法，其设计步骤如下。

（1）根据控制要求，画出时序图，建立输入/输出信号准确的时间对应关系。

（2）确定时间区间，找出时间的变化节点，即输出信号应出现变化的点，并以这些点为界限，把时段划分成若干时间节拍。

（3）设计这些时间节拍，即用辅助继电器 M、定时器 T 设计定时用的逻辑程序。

（4）确定各被控对象与时间节拍的逻辑关系。

把第（3）和第（4）两个步骤编写的梯形图程序组合起来，就是设计完整的控制程序。

例 5 彩灯闪烁控制的时序图法设计

下面按时序图法设计四色节日彩灯循环闪亮的 PLC 控制程序。四组彩灯闪亮的工作周期如下：红、黄、蓝、绿四色彩灯依次闪亮 1 s，接着同时闪亮 1 s，再同时暗 1 s。

（1）根据四色彩灯的工作过程，可知四色彩灯的工作周期是 6 S。按照各彩灯与时间对应关系绘制出的彩灯工作时序图，如图 3-20 所示，其中红、黄、蓝、绿分别由 Q0.2、Q0.3、Q0.4、Q0.5 控制。

（2）找出时间变化节点，划分时间节拍。根据绘制的时序图可以看出，在彩灯的一个工作周期内，每一秒处的输出信号状态均有变化，即每秒都是一个时间变化节点。因此把彩灯的一个工作周期划分为六个时间区间，六个时间区间分别用 M0.0、M0.1、M0.2、M0.3、、M0.4、M0.5 表示，时间的宽度都是 1 s。

（3）设计时间节拍。把六个时间区间 M0.0～M0.5 按照先后顺序，设计成顺序输出的节拍脉冲如图 3-21 所示。

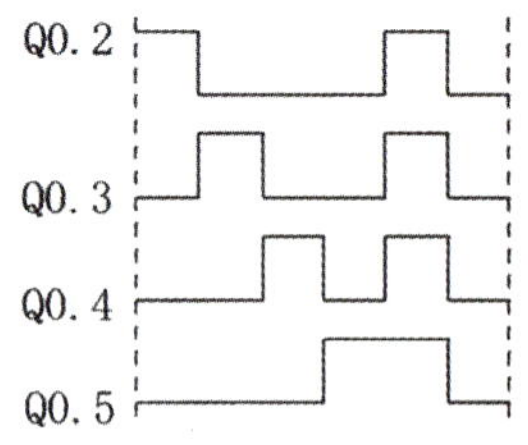

图 3-20 四色彩灯的工作时序

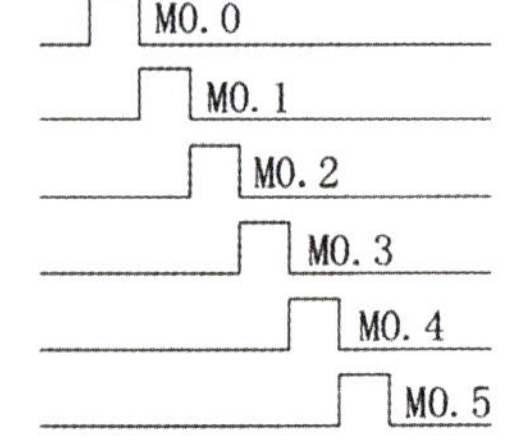

图 3-21 顺序输出的节拍脉冲

（4）确定各色彩灯与节拍脉冲的逻辑关系，其逻辑组合如下：Q0.2＝M0.0＋M0.4，Q0.3＝M0.1＋M0.4，Q0.4＝M0.2＋M0.4，Q0.5＝M0.3＋M0.4。编写出的彩灯闪烁控制逻辑组合梯形图程序如图 3-22 所示。

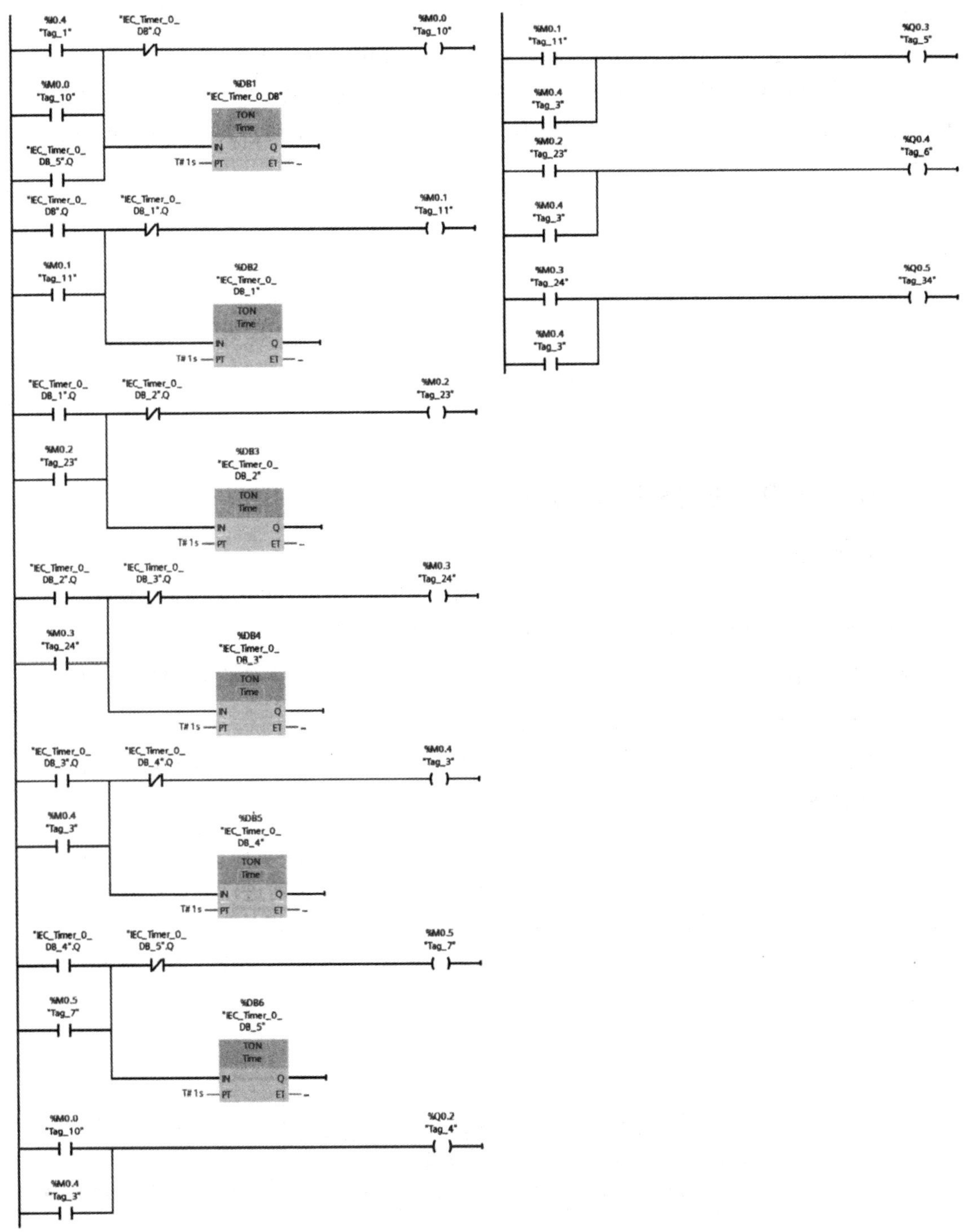

图 3-22　彩灯闪烁控制梯形图

项目实训

一、实训目的

（1）学会采用 PLC 控制时确定 I/O 点与绘制原理图的方法，能够实际正确接线；

（2）掌握 PLC 计数器和定时器的使用方法，能够运用软件进行程序编写和调试。

二、实训器材

（1）PLC 实训装置 1 台（含 CPIJ 1214C DC/DC/DC）；

（2）计算机 1 台（已安装博途软件）以及电工常用工具 1 套、导线若干。

三、实训步骤

（1）理解控制要求：小车运行过程示意如图 3-23 所示，小车原位在后退终端 SQ1 处，当小车压下左限位开关 SQ1 时，按下启动按钮 SB1，小车前进，当运行至料斗下方时，右限位开关 SQ2 动作，此时打开料斗给小车加料，延时 7 s 后关闭料斗，小车后退返回至 SQ1 时，小车停止并打开小车底门卸料，5 s 后结束，完成一次动作，如此循环 4 次后系统停止。

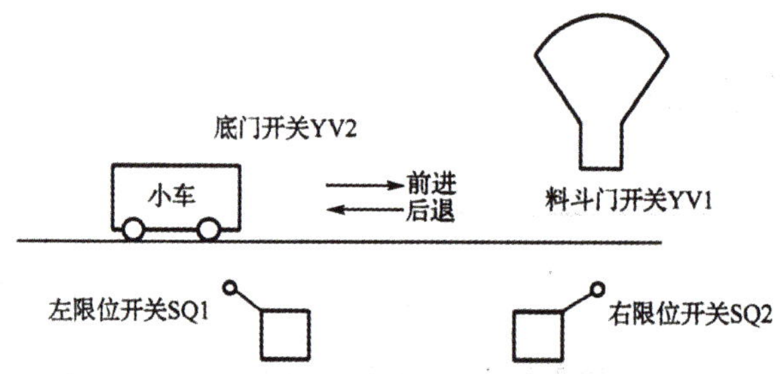

图 3-23　小车运行过程示意图

（2）确定 I/O 端口分配，如表 3-6 所示，绘制 I/O 接线如图 3-24 所示，并正确接线。

表 3-6　I/O 端口分配

类别	元件	I/O 端口编号	备注
输入	SQ1	I0.1	左限位行程开关，常开触点
	SQ2	I0.2	右限位行程开关，常开触点
	SB1	I0.4	启动按钮，常开触点
	SB2	I0.5	停止按钮

类别	元件	I/O 端口编号	备注
输出	KA1	Q0.0	小车左行控制继电器
	KA2	Q0.1	小车右行控制继电器
	YV1	Q0.4	料斗门开关
	YV2	Q0.5	底门开关

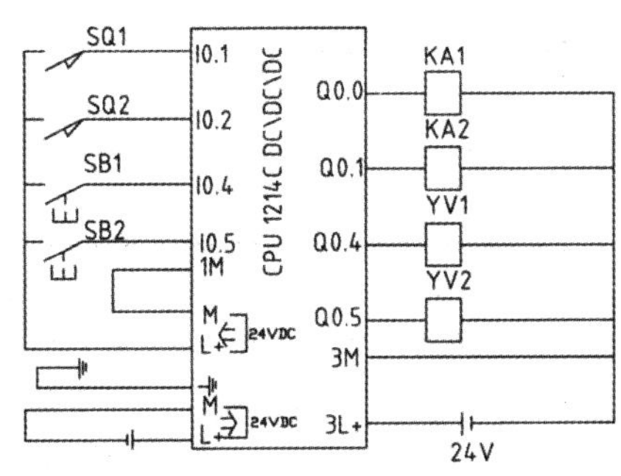

图 3-24　运料小车 PLCI/O 接线

(3) 根据控制要求进行程序设计，其对应的梯形图如图 3-25 所示。

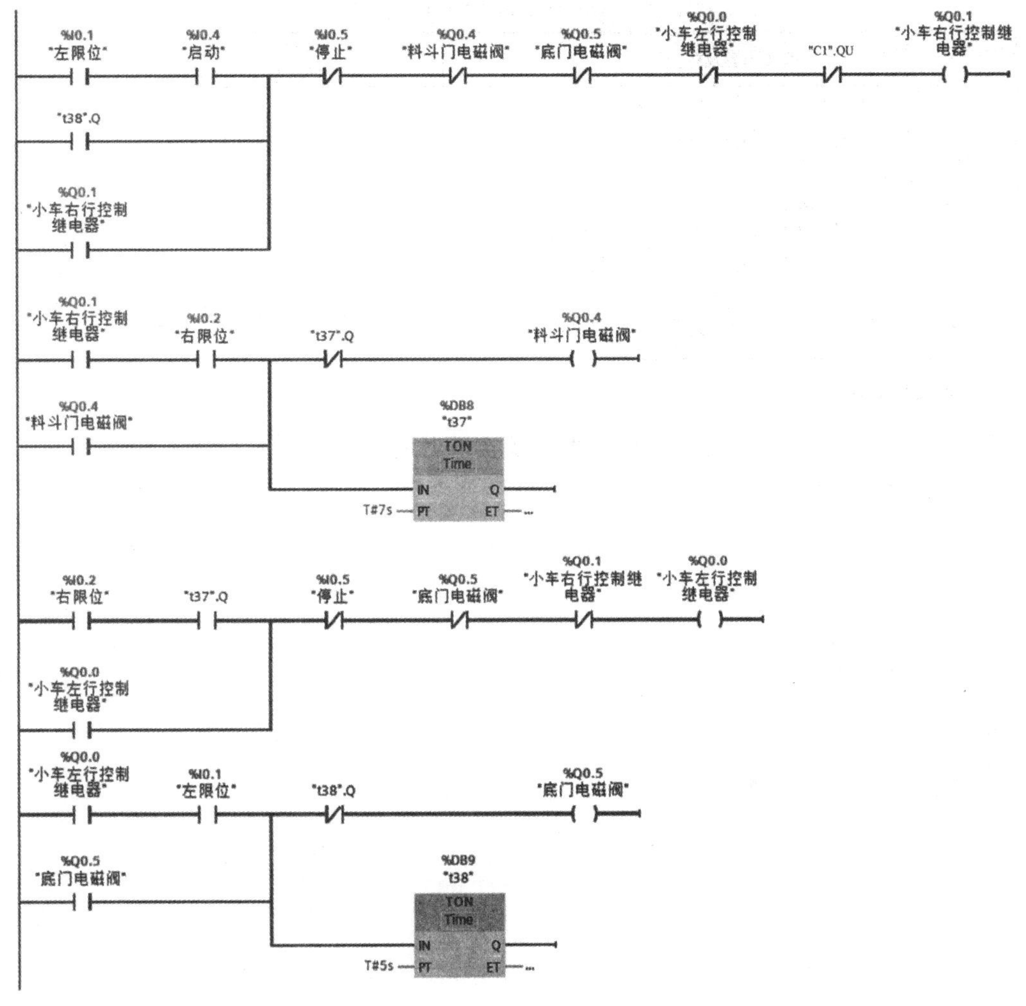

图 3-25　运料小车自动往返 4 次控制梯形图

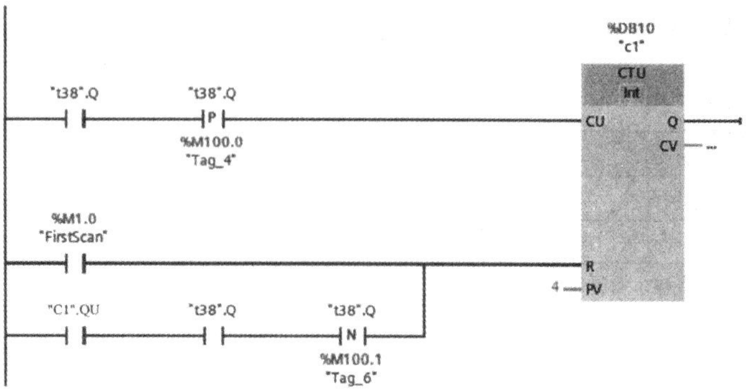

图 3-25　运料小车自动往返 4 次控制梯形图（续）

四、实训思考

如果小车原位不在后退终端 SQ1 处时，要实现上述功能，如何改进程序？

项目四　功能指令的应用

项目导入

在 S7－1200 PLC 中，除基本逻辑指令外，还可以使用比较、数学运算、移位和循环移位等指令，这些指令统称为功能指令。本项目将重点介绍功能指令的使用方法和技巧，并带领读者学习如何用 PLC 设计自动售货机模拟系统、天塔之光系统和十字路口交通灯控制系统。

思政目标

树立正确的技能观，努力提高自己的职业技能。

提高综合职业素养，树立社会主义职业精神。

感受中国科技魅力，树立为伟大中国梦而奋斗的远大理想。

学习道路交通安全法，树立法律意识和安全意识。

知识目标

掌握比较指令和算术指令的用法。

掌握移位指令、循环移位指令和移动操作指令的用法。

掌握函数、数据决和函数块的用法。

技能目标

能够读懂梯形图程序。

能够设计简单的梯形图程序。

任务一 设计自动售货机模拟系统

一、比较指令

在自动售货机模拟系统中，需要将 MW2 的当前值与汽水和咖啡的价格做比较，当前值大于或等于这两种饮料的价格时，其相应指示灯点亮，故可采用比较指令。

S7－1200 PLC 采用 IEC 标准的比较指令，包括基本比较指令、值在范围内指令和值在范围外指令等。

1. 基本比较指令

基本比较指令是用来比较两个操作数大小关系的指令，包括等于（＝＝）、不等于（＜＞）、大于（＞）、大于等于（＞＝）、小于（＜）和小于等于（＜＝），如表 4-1 所示。

表 4-1 基本比较指令

指令名称	等于	不等于	大于	大于等于	小于	小于等于
指令格式	IN1 == ??? IN2	IN1 <> ??? IN2	IN1 > ??? IN2	IN1 >= ??? IN2	IN1 < ??? IN2	IN1 <= ??? IN2

使用基本比较指令判断第一个比较值（＜IN1＞）与第二个比较值（＜IN2＞）的大小关系时，若满足比较条件，指令逻辑结果输出为“1”，否则输出为“0”，如图 4-1 所示。

图 4-1 基本比较指令的梯形图程序

图 4-1 中，操作数 IW0 和 MW0 的数据类型为整型，若满足 IW0≥MW0，则 Q0.0 接通，否则 Q0.0 断开。

提 示

如果启用了 IEC 检查，则两个操作数的数据类型必须一致。如果未启用 IEC 检查，则操作数的宽度必须相同。

设置 IEC 检查的步骤如下：在程序决 Main［OB1］的属性窗口区中，选择“常规”—“属性”选项，勾选“IEC 检查”复选框，如图 4-2 所示。

图 4-2　设置 IEC 检查

例 1　用比较指令实现指示灯循环点亮（控制要求见项目三任务一）。

分析：设该定时器为 T0，由控制要求可知，I0.0 输入一个脉冲信号或“T0”.ET≤10 s 时，第一个指示灯 Q0.0 的状态为“1”；10 s＜“T0”.ET≤20 s 时，第二个指示灯 Q0.1 的状态为“1”；20 s＜“T0”.ET≤30 s 时，第三个指示灯 Q0.2 的状态为“1”；按下停止按钮（I0.1），Q0.0～Q0.2 的状态为“0”，故梯形图如图 4-3 所示。

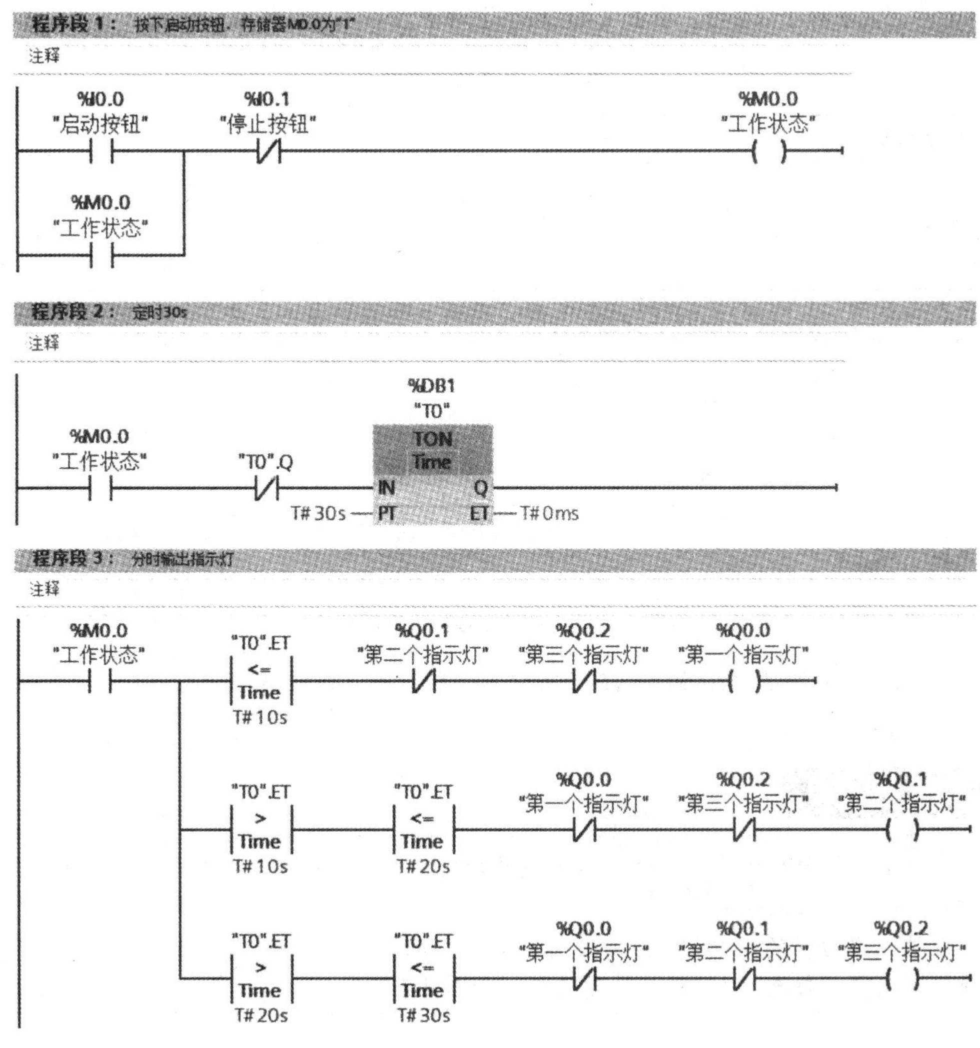

图 4-3　比较指令实现指示灯循环点亮

2. 值在范围内指令

值在范围内指令（IN－RANGE）主要用来查询输入数据是否在指定的取值范围内。其中，MIN 和 MAX 引脚用于设定取值范围的限值，VAL 引脚用于输入待比较值，其指令格式如图 4-4 所示。

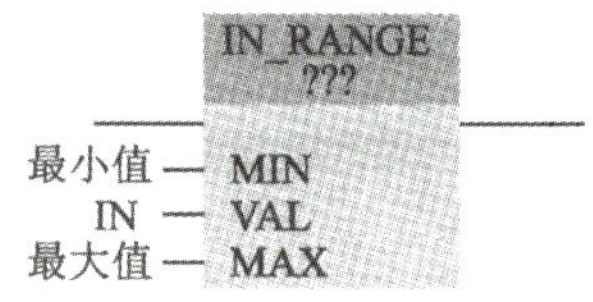

图 4-4　IN RANGE 指令

执行指令时，如果满足“MIN≤IN≤MAX”的比较条件，则输出信号的状态为“1”，否则输出信号的状态为“0”。

例 2　某停车场共有 100 个车位，试设计该停车场报警系统。控制要求如下：空车位数＞10 时，绿灯亮；3≤空车位数≤10 时，黄灯亮；空车位数≤2 时，红灯亮。

分析：设车辆入场检测和出场检测信号分别为：10.0 和 10.1，绿灯输出为 Q0.0，黄灯输出为 Q0.1，红灯输出为 Q0.2，则设计思路如下。

（1）检测空车位，用加减计数器指令统计空车位。此时车辆出场检测信号 I0.1 每接收一个脉冲信号，CTUD 加 1；车辆入场检测信号 10.0 每接收一个脉冲信号，CTUD 减 1；在 PLC 的首次扫描时，将预设值装载到 CTUD 中。

（2）用基本比较指令和值在范围内指令控制指示灯的亮灭。

故梯形图程序如图 4-5 所示。

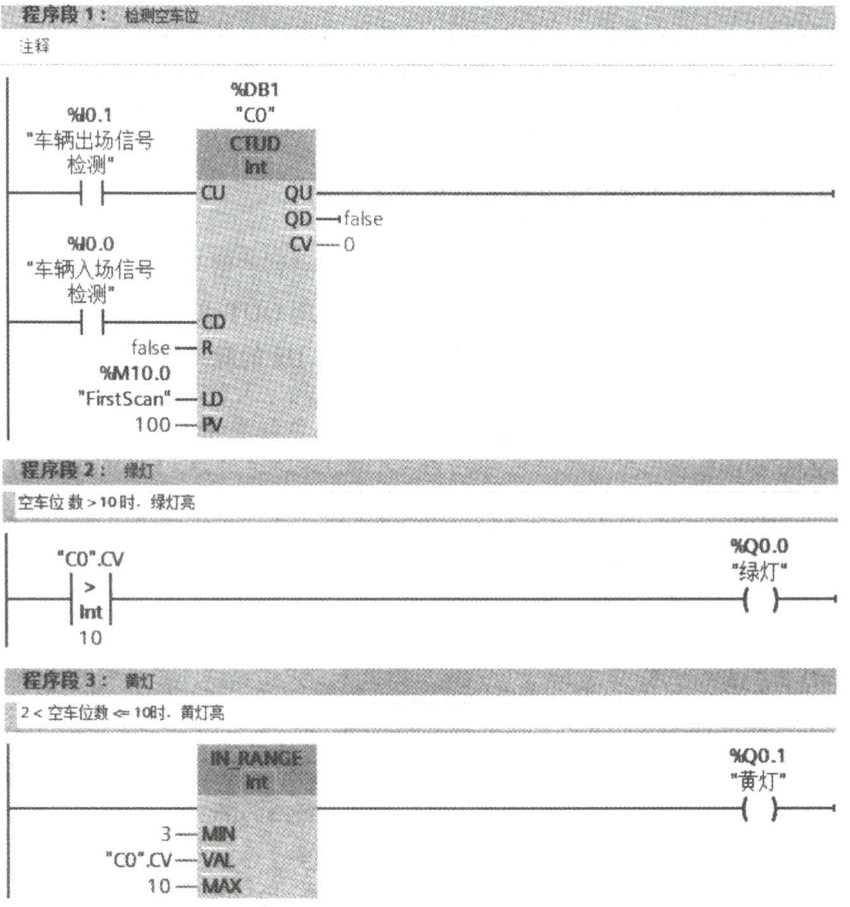

图 4-5　某停车场报警系统的梯形图程序

3. 值在范围外指令

使用值在范围外指令（OUT RANGE）可以查询输入 VAL 的值是否超出了指定的取值范围，其引脚功能与值在范围内的引脚功能相同，指令格式如图 4-6 所示。

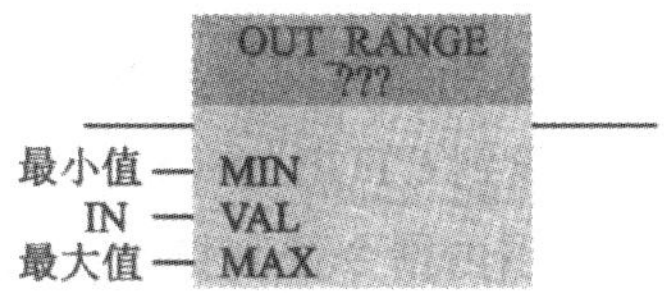

图 4-6　OUT _ RANGE 指令

如果满足 IN＜MIN 或 IN＞MAX 的比较条件，则输出信号的状态为“1”，否则输出信号的状态为“0”。

例 3　某温度传感器的输入端连接到 S7—1200 PLC 的 AIW0 口，设定该温度传感器检测到的正常温度范围为 30～150℃，若超出此范围，报警信号灯闪烁 3 s，闪烁频率为 2 Hz,。试设计该温度检测系统的梯形图程序。

分析：该温度检测系统的重点是将温度传感器检测到的值与设定范围进行比较，超出该设定范围时，报警信号灯输出状态为“1”，故应选用 OUT RANGE 指令。

时钟存储器字节（MB100）为系统提供频率为 2 Hz 的脉冲信号，故温度检测系统的梯形图程序如图 4-7 所示。

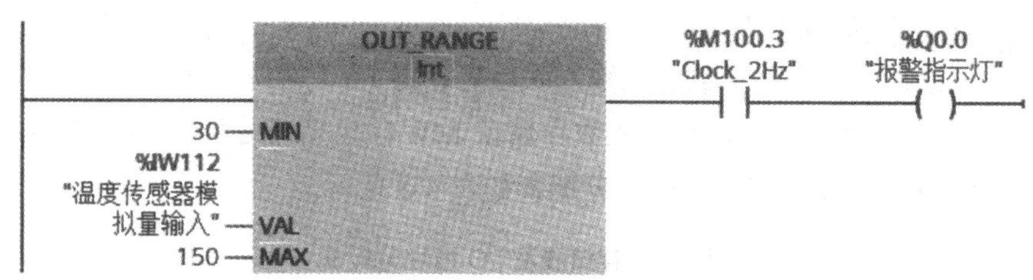

图 4-7　某温度检测系统的梯形图程序

二、算术运算指令

算术运算指令包括四则运算、求余、平方、求模（绝对值）等指令。

1. 四则运算指令

四则运算指令包括加（ADD）、减（SUB）、乘（MIL）、除（DIV）指令，操作数可选整数和实数数据类型，其指令格式和功能如表 4-2 所示。

表 4-2　四则运算指令

指令名称	指令格式	指令说明
加	ADD Auto（???） EN　ENO IN1—IN1　OUT—OUT IN2—IN2 ¤	当 EN 引脚为高电平时，ADD 指令实现 IN1＋IN2＝OUT 功能，并将计算结果送至 OUT 指定的地址中。可以通过单击 IN2 右侧的¤按钮来增加输入操作数的数量（IN3、IN4、IN5……）。 IN2 和 OUT 可以共用一个存储器，此时可实现 OUT（当前扫描周期）＝IN1＋OUT（前一个扫描周期）
减	SUB Auto（???） EN　ENO IN1—IN1　OUT—OUT IN2—IN2	当 EN 引脚为高电平时，SUB 指令实现 IN1－IN2＝OUT 功能，并将计算结果送至 OUT 指定的地址中
乘	MUL Auto（???） EN　ENO IN1—IN1　OUT—OUT IN2—IN2 ¤	当 EN 引脚为高电平时，MUL 指令实现 IN1 · IN2＝OUT 功能，并将计算结果送至 OUT 指定的地址中。同加指令相同，可以通过单击 IN2 右侧的¤按钮来增加输入操作数的数量
除	DIV Auto（???） EN　ENO IN1—IN1　OUT—OUT IN2—IN2	当 EN 引脚为高电平时，DIV 指令实现 IN1/IN2＝OUT 功能，并将计算结果送至 OUT 指定的地址中，整数除法采用截尾取整的方法处理商的值

运算完成后，指令会将 ENO 的状态设置为“1”并输出计算结果，故 ENO 又叫使能输出端。

例 4　地铁自动售票机中，货币识别传感器识别到投入的金额并送至 S7－1200 PLC 中，用户选择车站（票价）和张数后，按下购买按钮，自动售票机自动完成售票并实现找零功能，试设计地铁自动售票机的梯形图程序。

分析：设每次投入的货币金额送至输入映像寄存器 IW0 中，投入的总金额存储在 MW0 中，单张票价存储在 MW2 中，购票张数存储在 MW4 中，应找零存储在 MW6 中，总票价存储在 MW8 中，存储器及 I/O 地址分配表如表 4-3 所示。

表 4-3　存储器及 I/O 地址分配表

存储器		输　入	
地址	功能	地址	功能
MW0	投入总金额	I0.0	货币位置开关
MW2	单张票价	10.1	车票选择按钮
MW4	购票张数	10.2	购买按钮
MW6	应找零	I0.3	操作结束按钮
MW8	总票价	IW1	投入金额

应找零数＝投入总金额－地铁票价×购买张数，故输入与输出之间包含算术运算关系，

则设计思路如下。

(1) 用 ADD 指令计算出投币总金额。

(2) 用 MUL 指令计算出地铁总票价。

(3) 用 SUB 指令计算出应找零数。

(4) 用 MOVE 指令将存储器清零。

故地铁自动售票机的梯形图程序如图 4-8 所示。

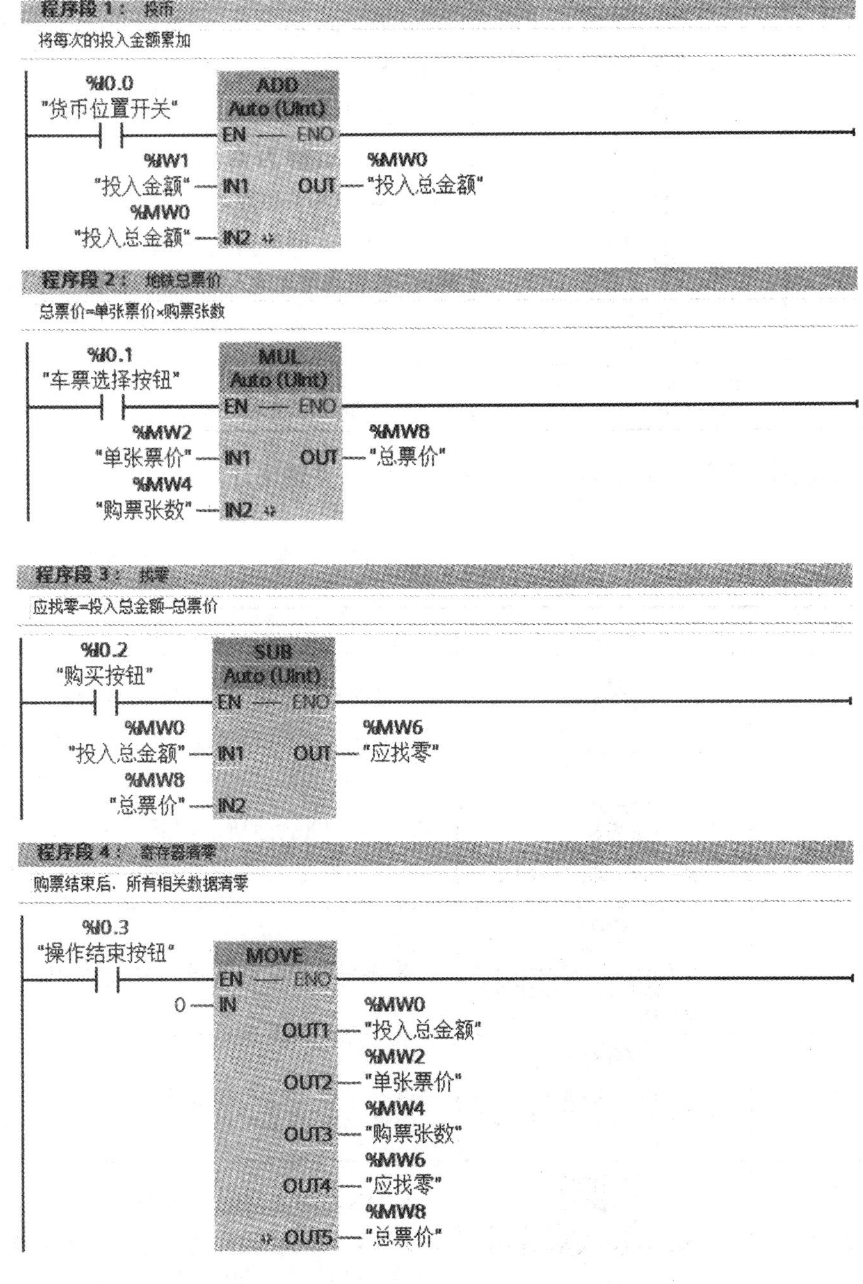

图 4-8　地铁自动售票机的梯形图程序 1

2. 其他常用数学函数指令

其他常用数学函数指令主要有计算、求余、取反、递增、递减、计算绝对值、获取最大值、获取最小值、设置限值、平方、平方根指令等，其格式和功能说明如表 4-4 所示。

表 4-4　其他常用数学函数指令

名　称	格　式	功　能
计算	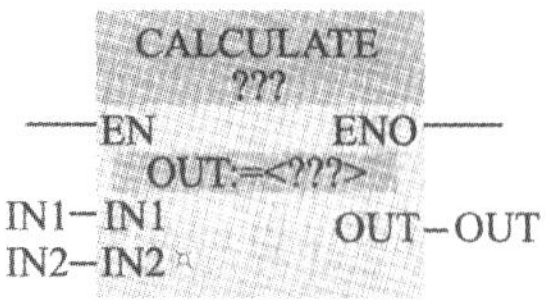 CALCULATE ??? —EN　ENO— OUT:=<???> IN1—IN1　OUT—OUT IN2—IN2	用于定义数学表达式，双击 OUT:=<???>，在打开的对话框中输入数学表达式（表达式中不能有常数）
求余	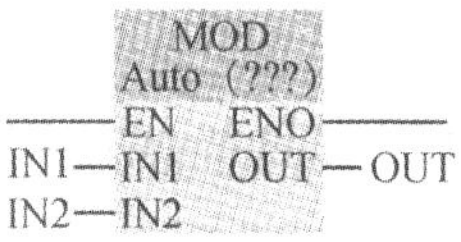 MOD Auto（???） —EN　ENO— IN1—IN1　OUT—OUT IN2—IN2	执行两个整数类型变量或常量的带余数除法指令，并将余数送至 OUT 指定的地址中
取反	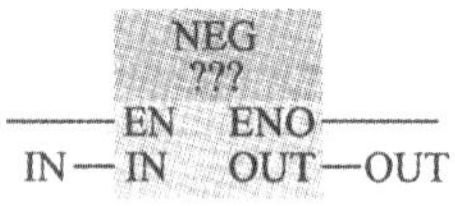 NEG ??? —EN　ENO— IN—IN　OUT—OUT	更改有符号整数或浮点数的正负号
递增	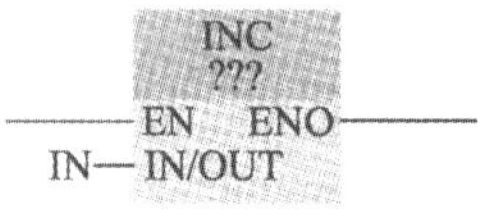 INC ??? —EN　ENO— IN—IN/OUT	计算整数变量的自加运算（操作数＝操作数＋1），指令的输入和输出结果存放在同一个地址中
递减	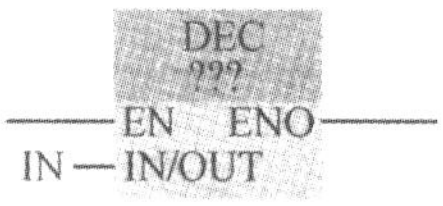 DEC ??? —EN　ENO— IN—IN/OUT	计算整数变量的自减运算（操作数＝操作数－1），指令的输入和输出结果存放在同一个地址中
计算绝对值	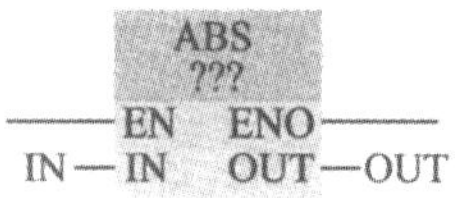 ABS ??? —EN　ENO— IN—IN　OUT—OUT	计算有符号整数、浮点数变量或常数的绝对值
获取最大值	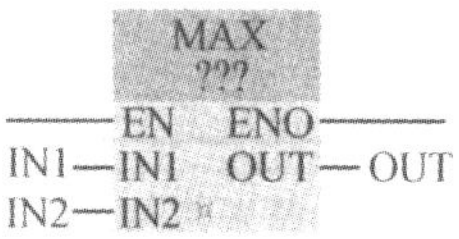 MAX ??? —EN　ENO— IN1—IN1　OUT—OUT IN2—IN2	将 IN1 和 IN2 中的最大值送至 OUT
获取最小值	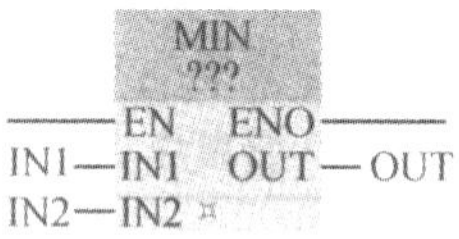 MIN ??? —EN　ENO— IN1—IN1　OUT—OUT IN2—IN2	将 IN1 和 IN2 中的最小值送至 OUT
设置限值	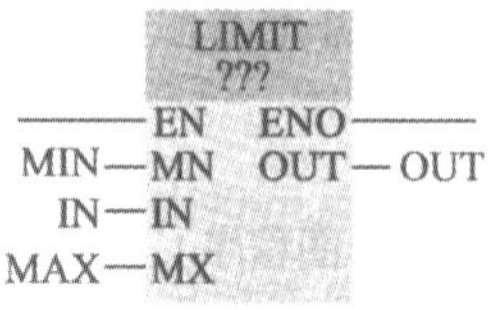 LIMIT ??? —EN　ENO— MIN—MN　OUT—OUT IN—IN MAX—MX	若 MN≤IN≤MX，则将 IN 的值送至 OUT 中；若 IN<N，则将 MIN 的值送至 OUT；若 IN>X，则将 MAX 的值送至 OUT
平方	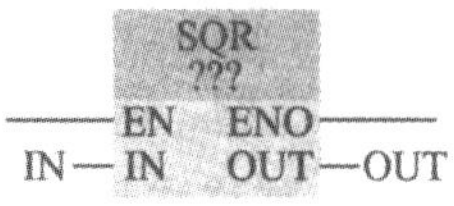 SQR ??? —EN　ENO— IN—IN　OUT—OUT	计算 IN 的平方，并将运算结果送至 OUT
平方根	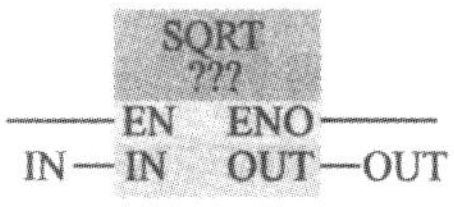 SQRT ??? —EN　ENO— IN—IN　OUT—OUT	计算 IN 的平方根，并将运算结果送至 OUT

例 5　在例 4 的题干中，增加控制要求：3 元≤单张票价≤7 元。试用计算指令和设置限值指令改写例 4 的梯形图程序。

分析：用设置限值指令控制单张票价，用计算指令计算应找零数，其余设计同例 4，故梯形图程序如图 4-9 所示。

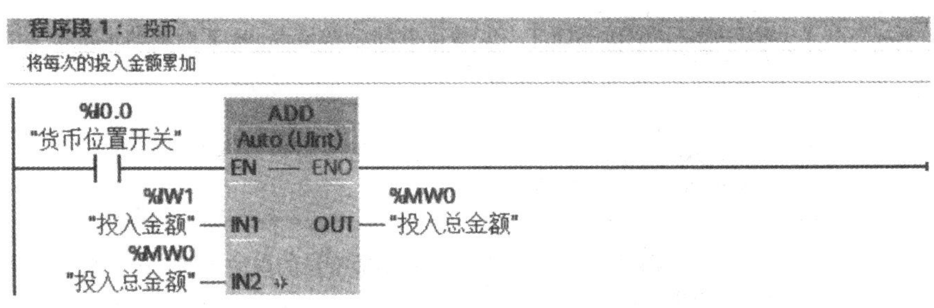

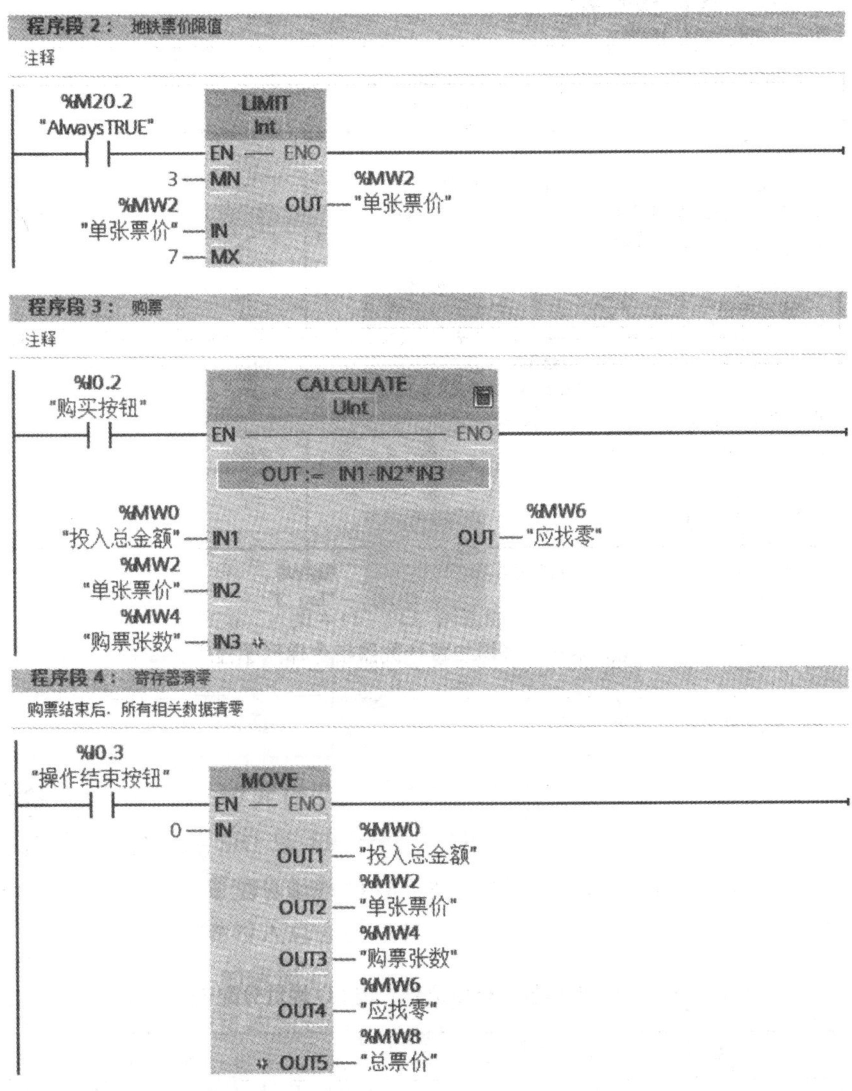

图 4-9　地铁自动售票机的梯形图程序 2

三、自动售货机模拟系统的操作

（一）I/O 地址分配

根据工作过程分析，自动售货机模拟系统的 I/O 地址分配表如表 4-5 所示。

表 4-5　自动售货机模拟系统的 I/O 地址分配表

输　入			输　出		
元件	I/O 地址	备注	元件	I/O 地址	备注
SB0	I0.0	1 元投币按钮	L0	Q0.0	汽水可购指示灯
SB1	I0.1	5 元投币按钮	L1	Q0.1	咖啡可购指示灯
SB2	I0.2	10 元投币按钮	L2	Q0.2	购买指示灯
SB3	I0.3	购买汽水按钮	L3	Q0.3	取货指示灯
SB4	I0.4	购买咖啡按钮	L4	Q0.4	找零指示灯
SB5	I0.5	找零按钮			

（二）硬件接线

根据表 4-5 绘制 PLC 的硬件接线图（见图 4-10），并按照接线图完成接线。

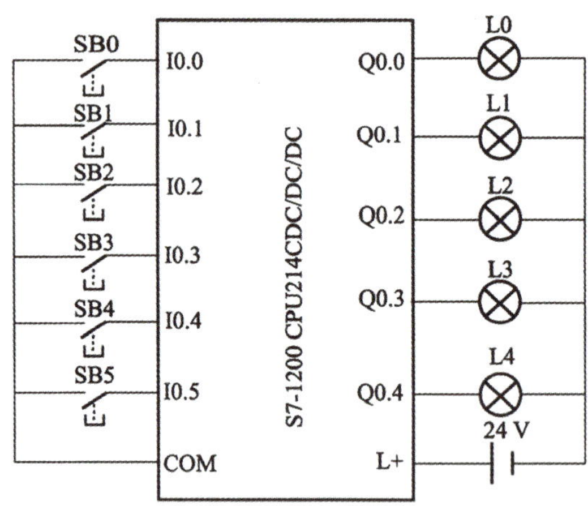

图 4-10　PLC 的硬件接线图

（三）程序设计和调试

根据表 4-5 和自动售货机模拟系统的工作过程，用 SB0（I0.0）、SBl（I0.1）和 SB2（I0.2）模拟 1 元、5 元和 10 元货币，则设计思路如下。

（1）按下按钮 SB0、SB1 或 SB2（用扫描操作数的信号上升沿指令）时，用 MOVE 指令分别将 1、5 或 10 送至 MW0 中。

（2）用 ADD 指令计算投入总金额。按钮 SB0、SB1 或 SB2 弹起（用扫描操作数的信号下降沿指令）时，MW2 的值加 1、加 5 或加 10。

（3）用比较指令控制可购指示灯 L0（Q0.0）和 L1（Q0.1）。

（4）用 SUB 指令计算找零金额。

故自动售货机模拟系统的梯形图程序如图 4-11 所示。

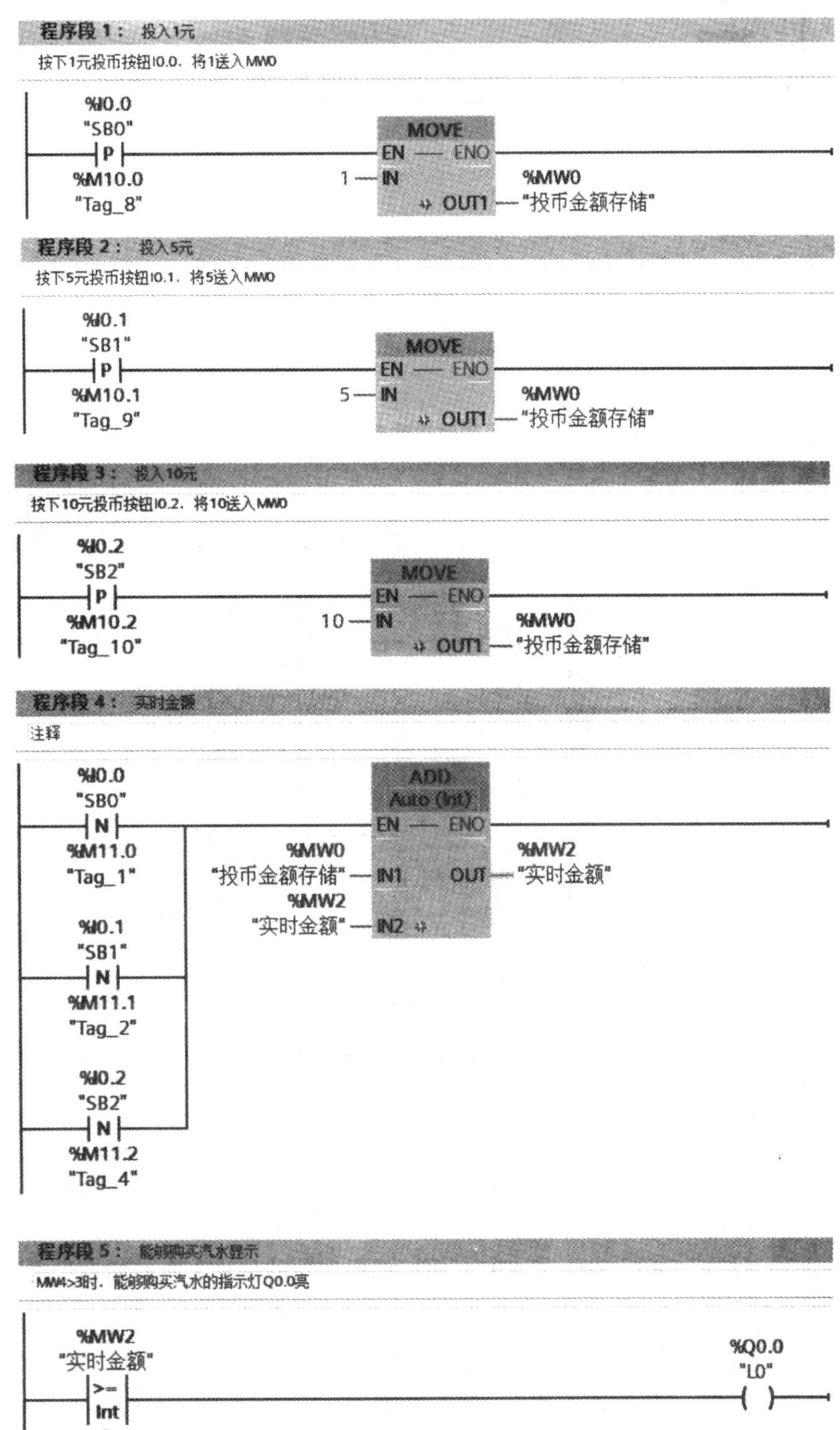

程序段 6： 能够购买咖啡显示

MW4>8时，能够购买咖啡的指示灯Q0.1亮

%MW2
"实时金额"
>=
Int
8
%Q0.1
"L1"

程序段 7： 购买汽水

购买汽水时，MW2的数值减3；购买状态指示灯Q0.2亮30s。

%I0.3
"sB3"
P
%M10.3
"Tag_12"
%Q0.0
"L0"
SUB
Auto (Int)
EN — ENO
%MW2
"实时金额" — IN1 OUT — "实时金额"
%MW2
3 — IN2
%DB1
"T0"
TOF
Time
IN Q
T# 30s — PT ET — T# 0ms
%Q0.2
"L2"

程序段 8： 购买咖啡

注释

%I0.4
"SB4"
P
%M10.3
"Tag_12"
%Q0.1
"L1"
SUB
Auto (Int)
EN — ENO
%MW2
"实时金额" — IN1 OUT — "实时金额"
%MW2
8 — IN2
%DB1
"T0"
TOF
Time
IN Q
T# 30s — PT ET — T# 0ms
%Q0.2
"L2"

程序段 9： 出货提示指示灯

注释

"T0".Q
N
%M10.5
"Tag_21"
%DB3
"T1"
TOF
Time
IN Q
T# 2s — PT ET — T# 0ms
%Q0.3
"L3"

程序段 10： 找零

按下找零按钮，MW0~MW2清零，找零指示灯Q0.4亮3s。

%I0.5
"SB5"
P
%M10.6
"Tag_24"
MOVE
EN — ENO
0 — IN
%MW0
OUT1 — "投币金额存储"
%MW2
OUT2 — "实时金额"
%DB2
"T2"
TOF
Time
IN Q
T# 3s — PT ET — T# 0ms
%Q0.4
"L4"

图 4-11　自动售货机模拟系统的梯形图程序

自动售货机模拟系统的程序设计与调试步骤如下。

步骤 1　完成项目创建和组态设备选择，将项目命名为“项目四任务一”。

步骤 2　如图 4-12 所示，设置 PLC 的变量。

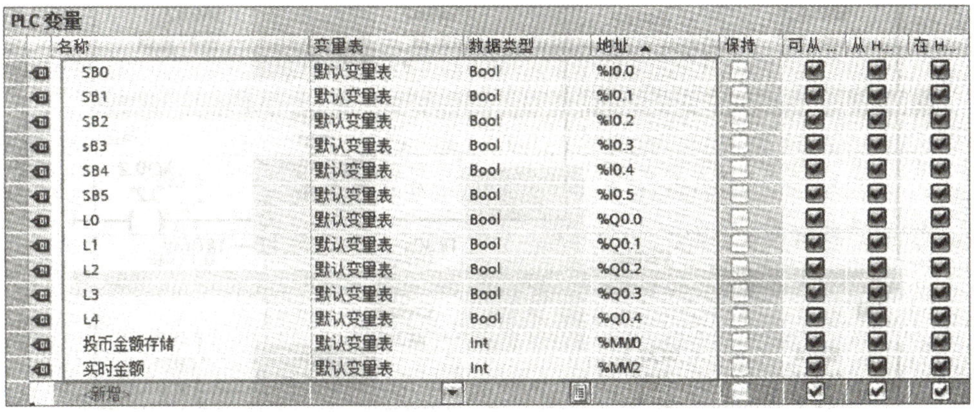

PLC 变量

名称	变量表	数据类型	地址	保持	可从 ...	从 H...	在 H...
SB0	默认变量表	Bool	%I0.0	☐	☑	☑	☑
SB1	默认变量表	Bool	%I0.1	☐	☑	☑	☑
SB2	默认变量表	Bool	%I0.2	☐	☑	☑	☑
sB3	默认变量表	Bool	%I0.3	☐	☑	☑	☑
SB4	默认变量表	Bool	%I0.4	☐	☑	☑	☑
SB5	默认变量表	Bool	%I0.5	☐	☑	☑	☑
L0	默认变量表	Bool	%Q0.0	☐	☑	☑	☑
L1	默认变量表	Bool	%Q0.1	☐	☑	☑	☑
L2	默认变量表	Bool	%Q0.2	☐	☑	☑	☑
L3	默认变量表	Bool	%Q0.3	☐	☑	☑	☑
L4	默认变量表	Bool	%Q0.4	☐	☑	☑	☑
投币金额存储	默认变量表	Int	%MW0	☐	☑	☑	☑
实时金额	默认变量表	Int	%MW2	☐	☑	☑	☑
<新增>				☐	☑	☑	☑

图 4-12　设置 PLC 的变量

步骤 3　输入图 4-11 所示的梯形图程序。

步骤 4　编译并下载程序。

步骤 5　按照自动售货机模拟系统的工作过程，模拟一次购买汽水或咖啡的过程，分析程序执行结果是否符合控制要求。

按下 SB0、SB1 和 SB2，可观察到 MW2 中的数据为 16，L0 和 L1 点亮；按下 SB3，MW2 中的数据变为 13，L2 点亮 30 s；30 s 后，L3 点亮 2 s；按下 SB5，L4 点亮 3 s。

任务二　设计天塔之光系统

一、移位指令

S7－1200 PLC 的移位指令用于将位序列、字节变量、字变量或双字变量向左或向右移动指定位数（N），并将移位后的数值送至 OUT 指定的地址。

移位指令包括左移指令和右移指令两种类型，其指令格式和功能如表 4-6 所示。

表 4-6　移位指令

指令名称	指令格式	指令说明
左移指令	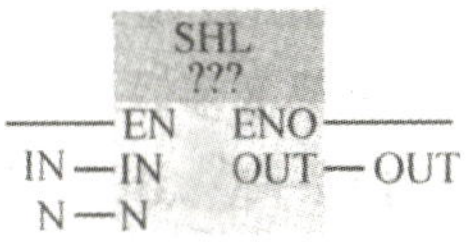 SHL ??? —EN　ENO— IN—IN　OUT—OUT N—N	当使能输入有效（EN=1）时，执行左移指令，N 为移位数。左移后空出的位补 0，移出的位丢失

指令名称	指令格式	指令说明
右移指令	SHR ??? —EN ENO— IN—IN OUT—OUT N—N	当使能输入有效（EN=1）时，执行左移指令，N 为移位数。对于无符号数，移位后空出的位补 0；对于有符号数，右移后空出位补符号位（正数补 0，负数补 1），移出的位丢失

如图 4-13 所示，按下 10.0（上升沿）时，将二进制数 00001111 送至 MB0 和 MB1 中；10.0 弹起（下降沿）时，将 MB0 和 MBl 分别执行右移指令和左移指令，并将移位后的结果存放在原地址中，其时序图如图 4-14 所示。

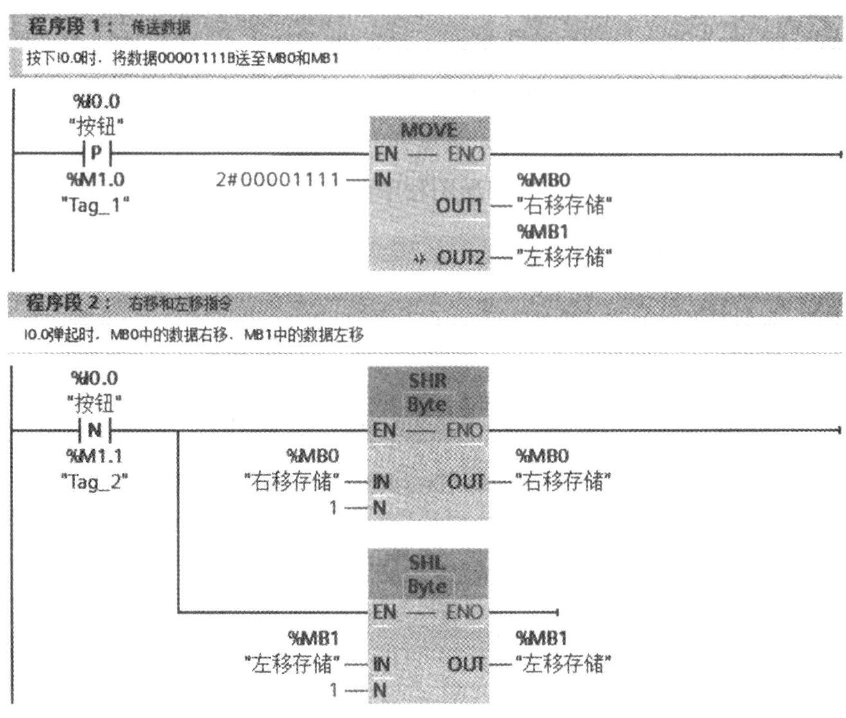

图 4-13 移位指令的梯形图程序

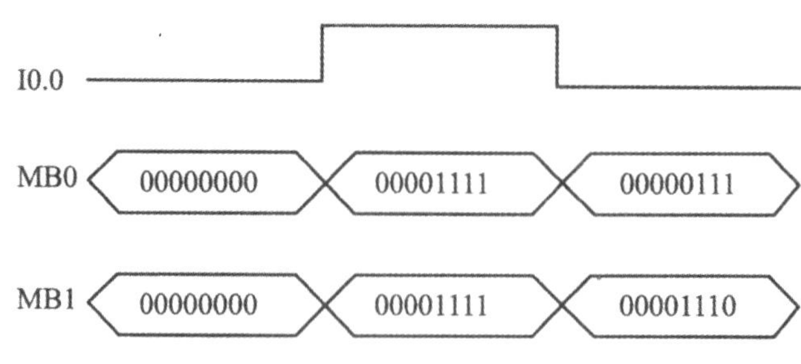

图 4-14 移位指令的时序图

例 7　请设计某地铁运行指示灯控制系统。若该地铁共经过 16 个站点，要求未到达站点灯亮，已经过站点灯灭，到达终点后，所有灯亮。

分析： 设始发站的位置传感器与 PLC 的 10.0 口连接，终点站的位置传感器与 PLC 的 10.1 口连接，中间站点的位置传感器与 PLC 的 I0.2 口连接，M0.2 用来存储地铁运行状态，“1”表示正向运行，“0”表示逆向运行，则设计思路如下。

(1) 按下 I0.0 或 10.1（上升沿），用：MOVE 指令将 FFFF 送至 MW1，此时所有指示灯的状态为“1”。

(2) 用 SHL 和 SHR 指令实现指示灯的左移和右移。地铁正向运行时，每离开一个站点，MW1 左移一位；地铁逆向运行时，每离开一个站点，MW1 右移一位。

故某地铁运行指示灯控制系统的梯形图程序如图 4-15 所示。

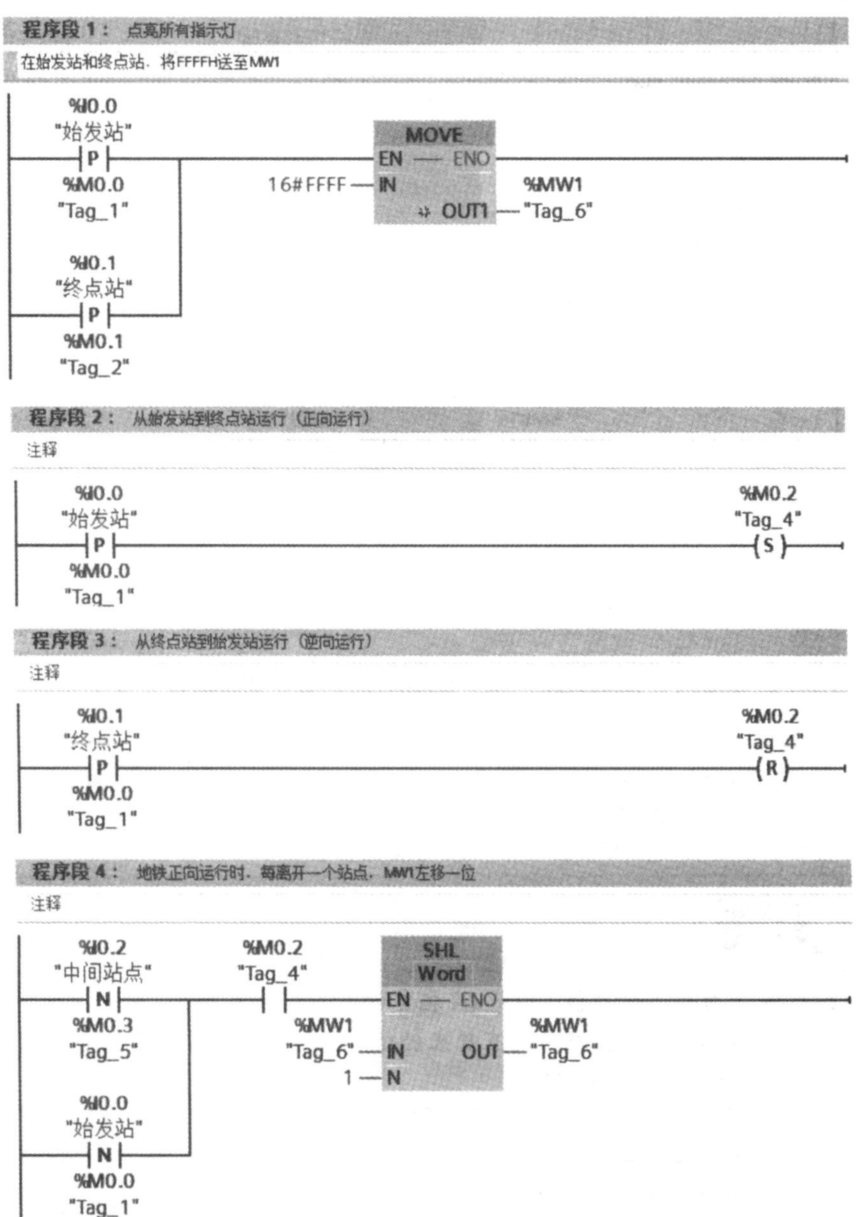

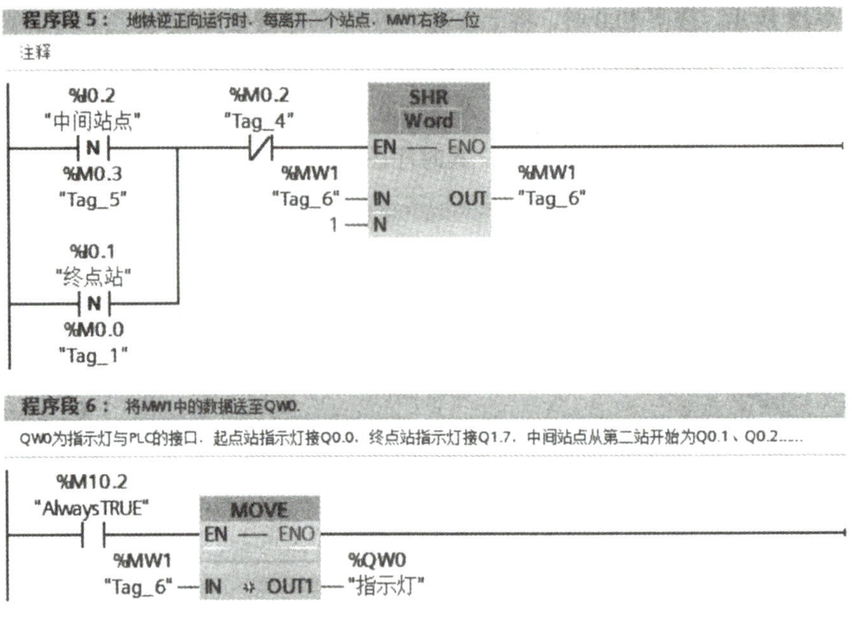

图 4-15　某地铁运行指示灯控制系统的梯形图程序

二、循环移位指令

S7－1200 PLC 的循环移位指令包括循环左移指令和循环右移指令两种类型，用于将输入数据循环左移或右移，并将结果送至 OUT 指定的地址中，其指令格式和功能如表 4-7 所示。

表 4-7　循环移位指令

指令名称	指令格式	指令说明
循环左移指令	ROL ??? EN　ENO IN—IN　OUT—OUT N—N	当使能输入有效（EN＝1）时，执行循环左移或循环右移指令，N 为循环移位数。将移出的位填补到移位后空出的位中
循环右移指令	ROR ??? EN　ENO IN—IN　OUT—OUT N—N	

提　示

N＝0 时，不进行移位，直接将 IN 值分配给 OUT。如果要移动的位数 N 超过目标值（IN）中的位数，仍执行循环移位指令，循环位数为 N 对目标值位数取余的结果。使能输出端 ENO 始终为“1”。

如图 4-16 所示，按下 I0.0 时，将十六进制数 FF00H 送至 MW0。当 I0.0 弹起时，ROL 指令执行左移指令，将 MW0 中的数据（Word）左移 4 位后送至 .MW2，故 MW2 中的数据为 F00FH：ROR 指令执行右移指令，将 MW0 中的数据右移 4 位（20 对 16 取余）后送至 MW4，故 MW4 中的数据为 0FF0H，其时序图如图 4-17 所示。

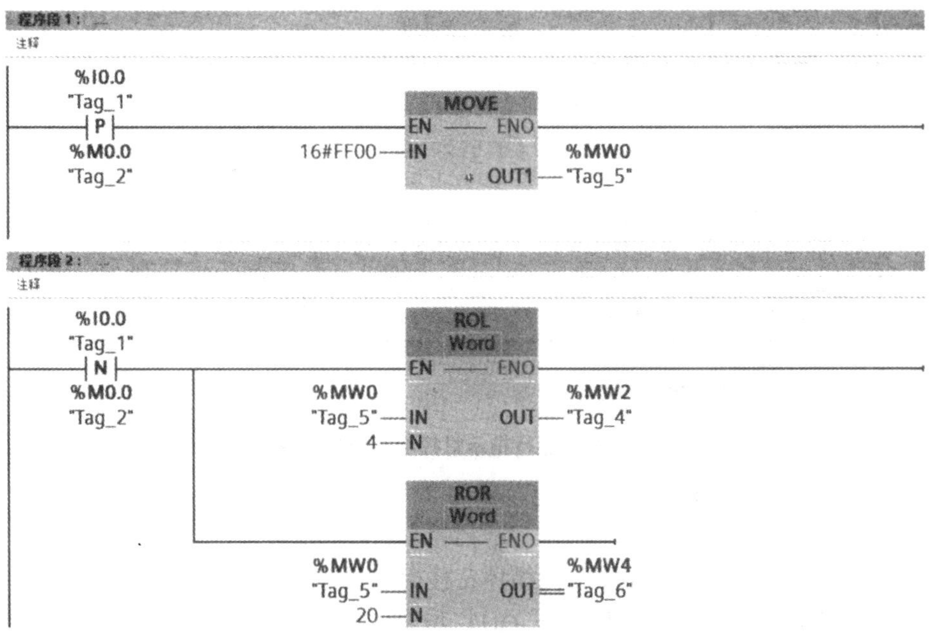

图 4-16　循环移位指令的梯形图程序

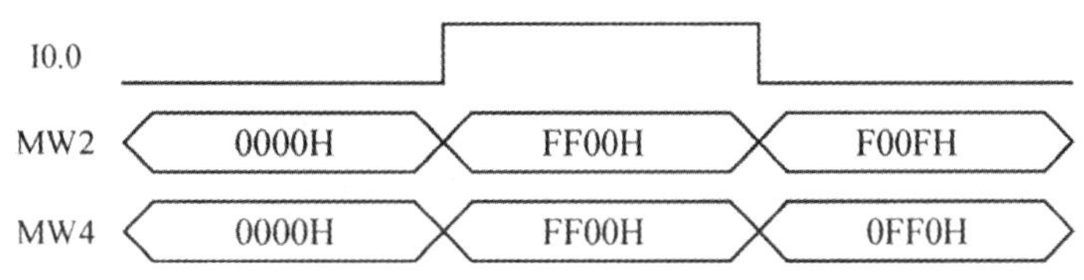

图 4-17　循环移位指令的时序图

例 8　请设计彩灯循环系统，控制要求如下：按下启动按钮 10.0 时，彩灯 L1 点亮；按下循环右移按钮 10.1 后，8 盏彩灯循环右移，显示顺序为 L1→L2→L3→L4→L5→L6→L7→L8；按下循环左移按钮 10.2 时，8 盏彩灯循环左移动，间隔为 1 s：按下停止按钮 I0.3 时，彩灯熄灭。

分析：设 L1～L8 对应的输出为 Q0.0～Q0.7，则设计思路如下。

(1) 按下启动按钮 I0.0 时，用 MOVE 指令将 1 送至 QB0。

(2) 按下循环右移按钮 I0.1 时，用 ROR 指令实现右移。

(3) 按下循环左移按钮 I0.2 时，用 ROL 指令实现左移。

(4) 按下停止按钮 I0.3 时，区域复位指令实现 Q0.0～Q0.7 全部复位。

故其梯形图程序如图 4-18 所示。

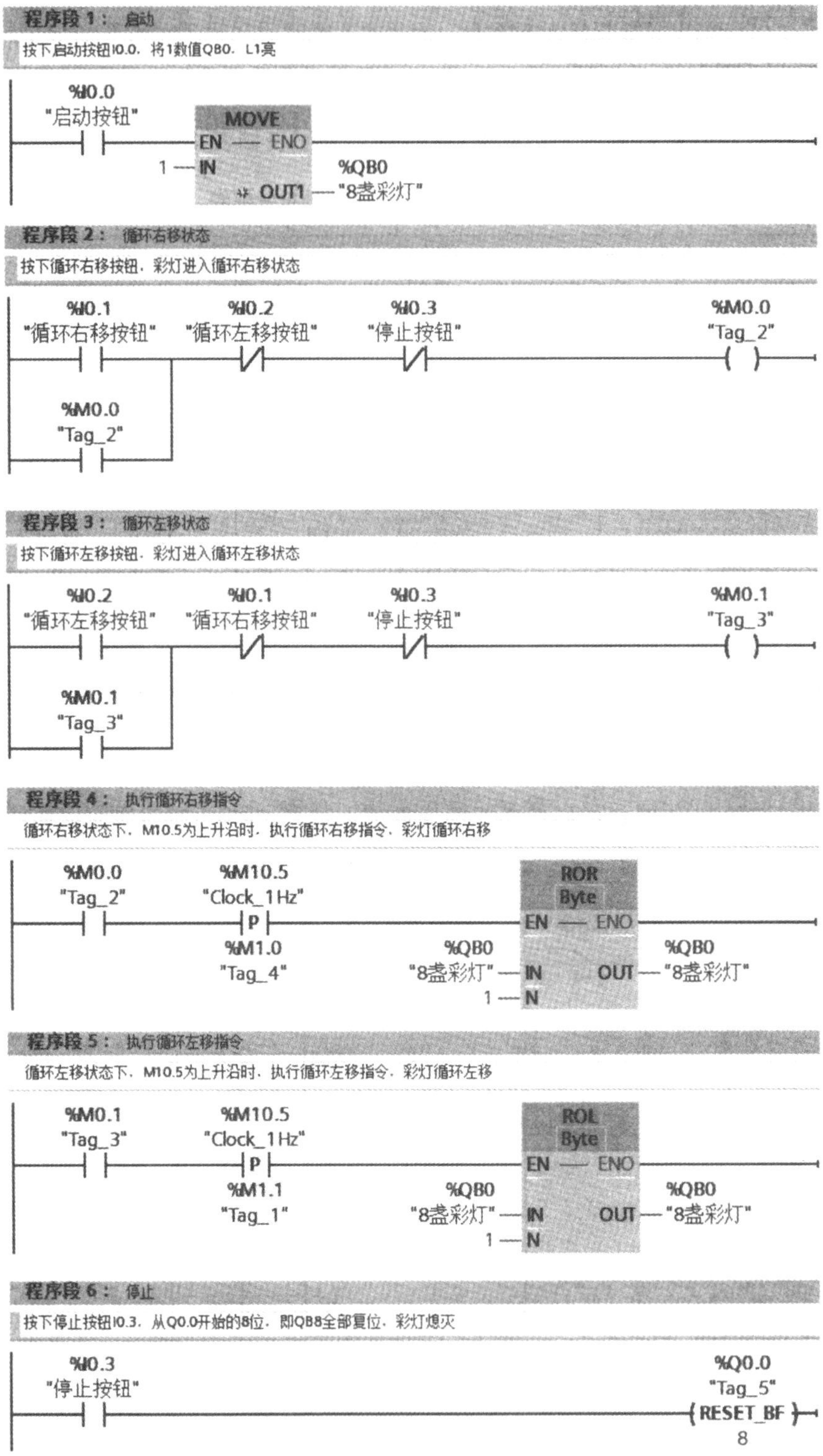

程序段 1：启动

按下启动按钮I0.0，将1数值QB0，L1亮

%I0.0 "启动按钮" —| |— MOVE EN — ENO；1 — IN；OUT1 — %QB0 "8盏彩灯"

程序段 2：循环右移状态

按下循环右移按钮，彩灯进入循环右移状态

%I0.1 "循环右移按钮" —| |—（并联 %M0.0 "Tag_2" —| |—）— %I0.2 "循环左移按钮" —|/|— %I0.3 "停止按钮" —|/|— %M0.0 "Tag_2" —( )—

程序段 3：循环左移状态

按下循环左移按钮，彩灯进入循环左移状态

%I0.2 "循环左移按钮" —| |—（并联 %M0.1 "Tag_3" —| |—）— %I0.1 "循环右移按钮" —|/|— %I0.3 "停止按钮" —|/|— %M0.1 "Tag_3" —( )—

程序段 4：执行循环右移指令

循环右移状态下，M10.5为上升沿时，执行循环右移指令，彩灯循环右移

%M0.0 "Tag_2" —| |— %M10.5 "Clock_1Hz" —|P|— %M1.0 "Tag_4" — ROR Byte EN — ENO；%QB0 "8盏彩灯" — IN；1 — N；OUT — %QB0 "8盏彩灯"

程序段 5：执行循环左移指令

循环左移状态下，M10.5为上升沿时，执行循环左移指令，彩灯循环左移

%M0.1 "Tag_3" —| |— %M10.5 "Clock_1Hz" —|P|— %M1.1 "Tag_1" — ROL Byte EN — ENO；%QB0 "8盏彩灯" — IN；1 — N；OUT — %QB0 "8盏彩灯"

程序段 6：停止

按下停止按钮I0.3，从Q0.0开始的8位，即QB8全部复位，彩灯熄灭

%I0.3 "停止按钮" —| |— %Q0.0 "Tag_5" —(RESET_BF)— 8

图 4-18　彩灯循环系统的梯形图程序

三、天塔之光系统的操作

(一) I/O 地址分配

根据工作过程分析，天塔之光系统的 I/O 地址分配表如表 4-8 所示。

表 4-8　天塔之光系统的 I/O 地址分配表

输　入			输　出		
元件	I/O 地址	备　注	元　件	I/O 地址	备　注
SB0	I0.0	启动按钮	L0	Q0.0	
SB1	I0.1	停止按钮	L1	Q0.1	
			L2	Q0.2	
			L3	Q0.3	
			L4	Q0.4	
			L5	Q0.5	
			L6	Q0.6	
			L7	Q0.7	

(二) 硬件接线

根据表 4-8 绘制出 PLC 的硬件接线图（见图 4-19），并根据接线图完成接线。

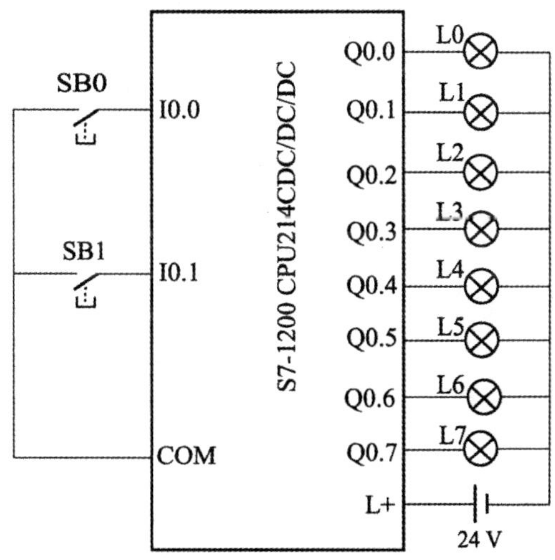

图 4-19　PLC 的硬件接线图

（三）程序设计和调试

根据天塔之光系统的工作过程和表 4-8 可知，设 I0.0 为启动按钮 SB0，I0.1 为停止按钮 SB1，Q0.0～Q0.7 为 L0～L7，MB0 存储工作步骤，M1.0 存储工作状态，则设计思路如下。

（1）按下启动按钮 I0.0 时，MOVE 指令将 1 传送至 MB0，并用置位指令将 M1.0 置位为“1”。

（2）用循环左移指令实现工作步骤的转换。

故天塔之光系统的梯形图程序如图 4-20 所示。

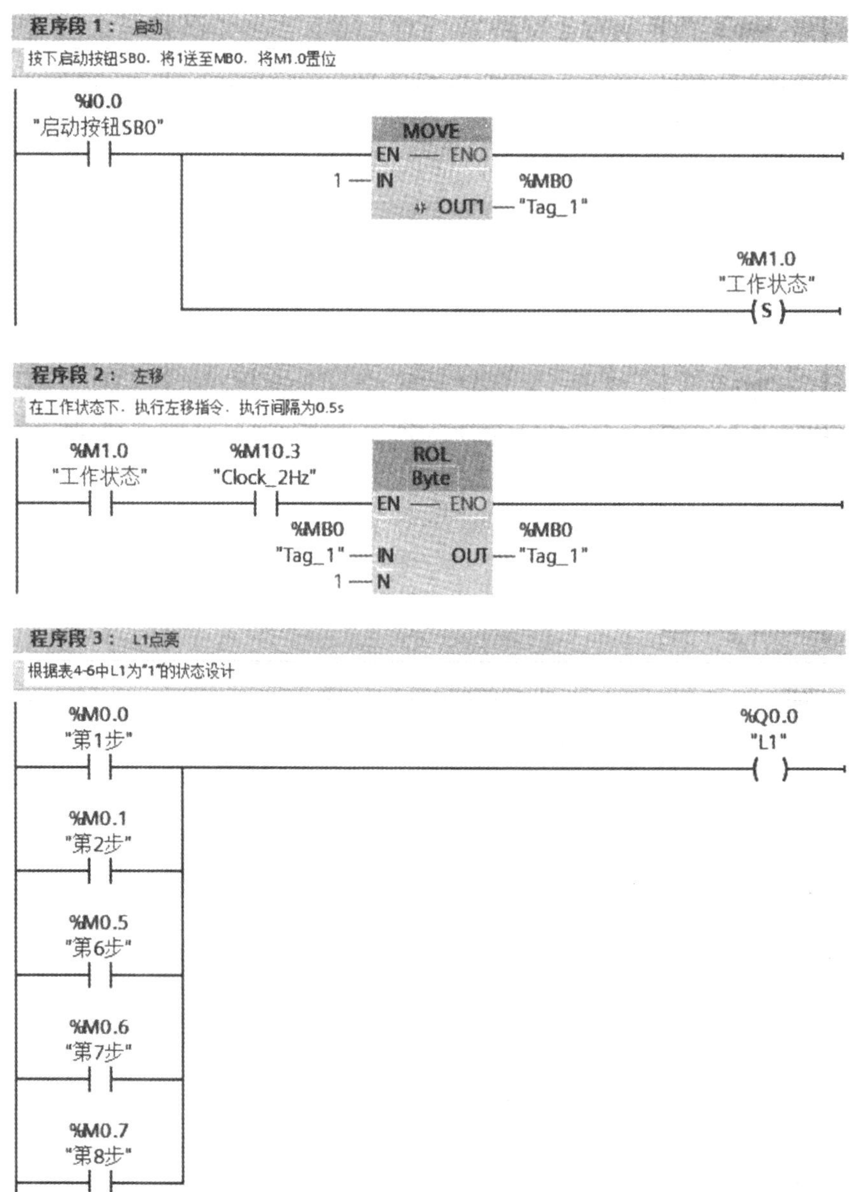

程序段 4：L2点亮

根据表4-6中L2为"1"的状态设计

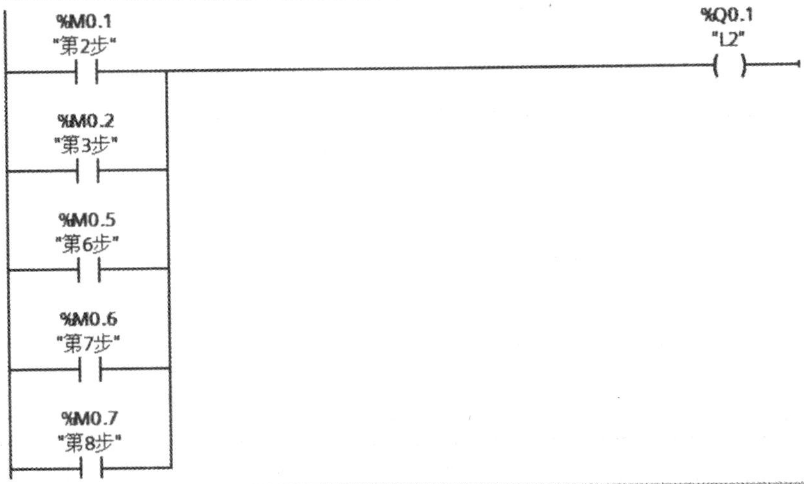

%M0.1 "第2步"
%M0.2 "第3步"
%M0.5 "第6步"
%M0.6 "第7步"
%M0.7 "第8步"
%Q0.1 "L2"

程序段 5：L3点亮

注释

%M0.2 "第3步"
%M0.3 "第4步"
%M0.6 "第7步"
%M0.7 "第8步"
%Q0.2 "L3"

程序段 6：L4点亮

注释

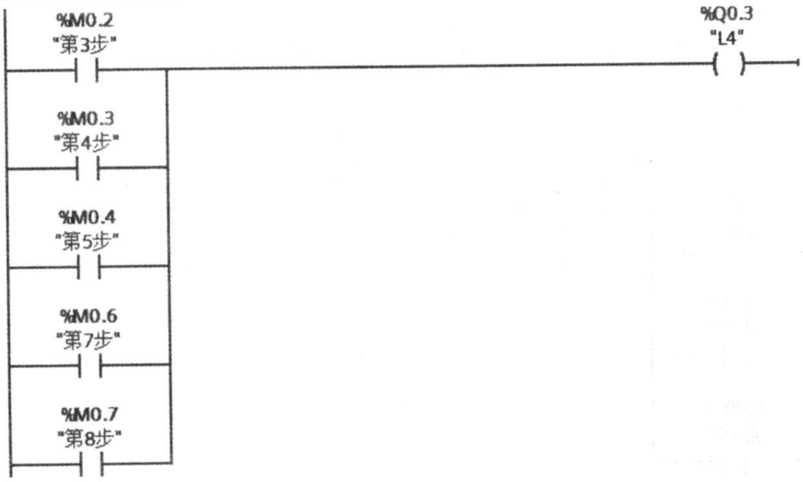

%M0.2 "第3步"
%M0.3 "第4步"
%M0.4 "第5步"
%M0.6 "第7步"
%M0.7 "第8步"
%Q0.3 "L4"

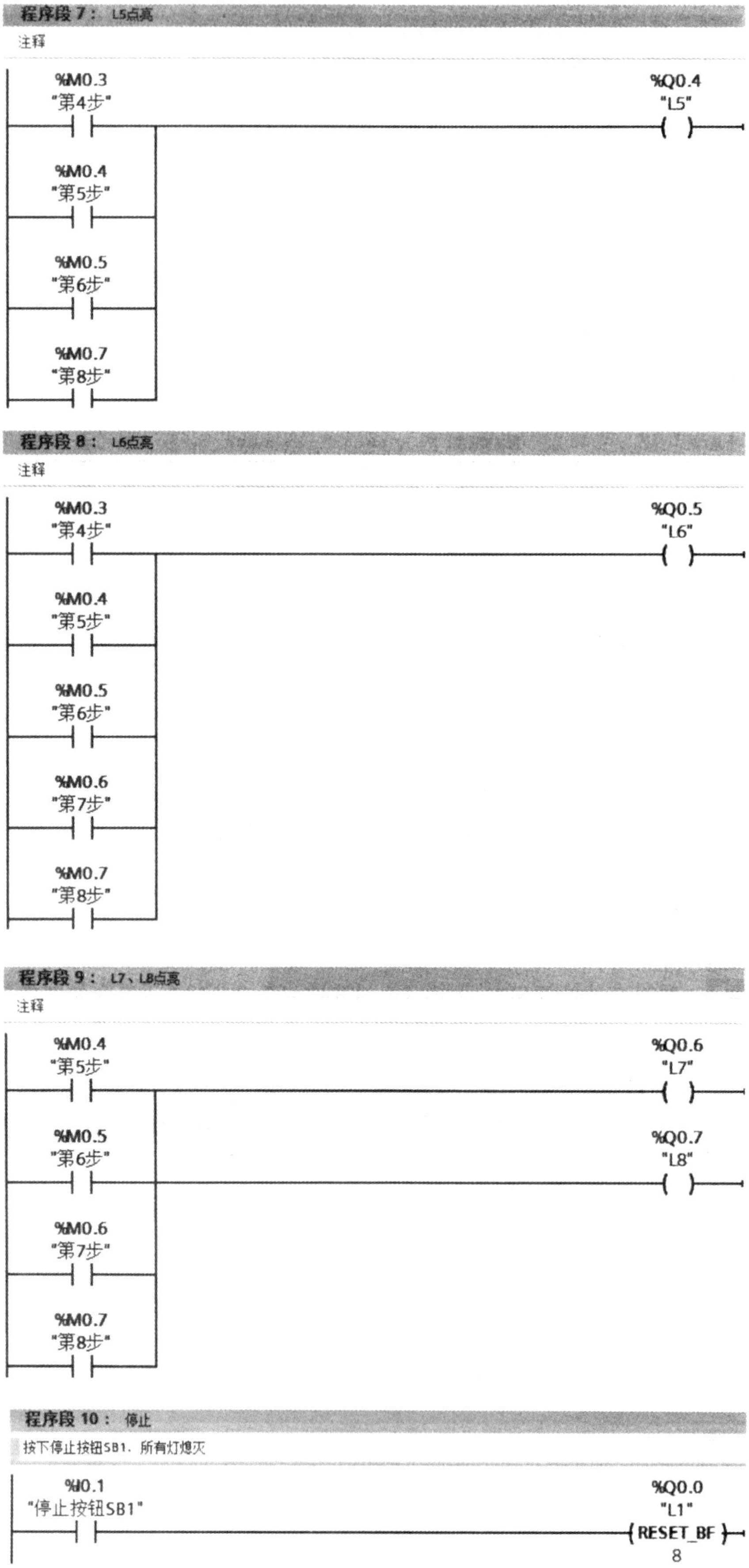

程序段 7： L5点亮

注释

%M0.3 "第4步" —| |— %Q0.4 "L5" —( )—

%M0.4 "第5步" —| |—

%M0.5 "第6步" —| |—

%M0.7 "第8步" —| |—

程序段 8： L6点亮

注释

%M0.3 "第4步" —| |— %Q0.5 "L6" —( )—

%M0.4 "第5步" —| |—

%M0.5 "第6步" —| |—

%M0.6 "第7步" —| |—

%M0.7 "第8步" —| |—

程序段 9： L7、L8点亮

注释

%M0.4 "第5步" —| |— %Q0.6 "L7" —( )—

%M0.5 "第6步" —| |— %Q0.7 "L8" —( )—

%M0.6 "第7步" —| |—

%M0.7 "第8步" —| |—

程序段 10： 停止

按下停止按钮SB1，所有灯熄灭

%I0.1 "停止按钮SB1" —| |— %Q0.0 "L1" —(RESET_BF)— 8

图 4-20　天塔之光系统的梯形图程序

天塔之光系统的程序设计与调试步骤如下。

步骤 1　完成项目创建和组态设备选择，将项目命名为“项目四任务二”。

步骤 2　如图 4-21 所示，设置 PLC 的变量。

PLC 变量

名称	变量表	数据类型	地址	保持	可从...	从 H...	在 H...
第8步	默认变量表	Bool	%M0.7	☐	☑	☑	☑
第7步	默认变量表	Bool	%M0.6	☐	☑	☑	☑
第6步	默认变量表	Bool	%M0.5	☐	☑	☑	☑
第5步	默认变量表	Bool	%M0.4	☐	☑	☑	☑
第4步	默认变量表	Bool	%M0.3	☐	☑	☑	☑
第3步	默认变量表	Bool	%M0.2	☐	☑	☑	☑
第2步	默认变量表	Bool	%M0.1	☐	☑	☑	☑
第1步	默认变量表	Bool	%M0.0	☐	☑	☑	☑
工作状态	默认变量表	Bool	%M1.0	☐	☑	☑	☑
启动按钮SB0	默认变量表	Bool	%I0.0	☐	☑	☑	☑
停止按钮SB1	默认变量表	Bool	%I0.1	☐	☑	☑	☑
Tag_1	默认变量表	Byte	%MB0	☐	☑	☑	☑
L8	默认变量表	Bool	%Q0.7	☐	☑	☑	☑
L7	默认变量表	Bool	%Q0.6	☐	☑	☑	☑
L6	默认变量表	Bool	%Q0.5	☐	☑	☑	☑
L5	默认变量表	Bool	%Q0.4	☐	☑	☑	☑
L4	默认变量表	Bool	%Q0.3	☐	☑	☑	☑
L3	默认变量表	Bool	%Q0.2	☐	☑	☑	☑
L2	默认变量表	Bool	%Q0.1	☐	☑	☑	☑
L1	默认变量表	Bool	%Q0.0	☐	☑	☑	☑

图 4-21　设置 PLC 的变量

步骤 3　输入图 4-20 所示的梯形图程序。

步骤 4　编译并下载程序。

步骤 5　按下启动按钮 SB0，观察 L1～L8 的状态，分析是否符合控制要求。

任务三　设计十字路口交通灯控制系统

一、移动操作指令

S7－1200 PLC 的移动操作指令主要包括移动值指令（见项目三）、块移动指令、填充指令和交换指令等，如表 4-9 所示。

表 4-9　移动操作指令

指令名称	指令格式	指令说明
块移动	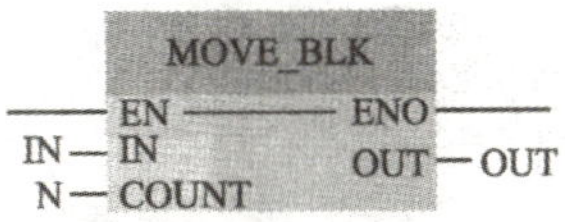 MOVE_BLK EN　ENO IN — IN　OUT — OUT N — COUNT	将指定区域的多个数据复制到 OUT 指定地址中，复制过程可以被中断。IN 和 OUT 的操作数为数组类型
不可中断块移动	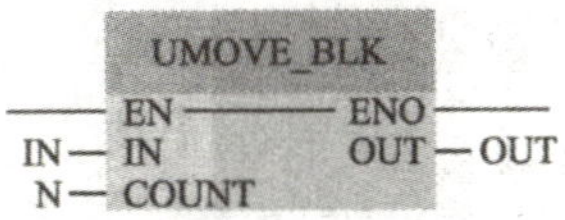 UMOVE_BLK EN　ENO IN — IN　OUT — OUT N — COUNT	将指定区域的多个数据复制到 OUT 指定地址中，复制过程不可被中断。IN 和 OUT 的操作数为数组类型

指令名称	指令格式	指令说明
填充	FILL_BLK EN　ENO IN — IN　OUT — OUT N — COUNT	使用某个数据填充指定区域，填充过程可以被中断
不可中断填充	UFILL_BLK EN　ENO IN — IN　OUT — OUT N — COUNT	使用某个数据填充指定区域，填充过程不可被中断
交换指令	SWAP ??? EN　ENO IN — IN　OUT — OUT	用于调换二字节或四字节的字节顺序，不改变每个字节中的位顺序，需要指定数据类型

数组（Array）是 S7－1200 中重要的数据类型之一，通常在数据块或函数块中设置。

二、函数、数据块和函数块

函数（FC）也称为功能，是一种可以快速执行的子程序块。它包含特定任务的代码和参数，通常根据输入参数执行指令。

数据块（DB）即用于存放执行代码块时所需数据的数据区，数据块的最大存储空间大小由 CPtJ 的工作存储区容量决定。S7－1200 PLC 的数据块包括全局（Global）数据块和背景数据块（局部数据块）两种类型。

函数块（FB）也称功能块，是一种使用参数进行调用的程序块，是用户编写的子程序。调用函数块时，需要指定背景数据块，后者是函数块专用的存储区。CPU 执行函数块中的程序代码，将块的输入、输出参数和局部静态数据保存在背景数据块中，以便可以快速访问。

三、数组类型数据的创建

下面以数据块为例介绍数组类型数据的创建。

步骤 1　创建项目后，在左侧的项目树窗格中，选择“PLC 1（CPU 1214C DC/DC/DC）”→“程序决”→“添加新块”选项，双击打开“添加新块”对话框，如图 4-22 所示。

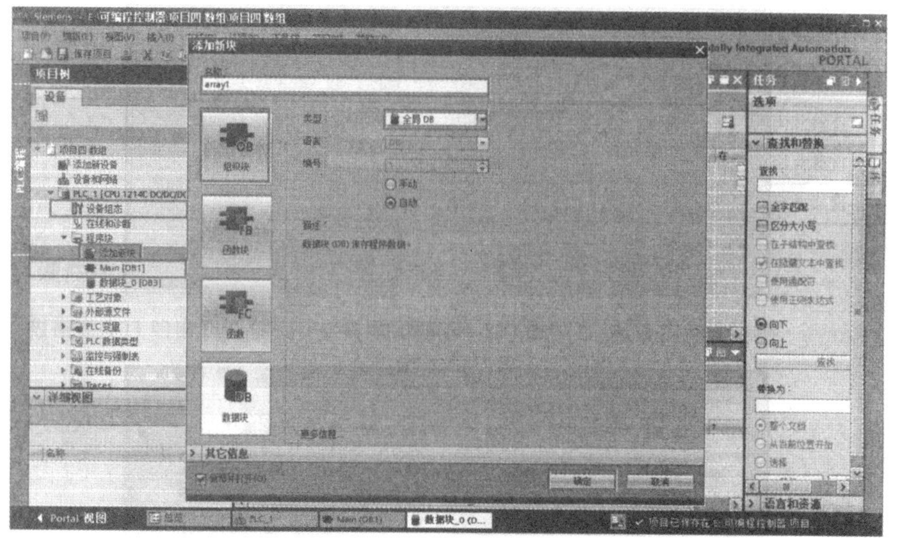

图 4-22　添加数据块

步骤 2　在“添加新决”对话框中，选择“组织决”，在“名称”编辑框中输入新块名称“数据决 0”，在“类型”的列表框中选择“全局 DB’，然后单击“确定”按钮。

步骤 3　如图 4-23 所示，进入数据决类型设置界面，在“名称”编辑框申输入“Array’，在“数据类型”列表框中选择“Array［0..1］of”中的“Array［0..1］Ofint”。

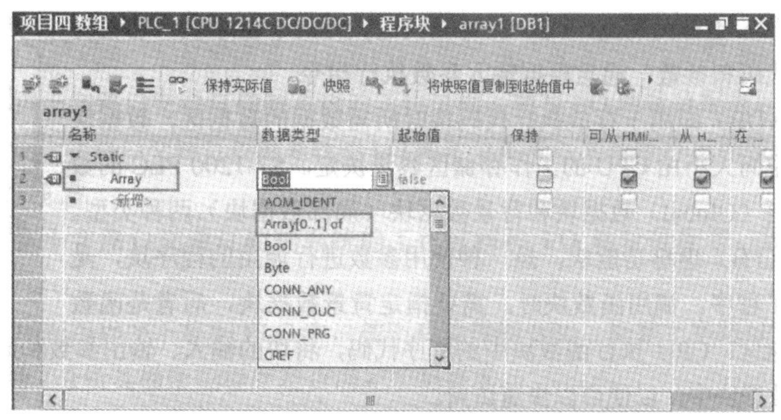

图 4-23　设置数据块类型

步骤 4　如图 4-24 所示，单击列表框中右侧的按钮，打开“数组限值”对话框，输入数组限值后，单击按钮，即添加完成数组数据，数组中的元素如图 4-25 所示。

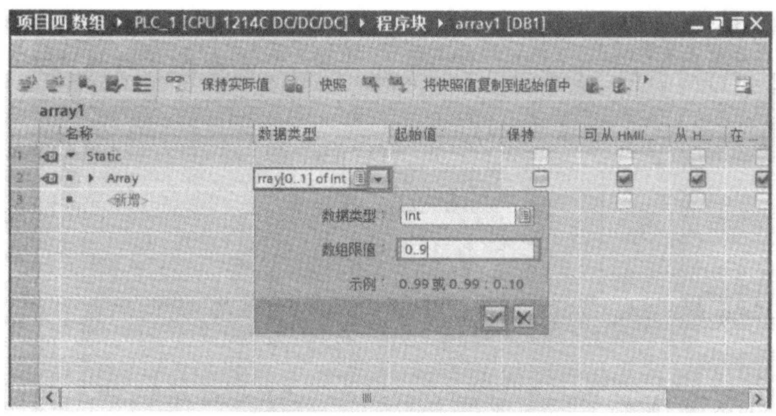

图 4-24　设置数组限值

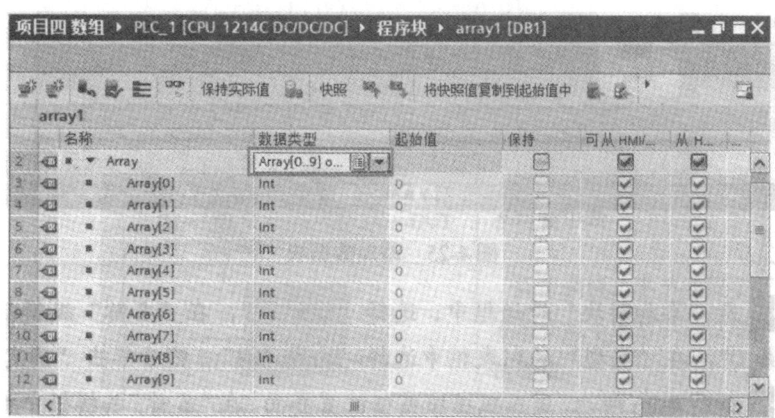

图 4-25　数组中的元素

创建数据后，可用 MOVE BLK 指令将数组 anay1 中的元素送至数据块 _ 0，如图 4-26 所示。

图 4-26　数组数据的使用

四、十字路口交通灯控制系统的操作

（一）I/O 地址分配

根据工作过程分析，十字路口交通灯控制系统的 I/O 地址分配表如表 4-10 所示。

表 4-10　十字路口交通灯控制系统的 I/O 地址分配表

输　入			输　出		
元件	I/O 地址	备　注	元　件	I/O 地址	备注
SB0	I0. 0	启动按钮	L0	Q0. 0	东西绿灯
SB1	I0. 1	停止按钮	L1	Q0. 1	东西黄灯
			L2	Q0. 2	东西红灯
			L3	Q0. 3	南北绿灯
			L4	Q0. 4	南北黄灯
			L5	Q0. 6	南北红灯

（二）硬件接线

根据表 4-10 绘出 PLC 的硬件接线图（见图 4-27），并按照接线图完成接线。

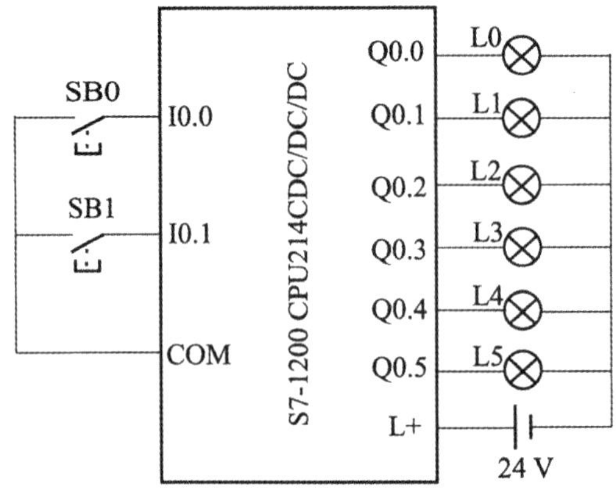

图 4-27　PLC 的硬件接线图

（三）程序设计和调试

十字路口交通灯的设计思路如下。

（1）用 TON 指令定义一个周期的工作时间。

（2）用比较指令分割各信号灯的点亮时间。

故其梯形图程序如图 4-28 所示。

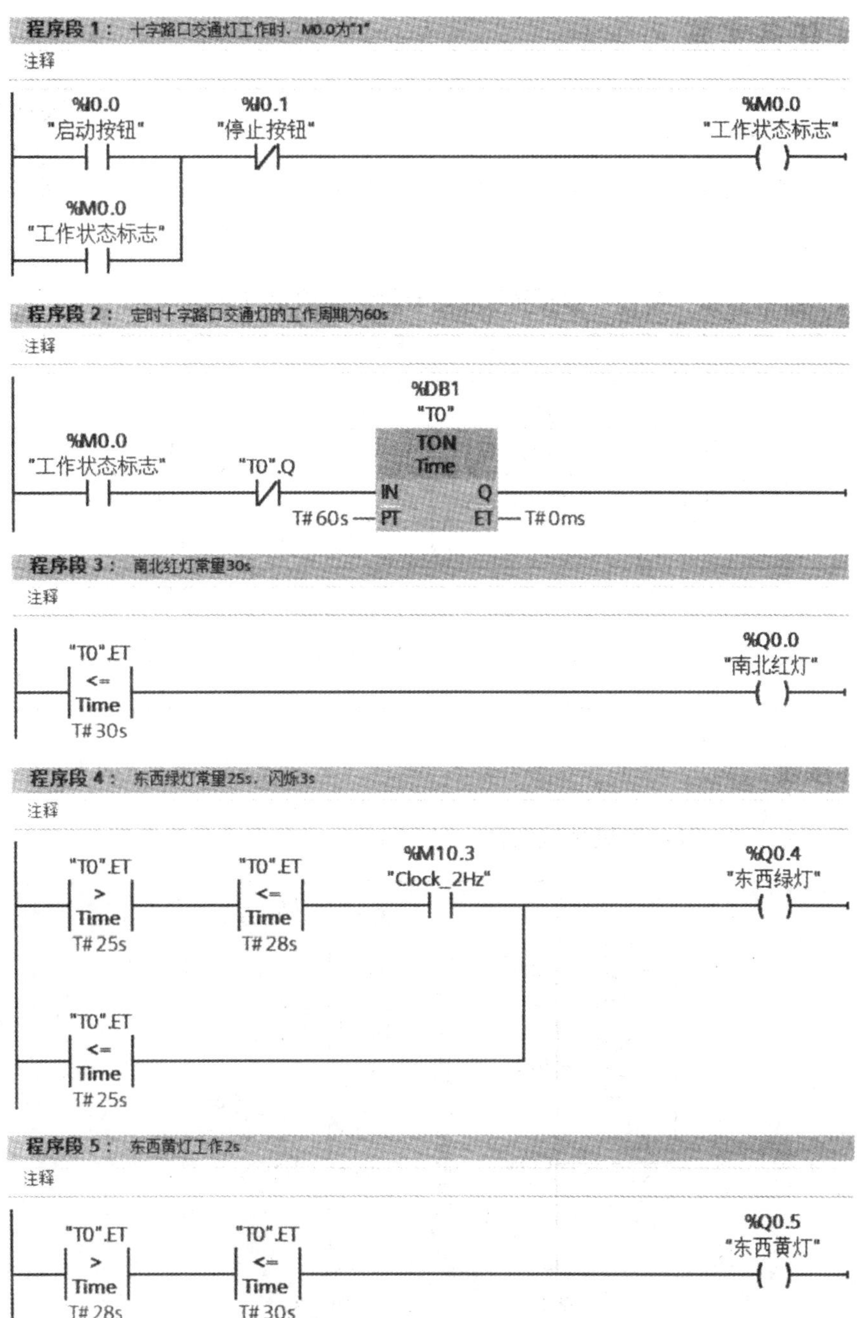

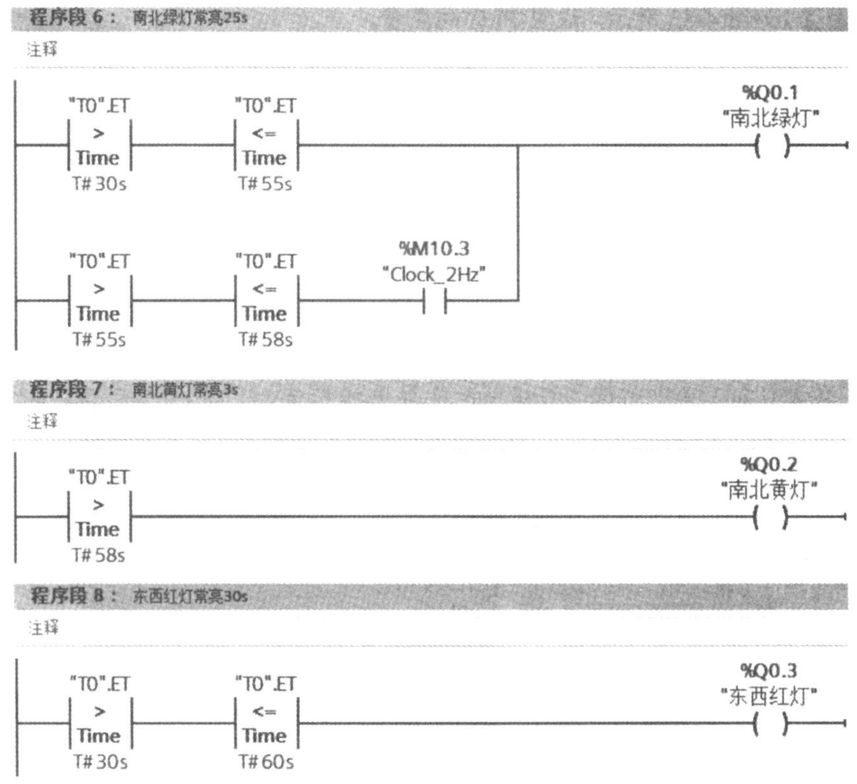

图 4-28　十字路口交通灯控制系统的梯形图程序

十字路口交通灯控制系统的程序设计与调试步骤如下。

步骤 1　完成创建项目和组态设备选择，将项目命名为“项目四任务三”。

步骤 2　在“属性”窗口区中，选择“常规”→“系统和时钟存储器”选项，在“时钟存储器位”组中勾选“启用时钟存储器字节”复选框，在“时钟存储器字节的地址（MBx）”编辑框中输入“10”，如图 4-29 所示。

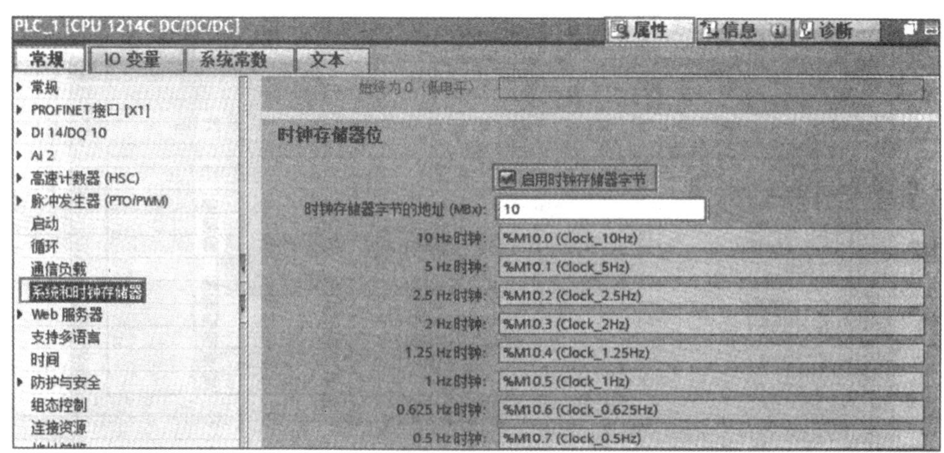

图 4-29　启用时钟存储器字节

步骤 3　如图 4-30 所示，设置 PLC 的变量。

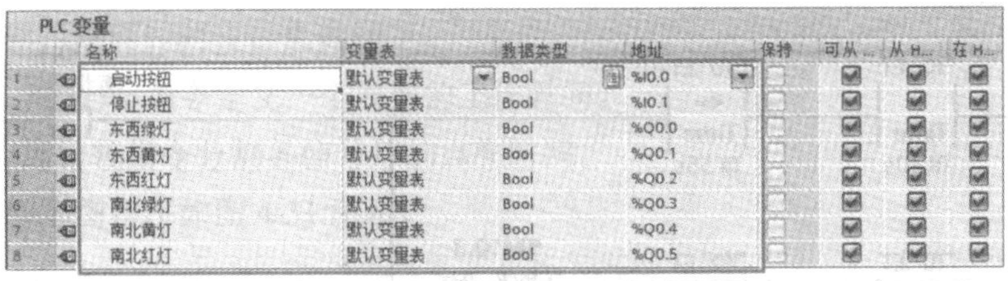

PLC 变量

	名称	变量表	数据类型	地址	保持	可从...	从 H...	在 H...
1	启动按钮	默认变量表	Bool	%I0.0	☐	☑	☑	☑
2	停止按钮	默认变量表	Bool	%I0.1	☐	☑	☑	☑
3	东西绿灯	默认变量表	Bool	%Q0.0	☐	☑	☑	☑
4	东西黄灯	默认变量表	Bool	%Q0.1	☐	☑	☑	☑
5	东西红灯	默认变量表	Bool	%Q0.2	☐	☑	☑	☑
6	南北绿灯	默认变量表	Bool	%Q0.3	☐	☑	☑	☑
7	南北黄灯	默认变量表	Bool	%Q0.4	☐	☑	☑	☑
8	南北红灯	默认变量表	Bool	%Q0.5	☐	☑	☑	☑

图 4-30　设置 PLC 的变量

步骤 4　在项目树中选择“PLC－1（CPU 1214C DC/DC/DC)”→“程序块”→“添加新块”，双击打开“添加新块”对话框，如图 4-31 所示。

图 4-31　设置 PLC 的变量

步骤 5　在“添加新块”对话框中，选择“函数决”，在名称编辑框中输入“十字路口交通灯”，语言为 LAD，单击“确定”按钮。

步骤 6　如图 4-32 所示，在函数决接口区的 Input 区域中添加启动按钮、停止按钮和闪烁频率，在 Output 区域申输入 6 个交通信号灯，数据类型为 Bool。

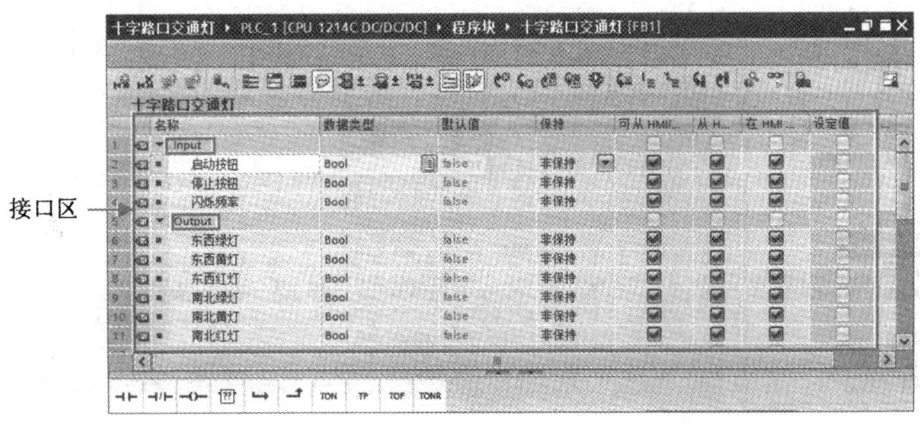

图 4-32　在函数块中添加按钮和时间变量

提 示

若未显示接口区，可在程序编辑界面中，将鼠标的光标放在程序区上方的“块接口”水平隔条上（此时光标变为十字形），按住鼠标左键往下拉动分割条，分割条上部便是该函数决的接口区，如图 4-33 所示。

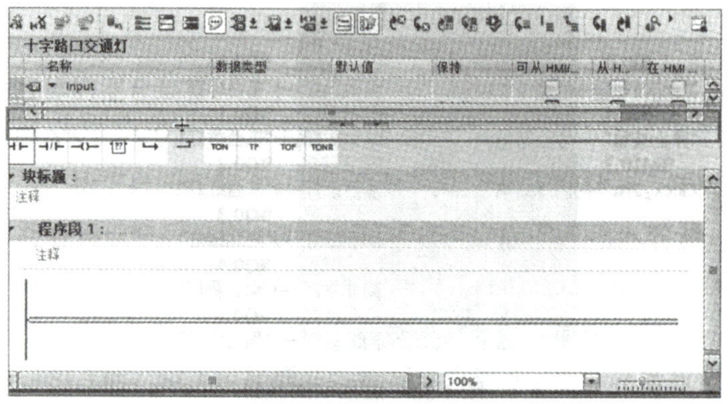

图 4-33 显示接口区

步骤 7 在十字路口交通灯［FB1］的程序区中输入图 4-27 所示的梯形图程序。

步骤 8 将十字路口交通灯［FB1］函数决拖拽到主程序 Main［OB1］时，会自动打开“调用选项”对话框，在“名称”列表框中选择“十字路口交通灯 _ DB”选项，单击“确定”按钮，如图 4-34 所示。

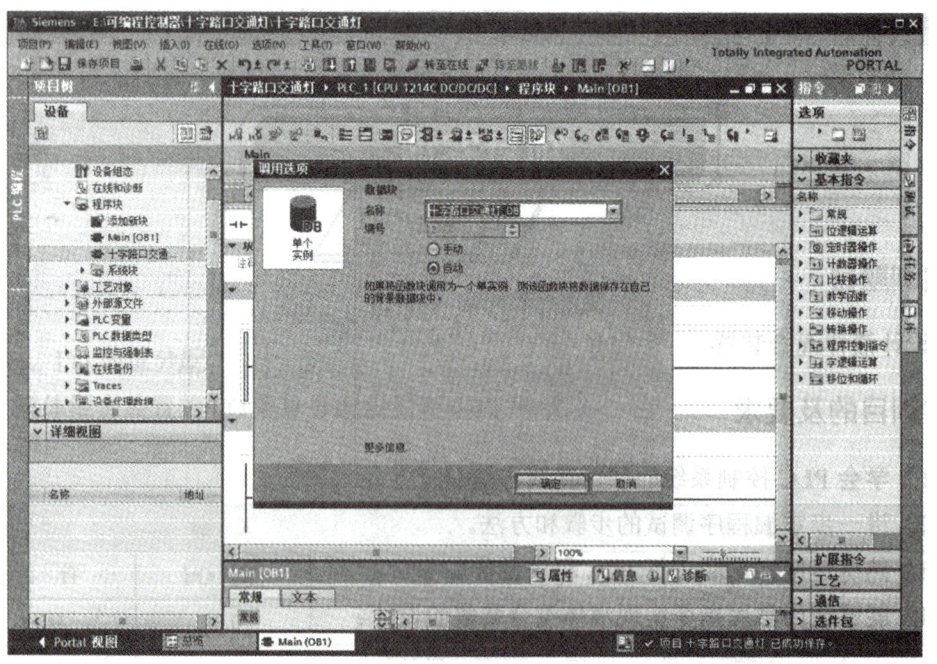

图 4-34 生成背景数据块

步骤 9　在生成的数据块中添加引脚地址，如图 4-35 所示。

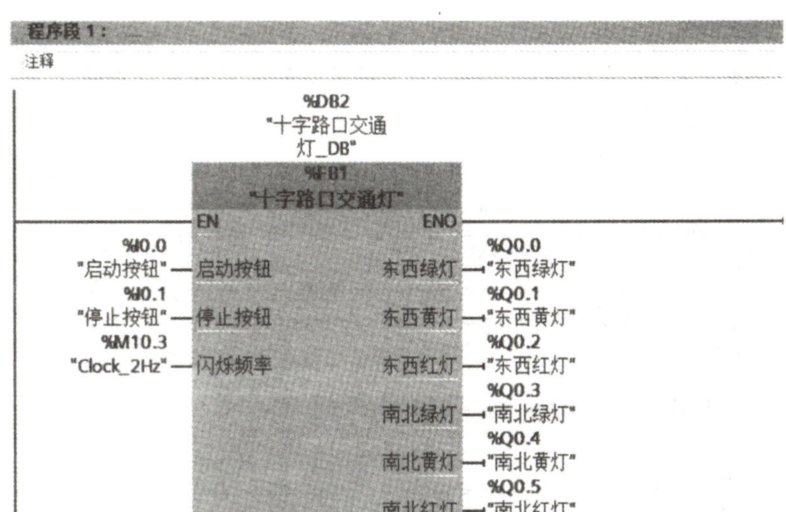

图 4-35　添加引脚地址

步骤 10　编译并下载程序。

步骤 11　按下启动按钮 SB0，观察十字路口交通灯的状态，分析其工作过程是否符合控制要求。

项目实训

一、实训题目

请设计液体混合装置。

二、实训目的及要求

(1) 学会 PLC 控制系统的硬件接线方法。

(2) 进一步掌握程序调试的步骤和方法。

(3) 熟练运用梯形图进行 PLC 程序设计。

(4) 能够使用常用指令实现液体混合装置的设计。

三、实训器材

(1) PLC 实验台 1 台（含 CPU 1214C DC/DC/DC）。

(2) 上位机 1 台（已安装博途软件）。

(3) 导线若干。

四、实训内容

请设计两种液体的混合装置。SL1、SL2、SL3 为液位传感器，液体 A、B 阀门与混合液体阀门由电磁阀 YV1、YV2、YV3 控制，M 为搅动电机。

控制要求如下：按下启动按钮 SB1，装置投入运行时，液体 A、B 阀门关闭，混合液体阀门打开 20 s 将容器放空后关闭：液体 A 阀门打开，液体 A 流入容器。当液面到达 SL2 时，SL2 接通，关闭液体 A 阀门，打开液体 B 阀门。液面到达 SL1 时，关闭液体 B 阀门，搅动电机开始搅动。搅动电机工作 6 s 后停止搅动，混合液体阀门打开，开始放出混合液体。当液面下降到 SL3 时，SL3 由接通变为断开，再过 5 s 后，容器放空，混合液阀门关闭，开始下一周期。停止操作：当前的液体混合操作完毕后。按下停止按钮 SB1，停止操作，如图 4-36 所示。

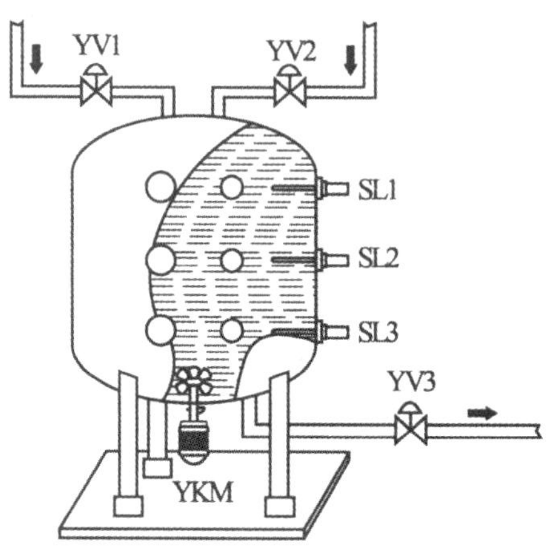

图 4-36　液体混合装置

1. I/O 地址分配

液体混合装置的 I/O 地址分配表如表 4-11 所示。

表 4-11　液体混合装置的 I/O 地址分配

输　入			输　出		
元　件	I/O 地址	备　注	元　件	I/O 地址	备　注
SB1	I0.0	启动按钮	YV1	Q0.0	
SL1	I0.1	停止按钮	YV2	Q0.1	
SL2	I0.2		YV3	Q0.2	
SL3	I0.3		YKM	Q0.3	

2. 硬件接线

根据表 4-11 绘制液体混合装置的硬件电路接线图，并按照接线图完成接线。

3. 程序设计和调试

根据工作过程和 I/O 地址分配表，设计液体混合装置的梯形图程序并讨论。

项目五　数字量控制系统的设计

项目导入

数字量控制是 S7－1200 PLC 的主要功能之一，由此可搭建基于 PLC 的数字量控制系统，设计方法主要有经验设计法和顺序设计法两种。本项目将重点介绍经验设计法及其常用的典型电路，顺序设计法及顺序功能图的绘制方法，还将介绍运动控制的概念及设计方法。

思政目标

培养精益求精的工匠精神和较强的创新意识。

提升去繁求简，在复杂的控制过程中，寻求统一规律的能力。

知识目标

掌握数字量控制系统的基本设计方法。

掌握经验设计法的典型电路。

技能目标

掌握顺序功能图的绘制方法。

掌握运动控制系统的设计方法。

能够用经验设计法和顺序设计法搭建数字量控制系统。

任务一 设计水塔水位控制系统

一、典型电路

在数字量控制系统设计中，常常需要将各种典型电路组合起来，共同完成某些系统的控制。常见的典型电路包括启保停电路、闪烁电路和长延时电路（见项目四）等。

1. 启保停电路

启保停电路是启动、保持、停止电路的简称，其梯形图程序如图 5-1 所示。

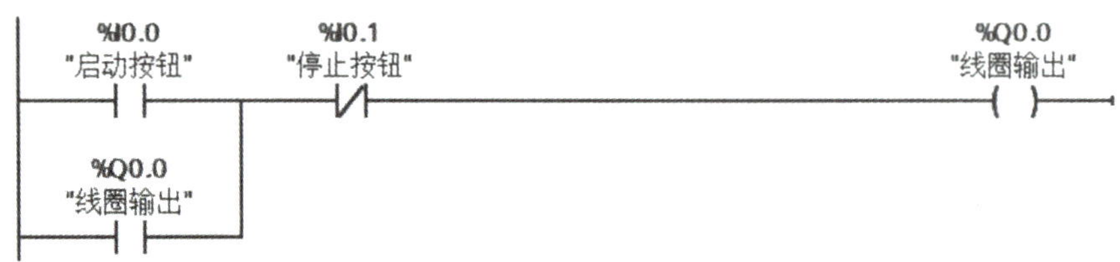

图 5-1 启保停电路

在启保停电路中，有一个启动按钮 I0.0、一个停止按钮 I0.1 和一个线圈输出 Q0.0。按下启动按钮 I0.0，线圈输出 Q0.0 的状态变为“1”，这个过程称为启动；随后启动按钮 I0.0 弹起，由于 Q0.0 的状态为“1”，电路仍然接通，故 Q0.0 的状态仍为“1”，这个过程称为保持；按下停止按钮 I0.1，电路断开，Q0.0 的状态变为“0”，这个过程称为停止。

启保停电路是数字量控制系统中应用最广泛的电路，可用于电机的连续控制、PLC 工作状态显示等。

2. 闪烁电路

在 S7－1200 PLC 中，若要得到某些特定频率（如 10 Hz、5 Hz、2.5 Hz、2 Hz、1.25 Hz、1 Hz、0.625 HZ 和 0.5 Hz）且占空比为 50％的脉冲输出，可以采用时钟存储器字节。但要得到任意周期或任意占空比的脉冲输出，通常采用闪烁电路。

例 1 设某设备的启动按钮和停止按钮分别为 I0.0 和 I0.1。按下启动按钮，设备开始工作；工作时，为防止设备过热，要求设备每工作 4h 停止 1 h；按下停止按钮时，设备立即停止工作。请设计该设备的梯形图程序。

分析：由题意可知，该设备的工作过程如下。

（1）按下启动按钮 I0.0，设备开始工作，Q0.0 状态为“1”，并开始定时（定时时长为 4h）。

（2）定时结束后，Q0.0 输出状态为“0”，并开始定时（定时时长为 1 h）。

（3）定时结束后，设备重新开始工作。

（4）按下停止按钮，设备立即停止。

由此可绘制设备的工作时序图，如图 5-2 所示。

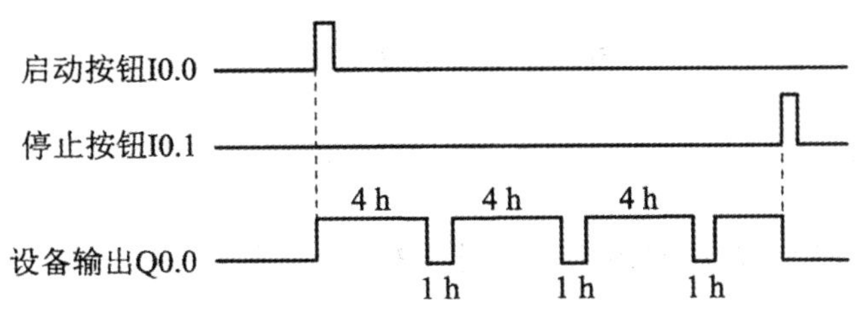

图 5-2 设备的工作时序图

该设备的梯形图程序设计思想如下。

(1) 用 TON 指令定时该设备的工作时长（T0）和停止工作时长（T1）。

(2) 将“T0”.Q 作为 T1 的输入，得到周期为 5 h（T0＋T1），占空比为 20%（$\frac{T1}{T0+T1}$）的闪烁电路。

根据以上分析设计设备的梯形图程序，如图 5-3 所示。

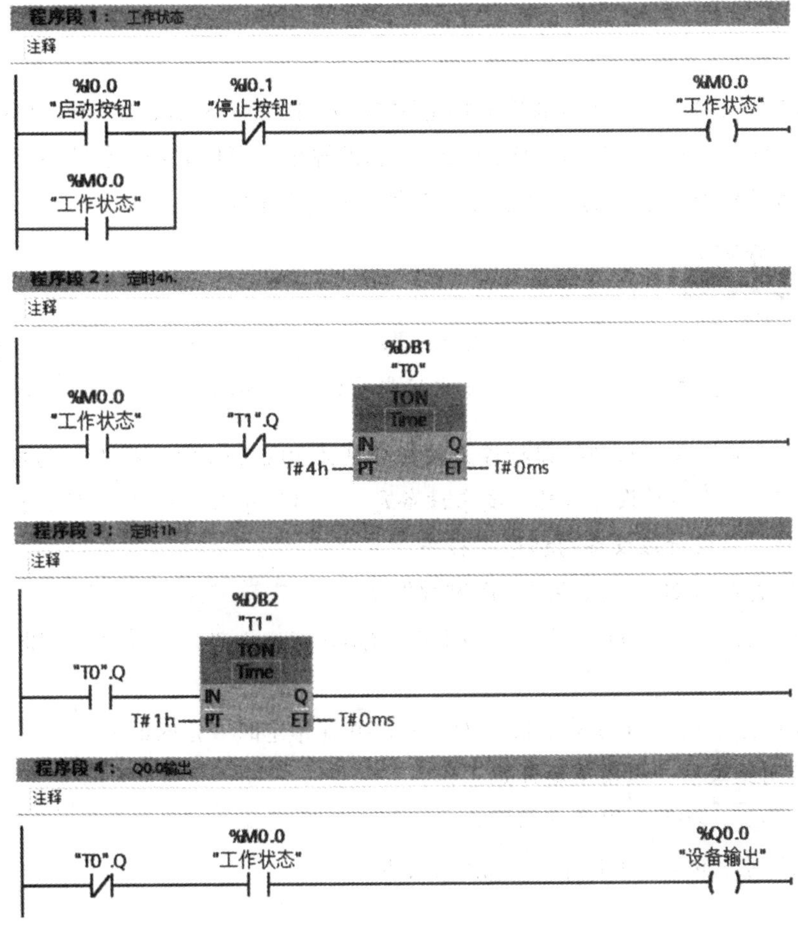

图 5-3 设备的梯形图程序

二、经验设计法

经验设计法是根据控制系统的具体要求，在一些典型电路（如启保停电路、闪烁电路、长延时电路等）的基础上，结合传统的继电器一接触器控制设计方法来设计梯形图程序。

这种方法没有普遍的规律可以遵循。因为设计所用的时间、设计的质量均与编程者的经验有很大的关系，所以人们把这种设计方法称为经验设计法。

例 2 如图 5-4 所示为运料小车的 PLC 硬件接线图，请设计运料小车的梯形图程序。

在图 5-4 中，SB1、SB2 分别为运料小车的启动按钮和停止按钮，SQ1、SQ2 为运料小车左右终点的行程开关。控制要求如下。

（1）按下启动按钮 SB1 后，运料小车在 SQ1 处装料，20 s 后装料结束，开始右行。

（2）当碰到 SQ2 后停下来卸料，20 s 后左行，碰到 SQ1 后又停下来装料。

（3）这样不停地循环工作，直到按下停止按钮 SB2。

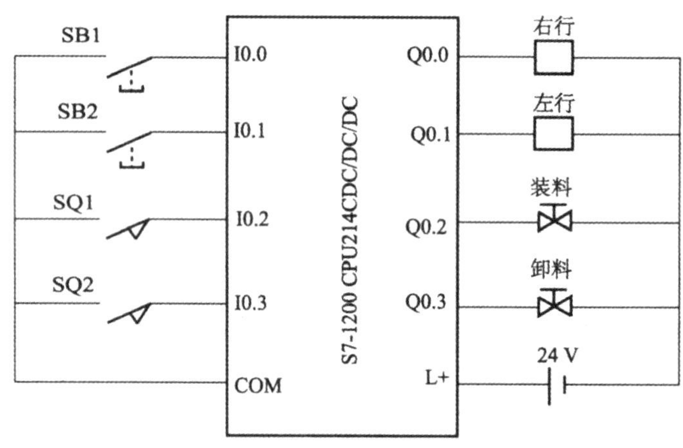

图 5-4 运料小车的 PLC 硬件接线图

分析： 该运料小车梯形图程序的设计思路如下。

（1）用 M0.0 存储运料小车的工作状态，用启保停电路控制：M0.0 的状态。

（2）用 TON 指令设置装料和卸料的时间。

（3）用启保停电路控制运料小车的左行和右行。

则该运料小车的梯形图程序如图 5-5 所示。

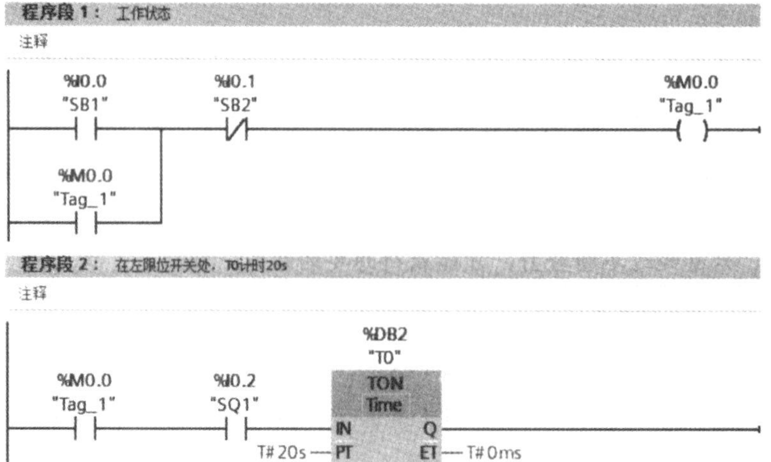

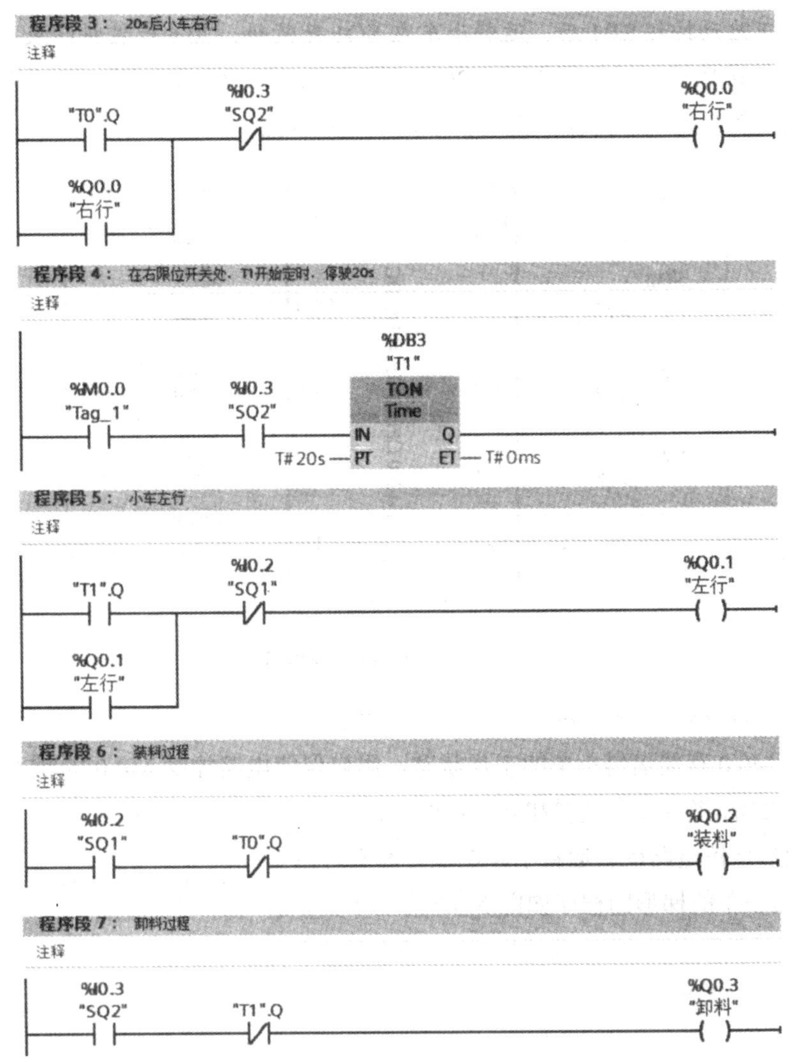

图 5-5　运料小车自动控制的梯形图程序

三、水塔水位控制系统的操作

（一）I/O 地址分配

根据工作过程分析，水塔水位控制系统的 I/0 地址分配表如表 5-1 所示。

表 5-1　水塔水位控制系统 UO 地址分配表

输入			输出		
元　件	I/O 地址	备　注	元　件	I/O 地址	备　注
S0	I0.0	总开关	Y	Q0.0	进水阀门
QS1	I0.1	水塔上水位传感器（S1）	M	Q0.1	供水电机
QS2	I0.2	水塔下水位传感器（S2）	HL	Q0.2	阀门故障指示灯
QS3	I0.3	水池上水位传感器（S3）			
QS4	I0.4	水池下水位传感器（S4）			

（二）硬件接线

根据表 5-1 绘出 PLC 的硬件接线图（见图 5-6），并按照接线图进行硬件接线。

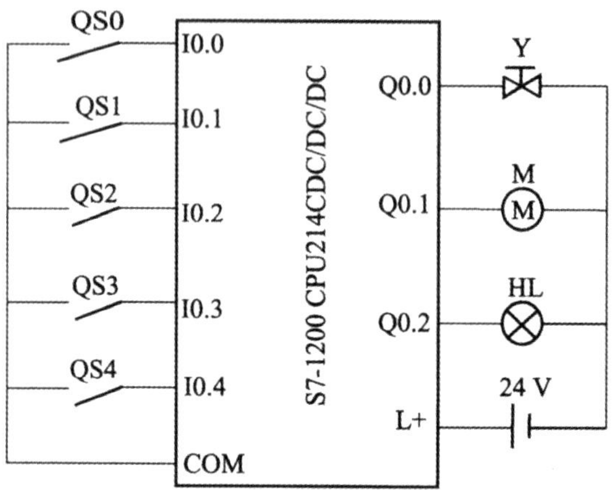

图 5-6　PLC 的硬件接件线图

（三）程序设计和调试

水塔水位控制系统的程序设计思路如下。

（1）用 TON 指令定义进水阀门的开启时间。

（2）用系统时钟存储器字节控制阀门故障指示灯 HL 的闪烁频率。

（3）用启保停电路控制进水阀门和电机的状态。据此设计水塔水位控制系统的梯形图程序如图 5-7 所示。

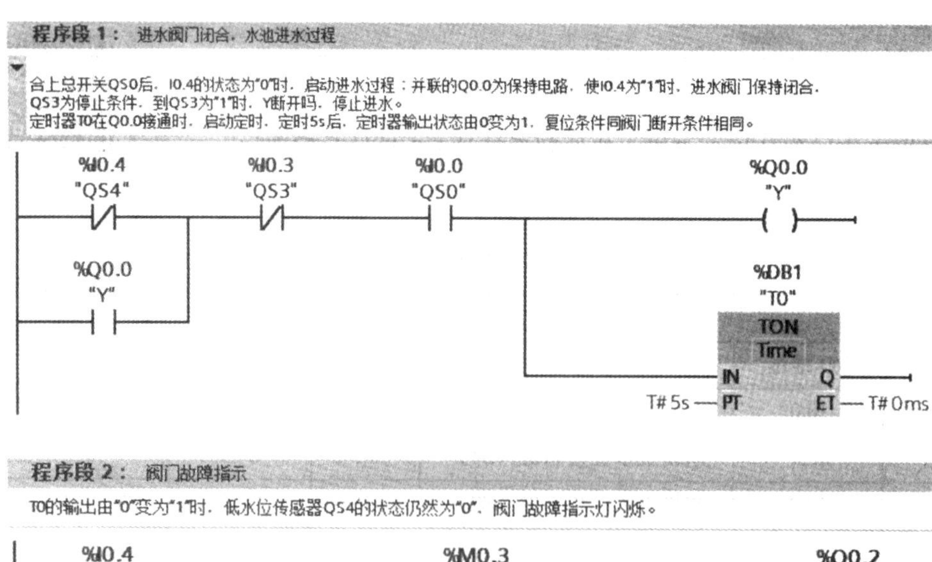

程序段 3： 由水池向水塔供水过程

电机M启动的条件是水池水位高于低水位（即I0.4的状态为"1"），且水塔水位低于低水位（即I0.2的状态为"0"）
结束的条件是水塔水位高于高水位界面（即I0.1的状态为"1"），或水池的水位低于低水位界面。

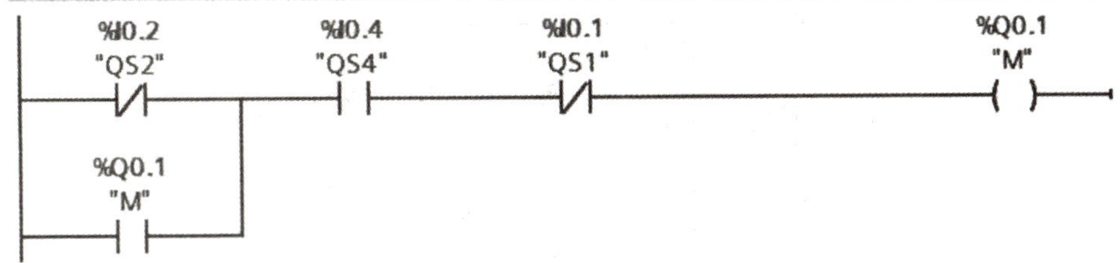

图 5-7　水塔水位控制系统的梯形图程序

水塔水位控制系统的程序设计与调试步骤如下。

步骤 1　完成项目创建和组态设备选择，将项目命名为“项目五任务一”。

步骤 2　按照图 5-8 所示，设置 PLC 的变量。

步骤 3　输入图 5-7 所示梯形图程序。

步骤 4　编译并下载程序。

步骤 5　合上总开关 QS0 后，改变 QS1～QS4 的状态，观察并分析 Y、M 和 HL 的工作状态。

PLC 变量

	名称	变量表	数据类型	地址	保持	可从...	从 H...
1	QS1	默认变量表	Bool	%I0.1	☐	☑	☑
2	QS2	默认变量表	Bool	%I0.2	☐	☑	☑
3	QS3	默认变量表	Bool	%I0.3	☐	☑	☑
4	QS4	默认变量表	Bool	%I0.4	☐	☑	☑
5	QS0	默认变量表	Bool	%I0.0	☐	☑	☑
6	Y	默认变量表	Bool	%Q0.0	☐	☑	☑
7	M	默认变量表	Bool	%Q0.1	☐	☑	☑
8	HL	默认变量表	Bool	%Q0.2	☐	☑	☑
9	Clock_Byte	默认变量表	Byte	%MB0	☐	☑	☑
10	Clock_10Hz	默认变量表	Bool	%M0.0	☐	☑	☑
11	Clock_5Hz	默认变量表	Bool	%M0.1	☐	☑	☑
12	Clock_2.5Hz	默认变量表	Bool	%M0.2	☐	☑	☑
13	Clock_2Hz	默认变量表	Bool	%M0.3	☐	☑	☑
14	Clock_1.25Hz	默认变量表	Bool	%M0.4	☐	☑	☑
15	Clock_1Hz	默认变量表	Bool	%M0.5	☐	☑	☑
16	Clock_0.625Hz	默认变量表	Bool	%M0.6	☐	☑	☑
17	Clock_0.5Hz	默认变量表	Bool	%M0.7	☐	☑	☑

图 5-8　设置 PLC 的变量

提　示

低液位传感器的状态为“0”时，高液位传感器的状态一定为“0”；同理，高液位传感器的状态为“1”时，低液位传感器的状态也一定为“1”。

任务二 设计自动配料模拟系统

一、顺序设计法

顺序控制系统是指按照生产工艺预先规定的顺序，在输入信号的作用下，各个执行机构根据内部状态和时间变化，自动有序地运行的数字量控制系统。顺序控制系统，如十字路口交通灯、机械手、生产流水线等，均有着严格的顺序控制要求。

设计顺序控制系统时，常采用顺序设计方法。顺序设计方法的主要步骤如下。

（1）将控制系统的一个周期划分为若干顺序相连的阶段（步）。

（2）用编程元件代表各个阶段（如 M），并利用转换条件控制代表各步的编程元件。

（3）用编程元件控制 PLC 的各输出位。

二、顺序功能图

1. 顺序功能图的组成要素

顺序设计法常用的工具是顺序功能图。它是描述顺序控制常用的一种图形，主要由步、动作、有向连线、转换和转换条件组成，如图 5-9 所示。

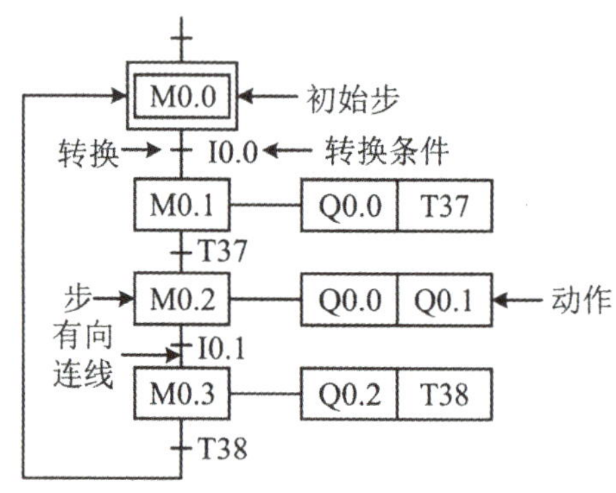

图 5-9 顺序功能图

（1）步：根据输出量的状态变化而划分的阶段。在每一步中，代表各步的编程元件的状态与该步输出量的状态之间有着简单的逻辑关系。在任何一步之内，各输出量的状态不变，但相邻两步输出量的状态不能完全相同。系统初始状态对应的步称为初始步。初始步是系统等待启动时相对静止的阶段，一般没有输出，通常在首次扫描时启动。每个顺序功能图都必须有初始步，通常用双线框表示。当系统正处于某一步所在的阶段时，该步处于活动状态，称为活动步。

（2）动作：每一步对应的输出（如 Q0.0）或命令（如复位 Q0.0）。当系统处于活动步时，相应的动作被执行；当系统处于不活动步时，相应的动作停止。

(3) 有向连线：在顺序功能图中，用来标注步的进展方向的连线。步的活动状态默认的推进方向是从上到下或从左到右，因此这两个方向有向连线的箭头可以省略，其他方向有向连线的箭头不能省略。

(4) 转换和转换条件：通常用与有向连线垂直的短画线表示转换，主要目的是间隔相邻两步；转换条件是当前步向下一步转换时需要满足的条件，转换条件常标在短画线旁。转换条件可以是单个信号电平或多个信号电平的逻辑组合，也可以是信号的上升沿（↑）或下降沿（↓）。

2. 顺序功能图的结构

根据活动步进展的不同情况，顺序功能图可为单序列、选择序列和并行序列 3 种基本结构。

如图 5-10（a）所示，单序列是最基础和简单的结构，它由一系列相继激活的步组成，每一步的后面仅有一个转换，每一个转换的后面也只有一步。

如图 5-10（b）所示，在一个活动步之后，紧接着有几个后续步可供选择的结构形式称为选择序列。选择序列的开始称为分支，由于各分支的转换条件不同，因此只能标在水平线之内，选择序列的结束称为合并，只要选择序列的有一个结束步为活动步，就可以激活合并步。

例如，在图 5-10（b）中，当步 1 处于活动步时，若 I0.1 的状态为“1”，则激活步 2；若 I0.4 的状态为“1”，则激活步 4；若 I0.7 的状态为“1”，则激活步 7。

又如，若步 3 为活动步且 I0.3 的状态为“1”，或步 5 为活动步且 I0.6 的状态为“1”，又或步 7 为活动步且 11.1 的状态为“1”，则激活步 8。

如图 5-10（c）所示，一个活动步之后，紧接着有几个后续步同时被激活的结构形式称为并行序列。并行序列的开始称为分支，各分支共用一个转换条件，即转换条件满足时，各个分支同时被激活；并行序列的结束称为合并，只有并行序列的结束步全部为活动步，才能激活合并步。

例如，在图 5-10（C）中，若步 2 处于活动步且 I0.1 的状态为“1”，则同时激活步 3、步 5 和步 7：若步 4、步 6 与步 7 同时处于活动步且 10.4 的状态为“1”，则激活步 8。只要步 4、步 6 与步 7 中有一个为非活动步，均不能激活步 8。

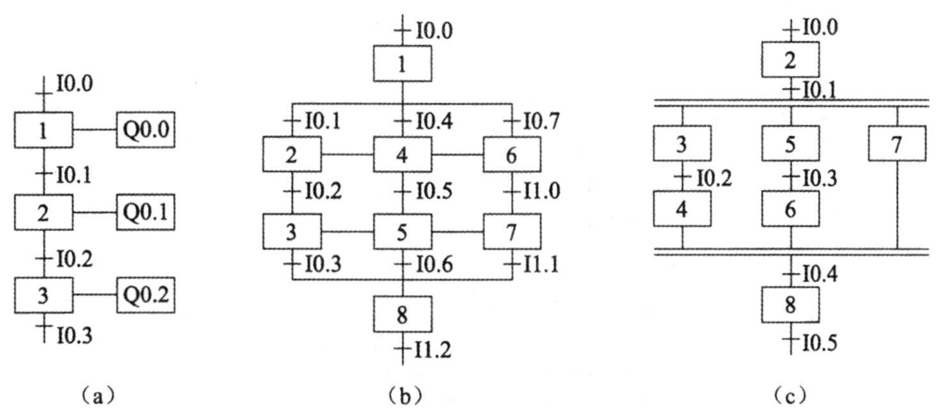

图 5-10　单序列、选择序列和并行序列

(a) 单序列 (b) 选择序列 (c) 并行序列

提 示

在绘制顺序功能图时，需要注意以下几点：①两个步不能直接相连，必须用转换将它们隔开；②两个转换之间也不能直接相连，必须用步将它们隔开；⑧顺序功能图中的初始步一般对应于系统的初始状态，这一步没有输出，却足顺序功能图必须有的。

例 3 如图 5-11 所示为某锅炉风机控制系统的波形图，请绘制出该锅炉风机控制系统的顺序功能图。

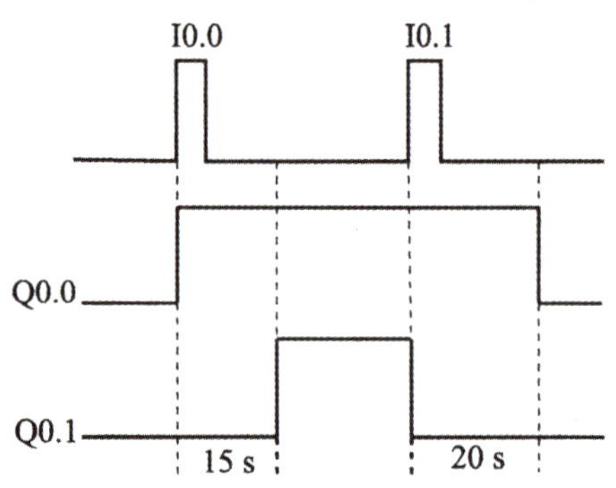

图 5-11 某锅炉风机控制系统的波形图

分析：锅炉风机控制系统的设计思路如下。

(1) 根据 Q0.0 和 Q0.1 接通/断开状态的变化，划分风机的工作步骤。风机工作期间可以分为 4 步，即 M0.1、M0.2、M0.3 及 M0.0（初始步）。

(2) 判断转换和转换条件。初始步 M0.0 的激活条件是首次扫描（设置系统时钟存储器字节）；由 M0.0 向 M0.1 转换的条件为 I0.0 的状态为“1”；由 M0.1 向 M0.2 转换的条件为 T0 定时结束（15 s）；M0.2 向 M0.3 转换的条件为 I0.1 的状态为“1”。

(3) 判断步中的动作。初始步 M0.0 无输出，步 M0.1 的输出为 Q0.0，步 M0.2 的输出为 Q0.0 和 Q0.1，步 M0.3 的输出为 Q0.0。

故该锅炉风机控制系统的顺序功能图如图 5-12 所示。

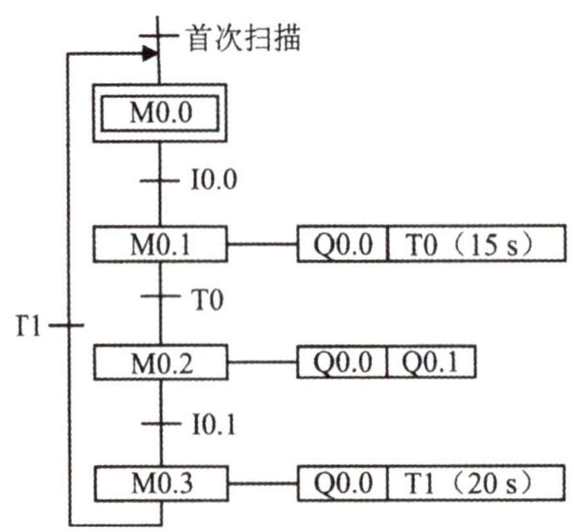

图 5-12 某锅炉风机控制系统的顺序功能图

三、顺序功能图转换为梯形图程序

由于 S7－1200 PLC 没有配备顺序功能图语言，因此必须转换为梯形图程序或功能块图才能被执行。这里以转换为梯形图程序为例介绍顺序功能图的转换方法。

在顺序功能图中，步的活动状态（M 的状态）是通过转换得到的，转换的实现必须同时满足 3 个条件：①该转换所有的前级步为活动步；②相应的转换条件得到满足；③后续活动步为非活动步。

因此，线圈输出 M 的条件是前级步的状态为“1”且满足转换条件。将顺序功能图转换为梯形图程序时，应先用输出指令得到 M，再用 M 去控制输出信号（动作）。

1. 单序列的转换

例 4　将图 5-12 所示的顺序功能图转换成梯形图程序。

分析：将顺序功能图转换为梯形图程序的主要思想如下。

(1) 将步的转换条件作为梯形图程序的输入，步作为线圈输出，采用启保停电路表达转换、转换条件及步之间的逻辑关系。其中前一步和转换条件串联为该步的启动条件，后一步为该步的停止条件。

(2) 将步与动作之间的逻辑关系用梯形图程序表达出来。将步作为输入，动作作输出。

故将图 5-12 所示的顺序功能图转换为梯形图程序如图 5-13 所示。

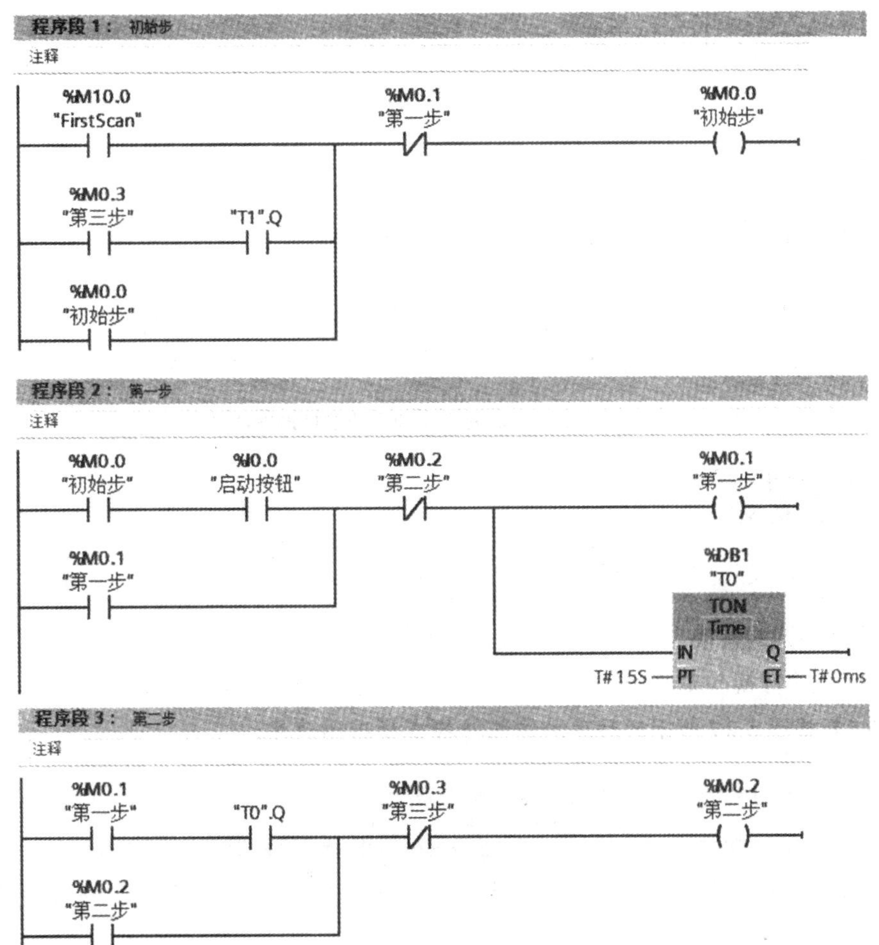

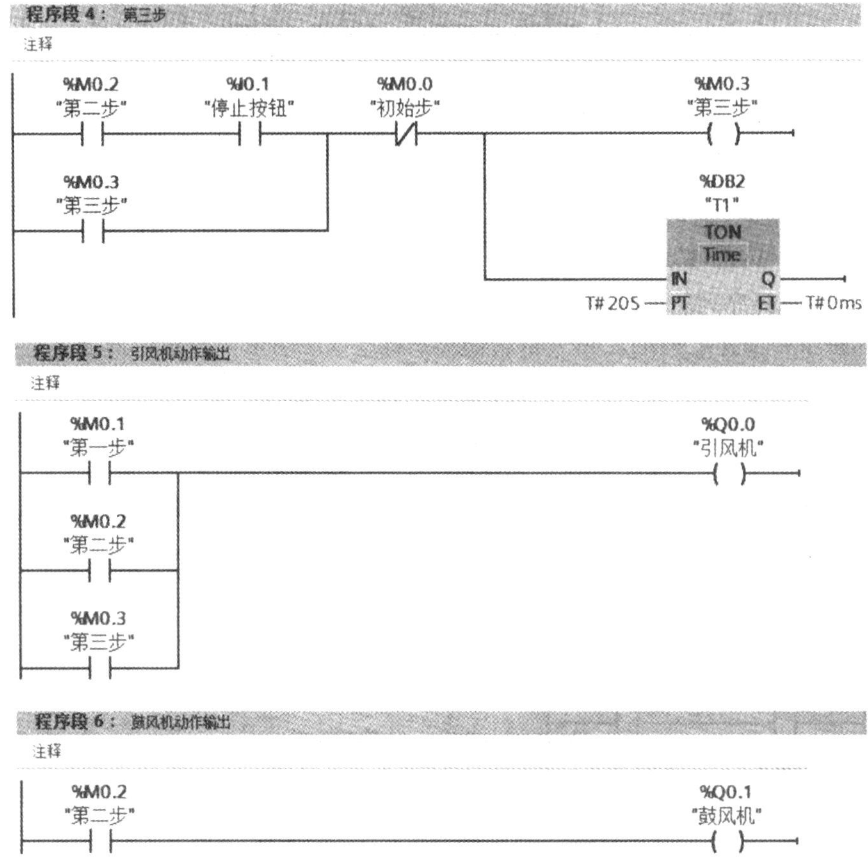

图 5-13　锅炉风机控制系统的梯形图程序

2. 选择序列的转换

选择序列的转换与单序列的转换类似，重点要注意选择序列分支和合并。

例 5　将图 5-14 所示的顺序功能图转换成梯形图程序。

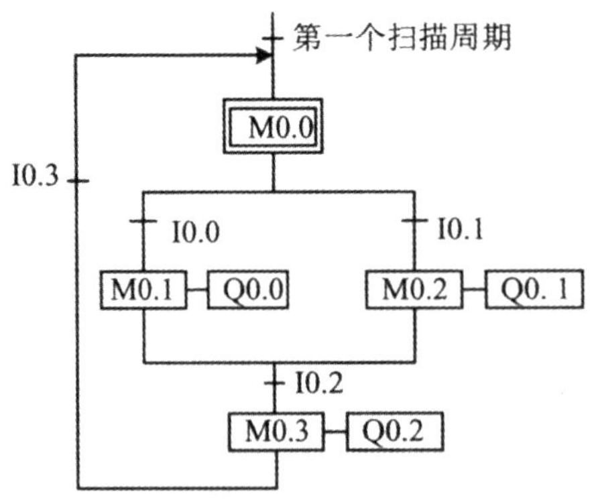

图 5-14　选择系列的顺序功能图

分析：将选择序列的顺序功能图转换为梯形图程序时，主要考虑以下两方面。

（1）不是分支开始和分支结束的步，转换方法和单序列转换方法相同。

（2）由于各分支的条件不同，需要分开写；分支合并时，应将各分支的转换条件并联后作为分支合并的开始条件。

故将选择序列的顺序功能图转换为梯形图程序如图 5-15 所示。

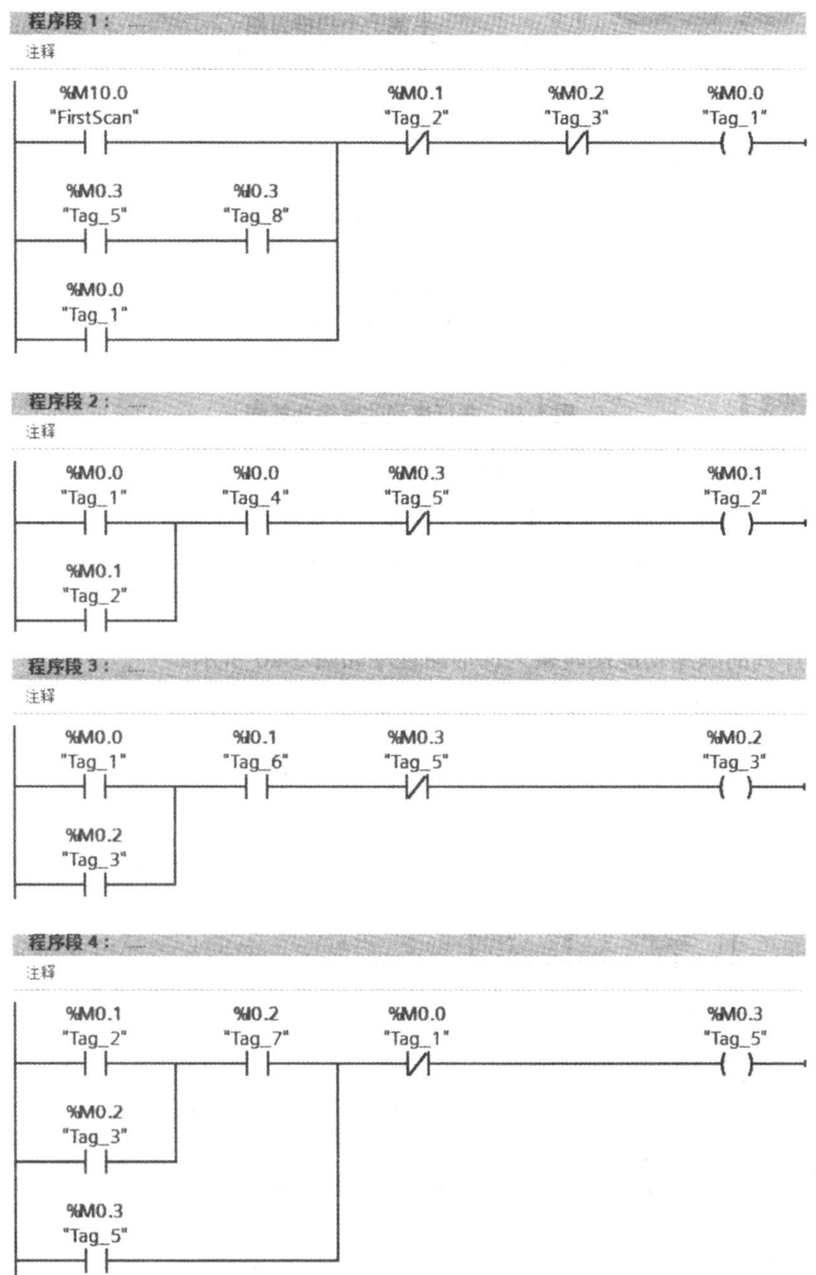

图 5-15　选择序列的梯形图程序

3. 并行序列的转换

并行序列的转换与选择序列的转换类似，不同的是并行序列的分支开始条件只有一个，且各分支同时开始；分支结束，所有分支均执行完毕且满足转换条件，才能激活后续步。

例 6　将图 5-16 所示的顺序功能图转换成梯形图程序。

分析：并行序列的顺序功能图转换为梯形图程序时，主要考虑以下两方面。

（1）不是分支开始和分支结束的步，转换方法同单序列转换方法相同。

（2）各分支的开始条件相同，可以写在同一个程序段中；分支合并时，应将各分支的转换条件串联后作为分支合并的开始条件。

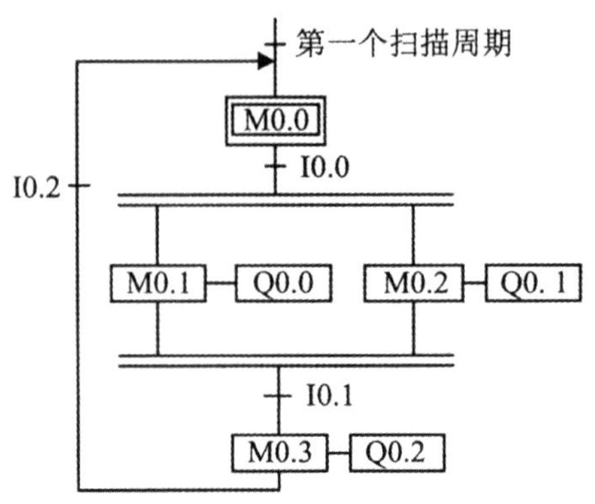

图 5-16　并行序列的顺序功能图

故并行序列的顺序功能图转换为梯形图程序如图 5-17 所示。

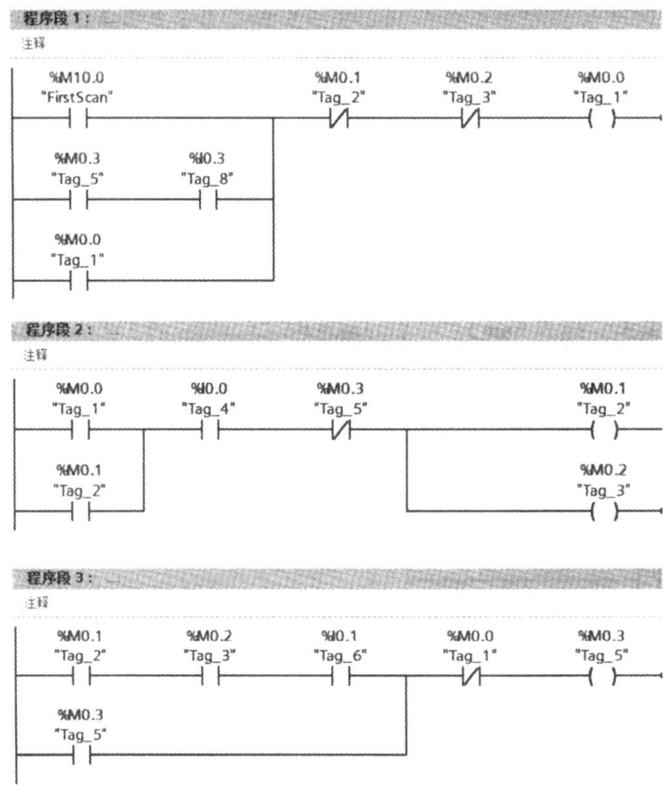

图 5-17　并行序列的梯形图程序

四、自动配料模拟系统的操作

（一）I/O 地址分配

根据控制要求和任务分析，自动配料模拟系统的 I/O 地址分配表如表 5-2 所示。

表 5-2　自动配料模拟系统的 I/O 地址分配表

输　入			输　出		
备　注	元　件	I/O 地址	备　注	元　件	I/O 地址
SB1	10.0	启动按钮	D1	Q0.0	出料阀指示
SB2	I0.1	停止按钮	D2	Q0.1	进料阀指示
S1	I0.2	物位传感器	L1	Q0.2	汽车装料指示
SQ1	I0.3	限位开关 1	L2	Q0.3	汽车装料完毕指示
SQ2	I0.4	限位开关 2	KM1	Q0.4	M1
			KM2	Q0.5	M2
			KM3	Q0.6	M3
			KM4	Q0.7	M4

(二) 硬件接线

根据表 5-2 所示绘出 PLC 的硬件接线图（见图 5-18），并按照接线图完成接线。

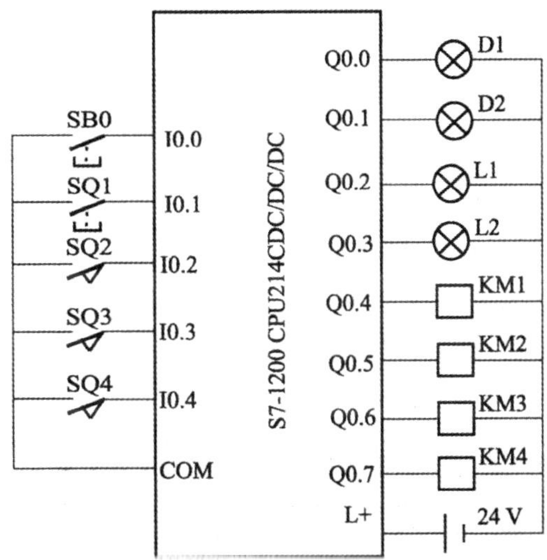

图 5-18　PLC 的硬件接线图

(三) 程序设计和调试

根据自动配料模拟系统的工作过程绘制顺序功能图的思路如下。

(1) 设置系统存储器字节。

(2) 根据自动配料模拟系统中输出信号的状态划分步。根据其工作流程图可知，自动配料模拟系统可划分为 14 步，记为 M0.0～M0.7、. M1.0～M1.5。

(3) 判断转换和转换条件。根据系统输入信号的条件和时间顺序，将步的转换标记在转换（短画线）旁。

(4) 判断每一步的动作，根据自动配料模拟系统中输出信号的状态，使每一步对应若干信号输出或指令（如复位、置位和定时器等）。

故自动配料模拟系统的顺序功能图如图 5-19 所示。

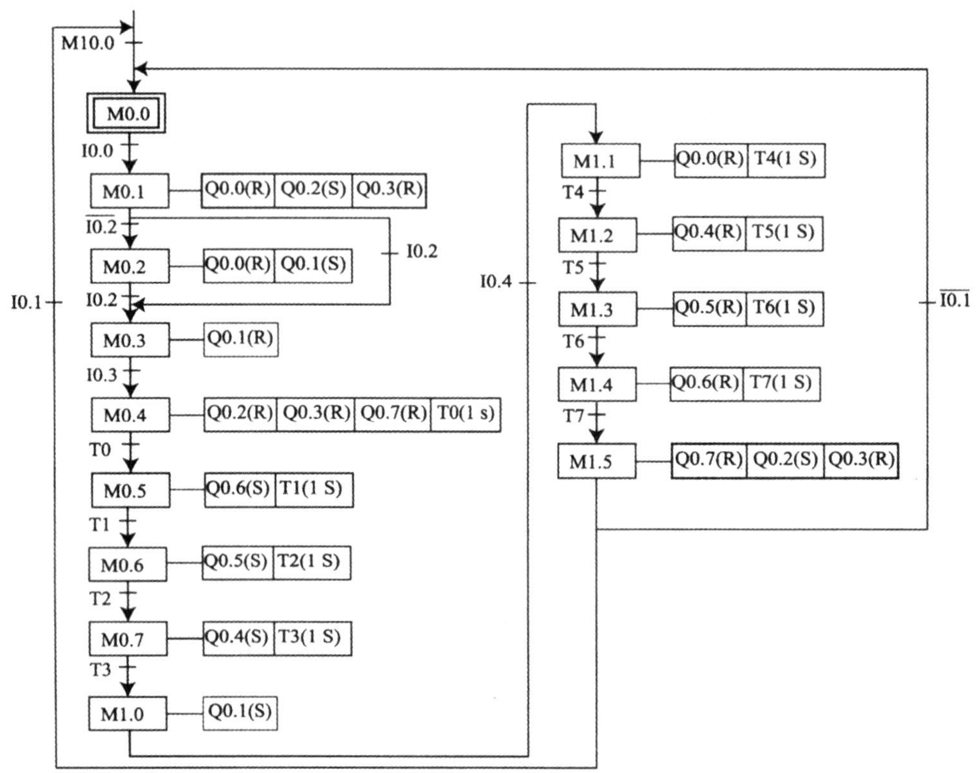

图 5-19　自动配料模拟系统的顺序功能图

自动配料模拟系统的程序设计与调试步骤如下。

步骤 1　完成项目创建和组态设备选择，将项目命名为“项目五任务二”。

步骤 2　按照图 5-20 所示，设置 PLC 的变量。

PLC 变量

名称	变量表	数据类型	地址	保持	可从...	从 H...	在 H...	注释
SB1	默认变量表	Bool	%I0.0	☐	☑	☑	☑	
SB2	默认变量表	Bool	%I0.1	☐	☑	☑	☑	
S1	默认变量表	Bool	%I0.2	☐	☑	☑	☑	
SQ1	默认变量表	Bool	%I0.3	☐	☑	☑	☑	
SQ2	默认变量表	Bool	%I0.4	☐	☑	☑	☑	
D1	默认变量表	Bool	%Q0.0	☐	☑	☑	☑	
D2	默认变量表	Bool	%Q0.1	☐	☑	☑	☑	
L1	默认变量表	Bool	%Q0.2	☐	☑	☑	☑	
L2	默认变量表	Bool	%Q0.3	☐	☑	☑	☑	
KM1	默认变量表	Bool	%Q0.4	☐	☑	☑	☑	
KM2	默认变量表	Bool	%Q0.5	☐	☑	☑	☑	
KM3	默认变量表	Bool	%Q0.6	☐	☑	☑	☑	
KM4	默认变量表	Bool	%Q0.7	☐	☑	☑	☑	

图 5-20　设置 PLC 的变量

步骤 3　根据自动配料模拟系统的顺序功能图设计梯形图程序，部分参考程序如图 5-21 所示。

步骤 4　编译并下载程序。

步骤 5　按照自动配料模拟系统的工作过程，改变输入信号的状态，观察并分析输出信号的工作状态。

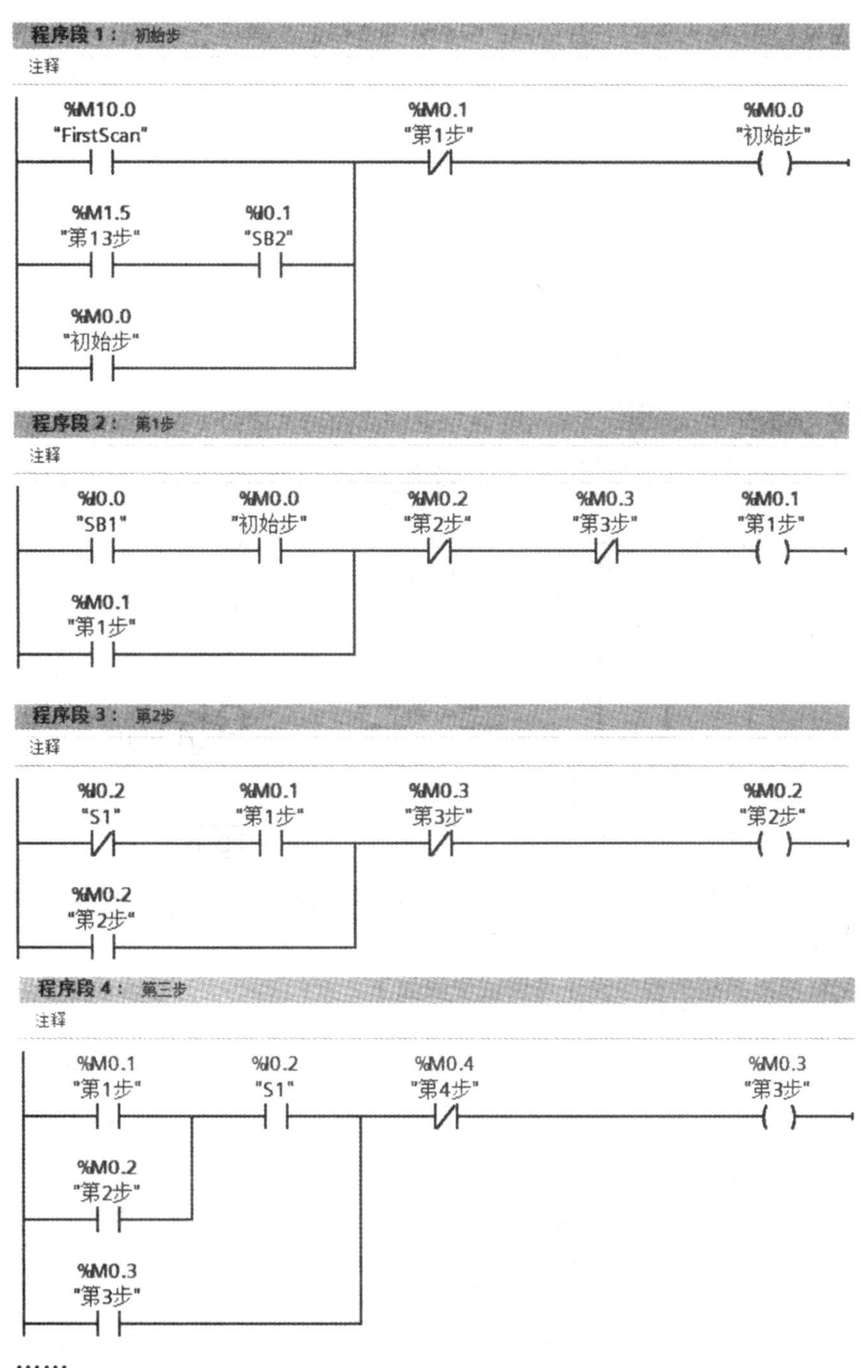

图 5-21　自动配料模拟系统的部分参考程序

任务三　设计搬运机械手模拟系统

运动控制是指通过伺服机构（如电机、液压泵或线性执行机等）来控制机器的位置或速度，是电气控制的一个分支。

S7－1200 PLC 能够完成运动控制的基础是它集成了高速计数器和高速脉冲输出。CPU 输出高速脉冲和方向信号并送至电机的驱动设备，驱动设备将该信号处理后传送给电机，从而控制电机运动到指定位置。

本次任务将采用运动控制指令控制搬运机械手的位置，以完成机械手的上升、下降、左移、右移运动。

一、高速计数器

由于普通计数器不能检测到频率高于扫描频率的脉冲，PLC 常采用高速计数器来检测高频率的脉冲。S7－1200 PLC 集成了最多 6 个高速计数器（HSC1～HSC6）。

1. 高速计数器的组态

使用高速计数器前，首先要对高速计数器进行组态，即启用高速计数功能。组态步骤如下。

步骤 1　在“CPU 属性”窗口区中，选择“常规”→“高速计数器”→“HSC1”选项，在“常规”组中，勾选“启用该高速计数器”复选框，在“名称”编辑框中输入“HSC _ 1”，如图 5-22 所示。

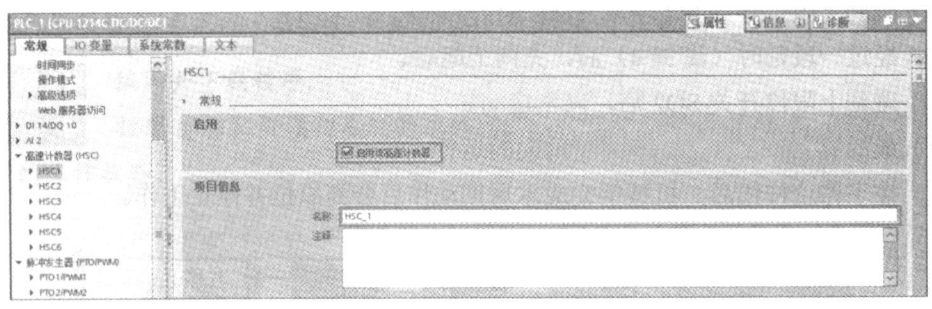

图 5-22　启用高速计数器

步骤 2　在“功能”组中，分别在“计数类型”、“工作模式”、“计数方向取决于”和“初始计数方向”4 个列表框中选择“计数”、“单相”、“用户程序（内部方向控制）”和“加计数”选项，如图 5-23 所示。

图 5-23　设置高速计数器的功能

步骤 3　在“初始值”组中，分别在“初始计数器值”、“初始参考值”、“初始参考值 2”、“初始值上限”和“初始值下限”的编辑框中输入所对应的数值，如图 5-24 所示。

步骤 4　在“同时输入”组中，勾选“使用外部同步输入”复选框，并在“同步输入的信号电平”列表框中选择“高电平有效”选项，如图 5-25 所示。

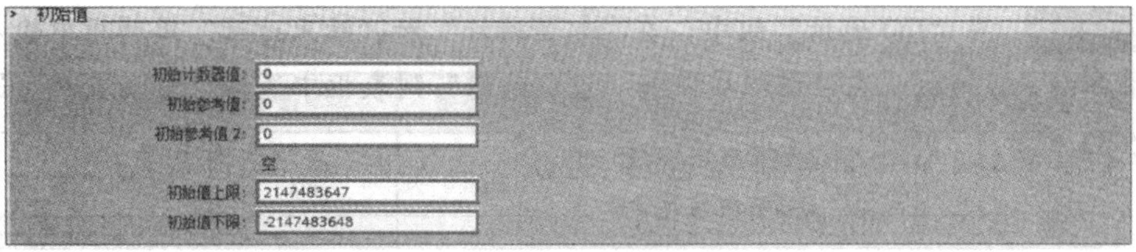

图 5-24　设置初始值

图 5-25　设置同步输入

步骤 5　按照步骤 4 的方法，设置“捕捉输入”、“门输入”和“比较输出”，如图 5-26 所示。

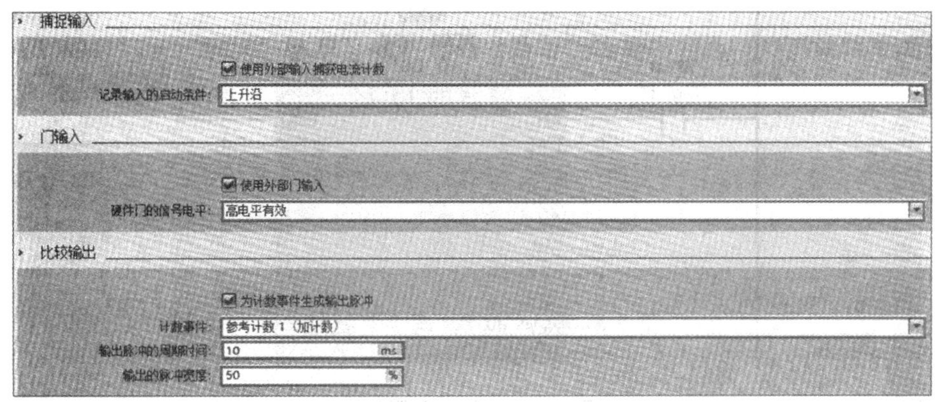

图 5-26　设置捕捉输入、门输入和比较输出

步骤 6　在“事件组态”栏中，勾选“为计数器值等于参考值这一事件生成中断”和“为同步事件生成中断”两个复选框，如图 5-27 所示。

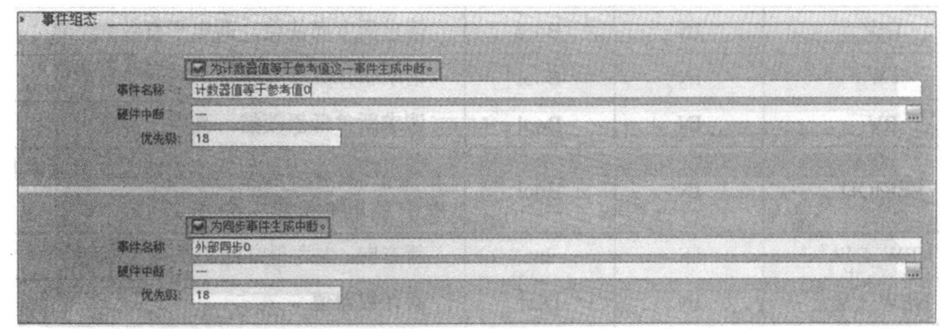

图 5-27　设置事件组态

步骤 7　在“I/O 地址”组中，在“起始地址”和“结束地址”编辑框中输入起始位地址和结束位地址，在“组织块”和“过程映像”列表框中选择“自动更新”选项，如图 5-28

所示。

图 5-28　设置 I/O 地址

2. 高速计数器指令

高速计数器组态完成后，便可在程序中使用高速计数器指令，如图 5-29 所示。高速计数器指令的参数功能如表 5-3 所示。

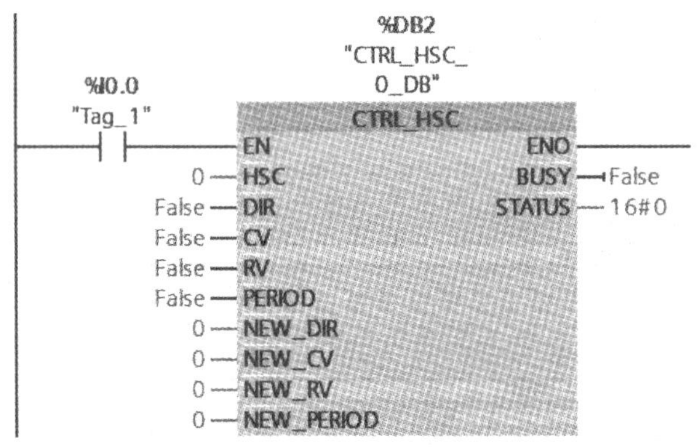

图 5-29　高速计数器指令

表 5-3　高速计数器指令的参数功能

参　数	参数类型	数据类型	说　明
HSC	m	HW _ HSC	高速计数器的硬件标识符
DIR	IN	Bool	请求新方向使能，高电平有效
CV	IN	Bool	请求新计数器值使能，高电平有效
RV	IN	Bool	请求新参考值使能，高电平有效
PERIOD	IN	Bool	请求新频率测量周期值使能（仅限频率测量模式），高电平有效
NEW _ DIR	IN	Int	新方向，1 为正方向，－1 为负方向
NEWCV	IN	DInt	新计数器值
NEWRV	IN	DInt	新参考值
NEW _ PERIOD	IN	Int	新频率测量周期值，1 s、0.1 s 和 0.01 s（仅限频率测量模式）
BUSY	OUT	Bool	功能忙
STATUS	OUT	Word	执行条件代码

二、高速脉冲输出

S7－1200 PLC 的高速脉冲输出包括脉冲串输出 PTO 和脉冲调制输出 PWM 两种模式。PTO 可以输出一串脉冲（占空比为 50%），用户可以设置脉冲的周期和个数：PWM 可以输出连续的、占空比可以调制的脉冲串，用户可以设置脉冲的周期和脉宽（脉冲宽度）。设置脉冲输出的方法如下。

步骤 1　在“CPU 属性”窗口区中，选择“常规”—“脉冲发生器（PTO/PWM）”—“PTO1/PWM1”—“常规”选项，在右侧的“启用”选项中勾选“启用该脉冲发生器”复选框，在“名称”编辑框中输入“脉冲输出”，如图 5-30 所示。

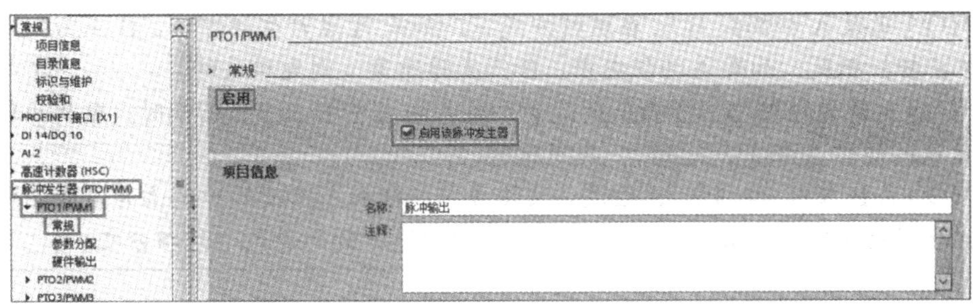

图 5-30　设置脉冲发生器的名称

步骤 2　在“脉冲选项”中，在“信号类型”列表框中选择“PTO（脉冲 A 和方向 B）”选项，如图 5-31 所示。

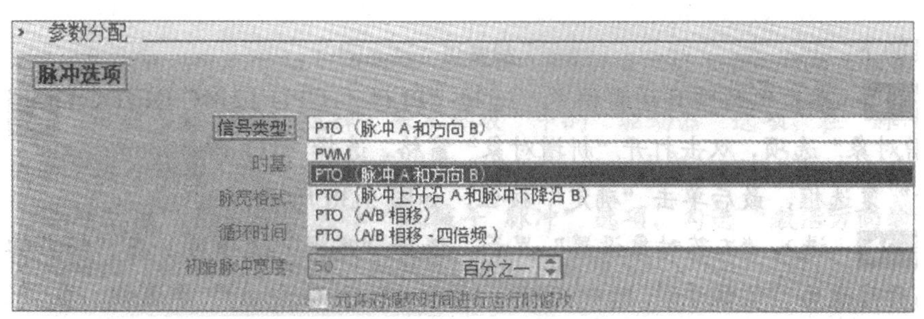

图 5-31　选择脉冲输出的信号类型

步骤 3　在“硬件输出”组中，勾选“启用方向输出”复选框，并在“脉冲输出”和“方向输出”列表框中选择硬件输出地址，如图 5-32 所示。

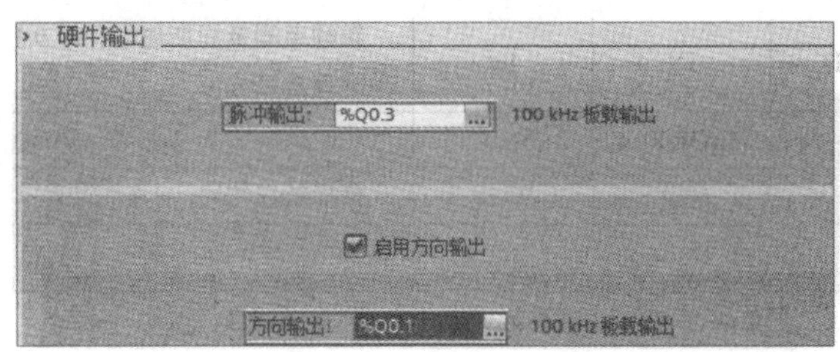

图 5-32　选择硬件输出的地址

提 示

脉冲串输出有 PTO（脉冲 A 和方向 B）、PT0（正数 A 和倒数 B）、PT0（A/B 相移）和 PTO（A/B 相移一四倍频）4 种类型。

PTO（脉冲 A 和方向 B）：比较常见的“脉冲＋方向”方式，其中 A 点用来产生高速脉冲串，B 点用来控制轴运动的方向。

PTO（正数 A 和倒数 B）：在这种方式下，如果 A 点产生脉冲串、B 点为低电平，则电机正转；相反，如果 A 为低电平、B 产生脉冲串，则电机反转。

PTO（A/B 相移）：A、B 为正交信号，当 A 相超前 B 相 1/4 周期时，电机正转；相反，当 B 相超前 A 相 1/4 周期时，电机反转。

PTO（A/B 相移一四倍频）：检测正交信号 A、B 两个输出脉冲的上升沿和下降沿。一个脉冲周期有四沿两相（A 和 B），因此输出的脉冲频率会减小到四分之一。

三、运动控制参数设置

S7－1200 PLC 在运动控制中使用了轴（模拟电机中的轴）的概念，通过对轴的组态（包括设置硬件接口、位置定义、动态特性、机械特性等），实现绝对位置控制、相对位置控制、点动控制、速度控制、转速控制和自动寻找参考点等功能。设置运动控制参数即轴组态的步骤如下。

步骤 1　在左侧的项目树窗格中，选择“PLC 1［CPU 1214C DC/DC/DC］”“工艺对象”“新增对象”选项，双击打开“新增对象”窗格，选择“TO－PositioningAxis”，勾选“新增并打开”复选框，最后单击“确定”按钮，如图 5-33 所示。

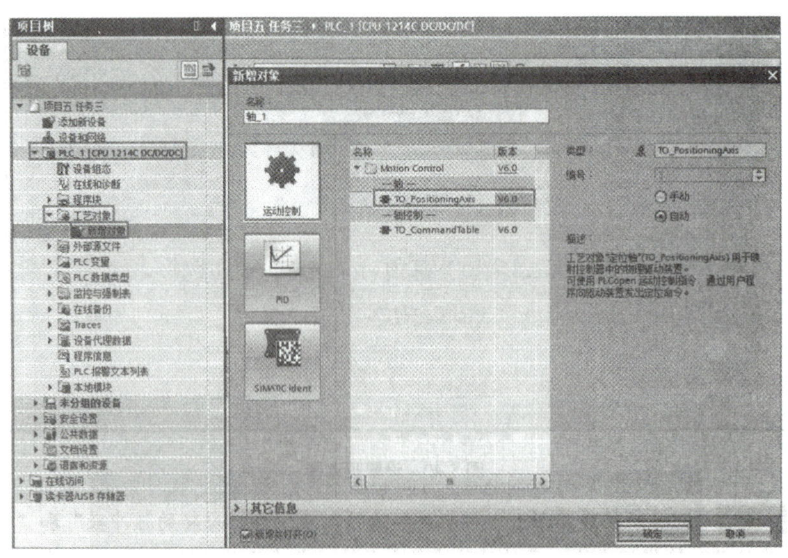

图 5-33　新增工艺对象

步骤 2　进入“工艺对象设置”界面，选择“常规”选项后，在“轴名称”编辑框中将轴名称修改为“机械手”，选中“PTO（Pulse Train Output）”单选钮，在“位置单位”列表框中选择“mm”选项，如图 5-34 所示。

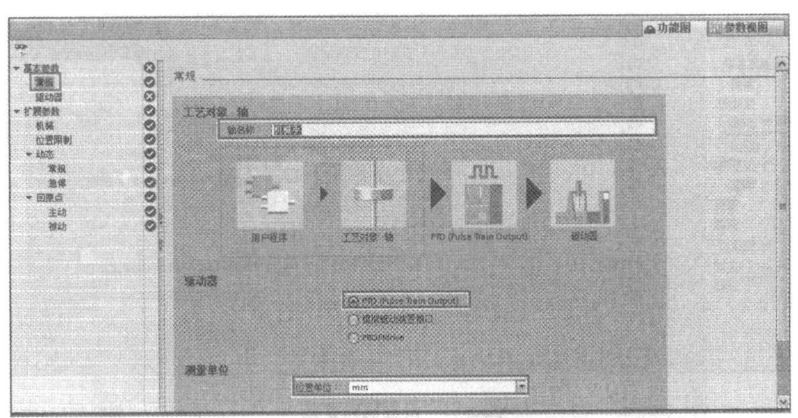

图 5-34　设置轴的参数

步骤 3　如图 5-35 所示，选择“基本参数”中的“驱动器”选项，在“脉冲发生器”列表框中选择“脉冲输出”选项，在“信号类型”列表框中选择“PTO（脉冲 A 和方向 B）”选项，在“脉冲输出”列表框中选择“机械手 _ 脉冲”选项，勾选“激活方向输出”复选框，在“方向输出”列表框中选择“机械手 _ 方向”选项。

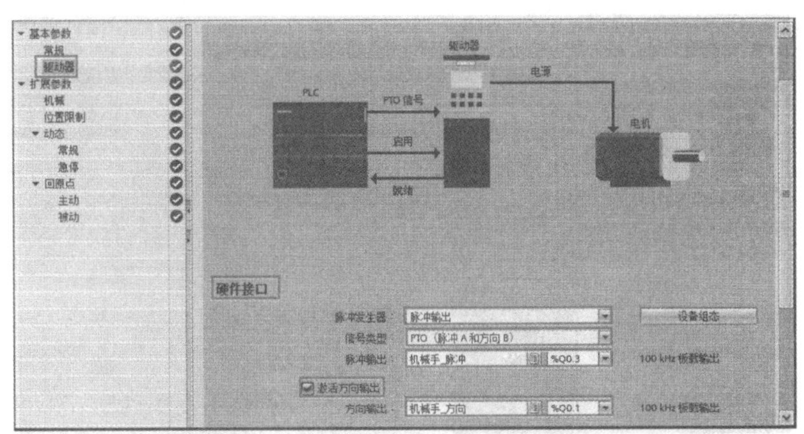

图 5-35　设置驱动器

步骤 4　选择“扩展参数”→“机械”选项，在“电机每转的脉冲数”和“电机每转的负载位移”编辑框中输入每转的脉冲数和每转的负载位移（根据驱动器的参数和实际机械位移来设置），如图 5-36 所示。

步骤 5　选择“位置限制”选项，勾选“启动硬限位开关”复选框，根据传感器信号类型，在“硬件下限位开关输入”和“硬件上限开关输入”列表框中选择相应选项，并在“选择电平”列表框申分别选择“高电平”和“低电平”，如图 5-37 所示。

步骤 6　选择“动态”→“常规”选项，在“速度限值的单位”列表框申选择“mm/s”选项，并根据电机转速和驱动器参数在“最大转速”和“启动/停止速度”编辑框中设置最大转速和启动/停止速度，如图 5-38 所示。

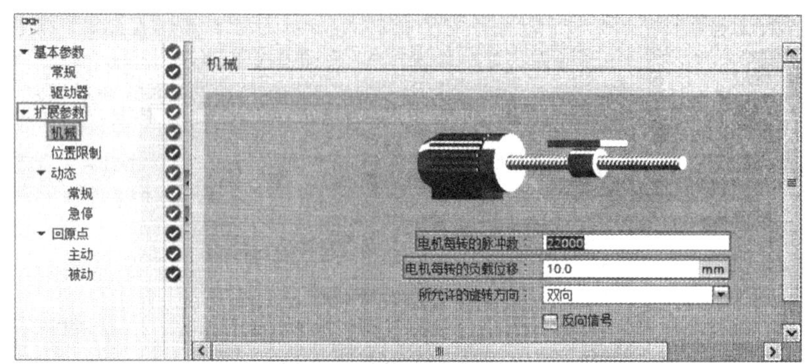

图 5-36　设置机械参数

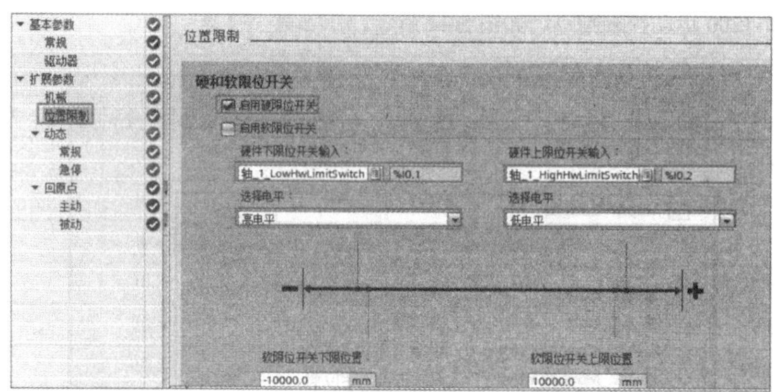

图 5-37　设置硬件限位开关

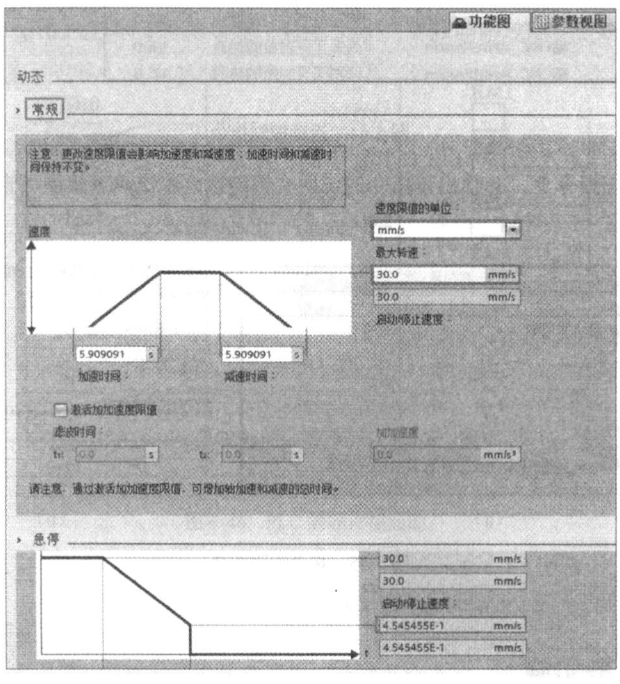

图 5-38　设置速度限值

四、运动控制指令

运动控制指令使用相关工艺数据块、PTO 和工艺指令实现对运动控制信号的处理和监视。

在程序界面的右侧，打开“指令”→“工艺”→“Motion Control”文件夹，可以看到所有的 S7－1200 运动控制指令，如图 5-39 所示。

名称	描述	版本
▸ 工艺		
▸ 计数		V1.1
▸ PID 控制		
▾ Motion Control		V6.0
MC_Power	启动禁用轴	V6.0
MC_Reset	确认错误，重新启动...	V6.0
MC_Home	归位轴，设置起始位置	V6.0
MC_Halt	暂停轴	V6.0
MC_MoveAbsolute	以绝对方式定位轴	V6.0
MC_MoveRelative	以相对方式定位轴	V6.0
MC_MoveVelocity	以预定义速度移动轴	V6.0
MC_MoveJog	以“点动”模式移动轴	V6.0
MC_CommandTable	按移动顺序运行轴作业	V6.0
MC_ChangeDynamic	更改轴的动态设置	V6.0
MC_WriteParam	写入工艺对象的参数	V6.0
MC_ReadParam	读取工艺对象的参数	V6.0

图 5-39　运动控制指令

将光标放在指令上，会弹出该指令的说明文档链接，单击该链接便可查看指令说明，如图 5-40 所示。

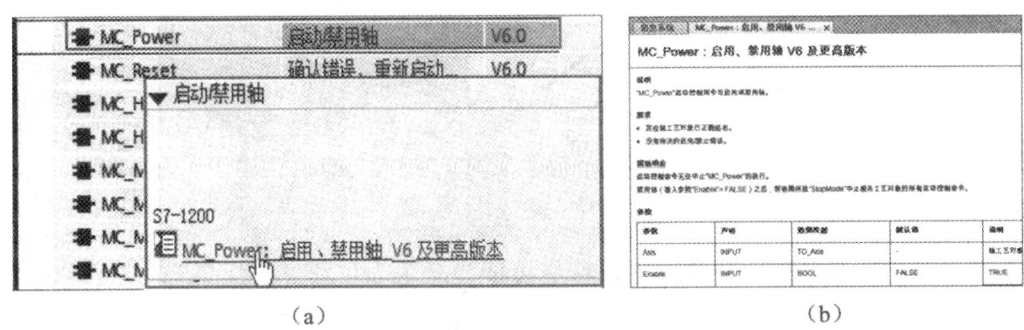

（a）　　　　（b）

图 5-40　指令说明文档

（a）打开文档　（b）指令说明

五、搬运机械手模拟系统的操作

（一）I/O 地址分配

根据控制要求和任务分析，搬运机械手模拟系统的 I/O 地址分配表如表 5-4 所示。

表 5-4　搬运机械手模拟系统的 I/O 地址分配表

输　入			输　出		
元　件	I/O 地址	备　注	元　件	I/O 地址	备　注
SB0	I0.0	启动按钮	KM1	Q0.0	上下电机脉冲
SQ1	I0.1	下限位开关	KM2	Q0.1	上下电机方向
SQ2	I0.2	上限位开关	KM3	Q0.2	左右电机脉冲
SQ3	I0.3	右限位开关	KM4	Q0.3	左右电机方向
SQ4	I0.4	左限位开关	KY	Q0.4	电磁阀
SB1	I0.5	停止按钮	HL	Q0.5	原位指示灯

（二）硬件接线

根据表 5-4 绘出 PLC 的硬件接线图（见图 5-41），并按照接线图完成硬件接线。

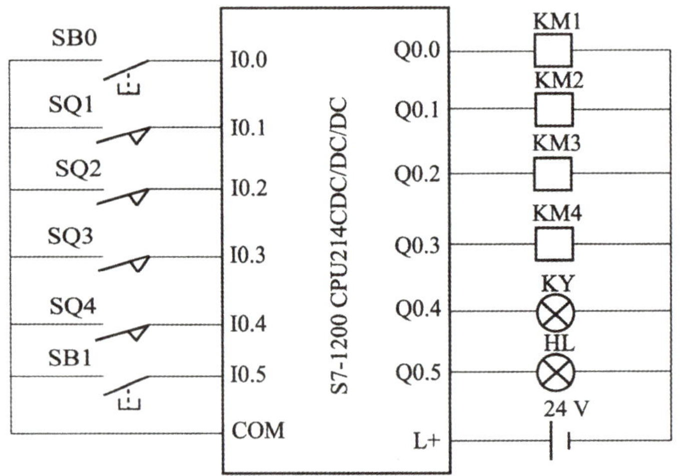

图 5-41　PLC 的硬件接线图

（三）程序设计与调试

搬运机械手模拟系统的程序设计与调试步骤如下。

步骤 1　完成项目创建和组态设备选择，将项目命名为‘颂目五任务三”。

步骤 2　按照表 5-4 所示，设置 PLC 的变量，如图 5-42 所示。

PLC 变量

	名称	变量表	数据类型	地址	保持	可从…	从 H…	在 H…
1	启动按钮	默认变量表	Bool	%I0.0				
2	下限位开关	默认变量表	Bool	%I0.1				
3	上限位开关	默认变量表	Bool	%I0.2				
4	右限位开关	默认变量表	Bool	%I0.3				
5	左限位开关	默认变量表	Bool	%I0.4				
6	停止按钮	默认变量表	Bool	%I0.5				
7	上下运行脉冲	默认变量表	Bool	%Q0.0				
8	上下运行方向	默认变量表	Bool	%Q0.1				
9	左右运行脉冲	默认变量表	Bool	%Q0.2				
10	左右运行方向	默认变量表	Bool	%Q0.3				
11	夹紧指示灯	默认变量表	Bool	%Q0.4				
12	原位指示灯	默认变量表	Bool	%Q0.5				
13	<新增>							

图 5-42　设置 PLC 的变量

步骤 3　根据搬运机械手的工作过程，绘制顺序功能图，如图 5-43 所示。

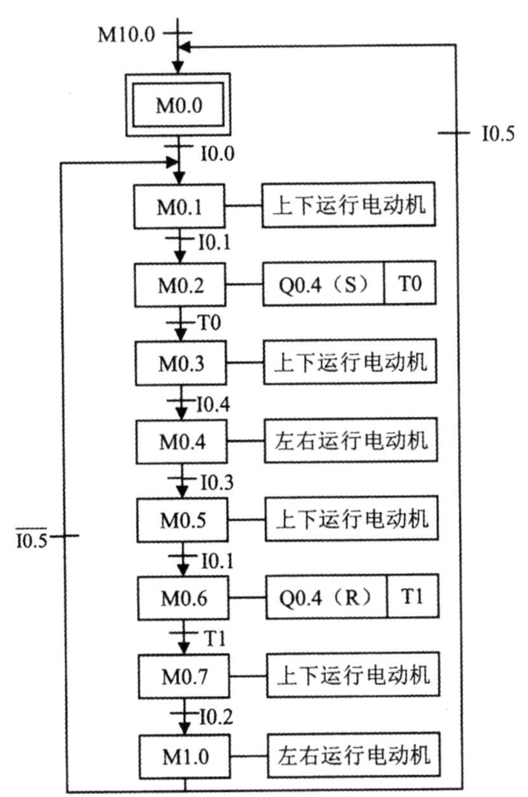

图 5-43　搬运机械手模拟系统的顺序功能图

步骤 4　按照“预备知识”中的步骤设置运动控制参数，根据 I/O 地址分配表设置上下运行电机和左右运行电机的硬件接口参数，如图 5-44、图 5-45 所示。

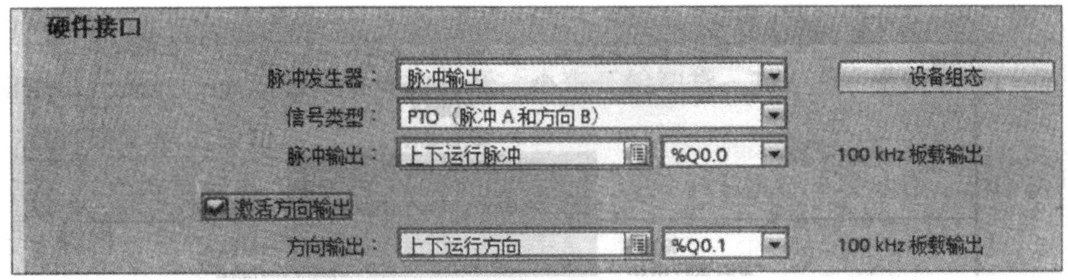

图 5-44　设置上下运行电机的参数

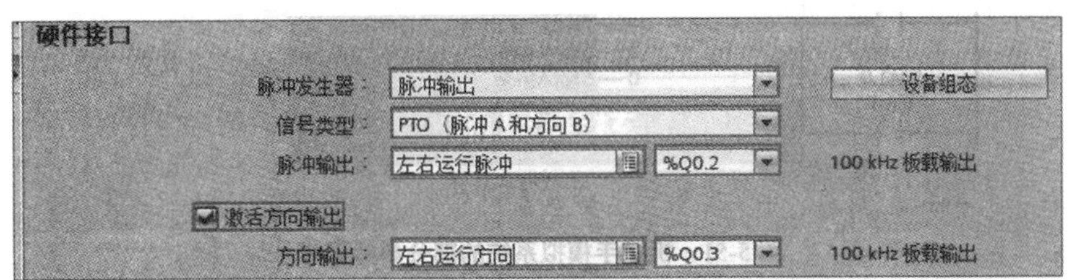

图 5-45　设置左右运行电机的参数

步骤 5　编写梯形图主程序，设计思路如下。

由图 5-43 可知，当系统运行到步 M0.1、M0.3、M0.5 和 M0.7 时，上下运行电机执行运动控制指令；系统运行到步 M0.4 和 M1.0 时，左右运行电机执行运动控制指令。

故搬运机械手模拟系统的部分参考程序如图 5-46 所示。

……

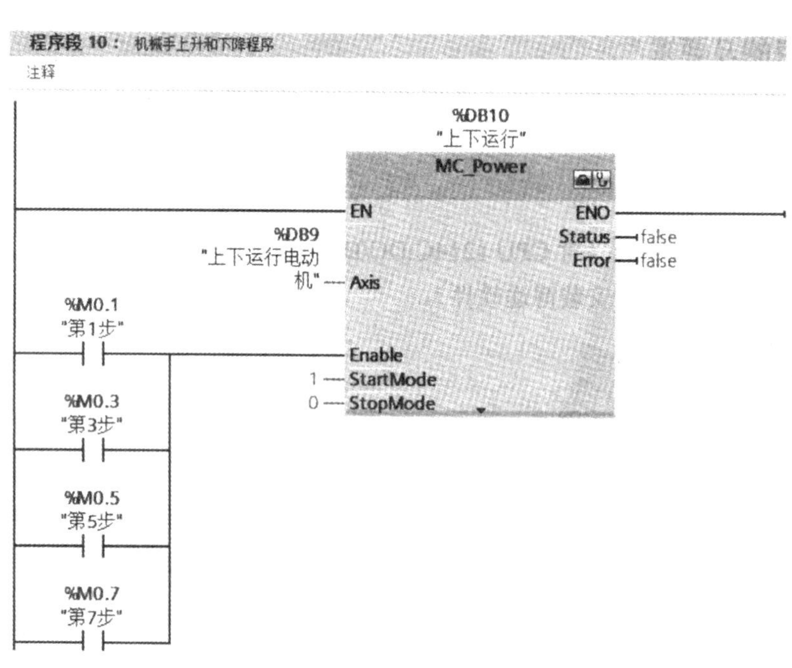

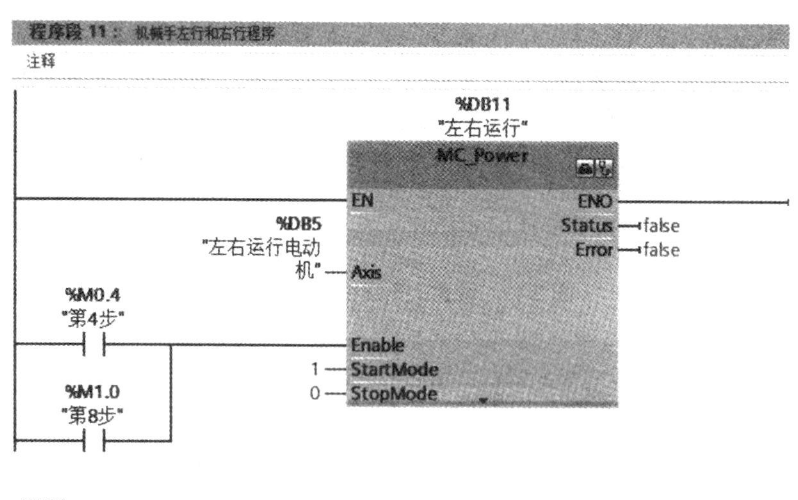

……

图 5-46　机械手模拟系统的部分参考程序

项目实训

一、实训题目

设计点动和连续双重控制的运料小车自动往返运动系统。

二、实训目的及要求

能够使用顺序设计法或运动控制方法实现运料小车的控制。

三、实训器材

(1) PLC 实验台 1 台（含 CPU 1214C DC/DC/DC）。

(2) 上位机 1 台（已安装博途软件）。

(3) 导线若干。

四、实训内容

运料小车的工作方式有点动控制和自动连续控制两种方式，通过控制开关 SA（即硬件的方法）来选择，控制要求如下。

(1) SA 闭合时，工作台工作在点动控制状态；SA 断开时，工作台工作在自动连续控制状态。

(2) 初始状态下，小车在左限位位置。自动状态下，按下启动按钮，系统右行，碰到右限位开关后，装料阀门打开，小车开始装料；30 S 后，装料阀门关闭，小车开始左行：碰到左限位开关后，小车的卸料阀门打开，小车开始卸货；30 s 后，重新右行，重复循环动作，直到按下停止按钮。

(3) 点动控制状态下，每按一下启动按钮，运料小车执行一次动作，动作执行顺序是右行→装料→左行→卸料。

根据以上控制要求，完成 PLC 的 I/O 地址分配，绘出硬件线路连接图，并用运动控制指令完成对运料小车的控制。

项目六 PLC网络通信与变频器控制系统设计

项目导入

PLC的通信包括PLC之间、PLC与计算机之间、PLC与其他智能设备之间的通信。PLC与计算机可以直接同通信处理器、通信连接器相连构成网络，以实现信息的交换，可以构成“集中管理、分散控制”的分布式控制系统，满足工厂自动化系统发展的需要，各PLC或远程I/O模块按功能各自放置在生产现场进行分散控制，然后用网络连接起来，构成集中管理的分布式网络系统。

思政目标

培养遵守标准规范的意识和习惯。
培养安全意识、创新意识、劳动精神。
培养严谨绘图、规范接线的职业素养和精益求精的工匠精神。

知识目标

掌握以太网通信的基本知识。
掌握HMI控制界面设计和HMI组态方法。
掌握PLC和HMI之间的通信方法。
掌握G120变频器的基本应用方法。
掌握PLC和G120变频器的以太网通信程序设计方法。

技能目标

具备对多台PLC进行网络组态、编程与连接调试的能力。
具备PLC和HMI之间通信程序编写、调试的能力。
具备PLC和G120变频器的以太网通信程序编写能力。

任务一 S7-1200 PLC 的以太网通信

S7－1200 PLC 的 CPU 集成了一个 PROFTNET 通信口，支持以太网和基于 TCP/IP 和 UDP 的通信标准。这个 PROFINET 物理接口是支持 10/100 Mb/s 的 RJ45 口，支持电缆交叉自适应，因此一个标准的或是交叉的以太网线都可以用于这个接口。使用这个通信口可以实现 S7－1200 CPU 与编程计算机设备、HMI 触摸屏，以及其他 S7 系列 PLC 的 CPU 之间的通信。

PROFINET 是 PROFIBUS（process Field Bus）国际组织（PROFIBUS international，PI）推出的基于工业以太网的开放的现场总线标准（IEC 61158 中的类型 10）。PROFTNET 通过工业以太网，连接从现场层到管理层的设备，可以实现从公司管理层到现场层的直接、透明的访问，PROFINET 融合了自动化世界和 IT 世界，PROFINET 可以用于对实时性要求更高的自动化解决方案。

PROFINET 使用以太网和 TCP/UDP/IP 作为通信基础，TCP/UDP/IP 是 IT 领域通信协议事实上的标准。TCP/UDP/IP 提供了以太网设备通过本地和分布式网络的透明通道中进行数据交换的基础。对快速性没有严格要求的数据使用 TCP/IP，响应时间在 100 ms 数量级，可以满足工厂控制级的应用。PROFINET 能同时用一条工业以太网电缆满足三个自动化领域的需求，包括 IT 集成化领域、实时（Real－Time，简称为 RT）自动化领域和同步实时（I-sochronous Real－Time，简称为 IRT）运动控制领域，它们不会相互影响。

PROFINET 的实时（RT）通信功能适用于对信号传输时间有严格要求的场合，例如用于传感器和执行器的数据传输。通过 PROFINET，分布式现场设备可以直接连接到工业以太网，与 PLC 等设备进行通信。其响应时间与 PROFIBUS－DP 等现场总线相同或者更短，典型的更新循环时间为 1～10 ms，完全能满足现场级的要求。PROFINET 的实时性可以用标准组件来实现。

PROFINET 的同步实时（IRT）功能用于高性能的同步运动控制。IRT 提供了等时执行周期，以确保信息始终以相等的时间间隔进行传输。IRT 的响应时间为 0.25～1 ms，波动小于 1μs。IRT 通信需要特殊的交换机（例如 SCALANCE X－200 IRT）的支持，等时同步数据传输的实现基于硬件更完善的功能。

S7－1200 通信指令包括 S7 通信、开放式用户通信、Web 服务器、其他、通信处理器及远程服务，如图 6-1（a）所示。在任务 10 和任务 11 中将分别以开放式用户通信、S7 通信为例进行介绍。

一、2 台 S7－1200 PLC 的以太网通信的操作

（一）任务要求

2 台 S7－1200 PLC 之间采用开放式用户通信指令，实现从 PLC1 发送 4 个字节数据给

PLC2，并且接收从 PLC2 发来的 4 个字节数据。

（二）硬件及网络拓扑结构

硬件：2 台 S7－1200 PLC，1 台 PC 机，1 台交换机，网线。拓扑结构如图 6-1（b）所示。

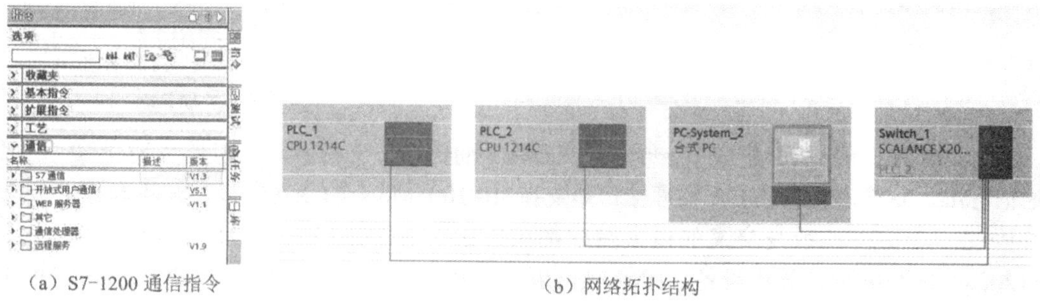

（a）S7-1200 通信指令　　（b）网络拓扑结构

图 6-1

（三）连接组态

1）新建项目

打开博途软件，单击“创建新项目”按钮，输入项目名称。创建新项目界面如图 6-2 所示。

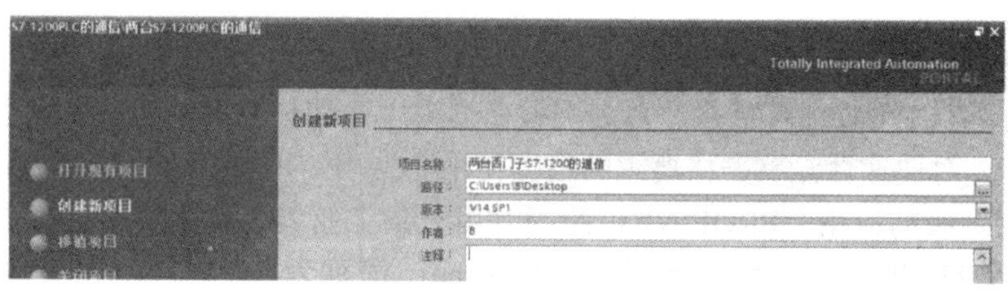

图 6-2　创建新项目界面

2）添加 PLC 并修改属性

(1) 单击“项目视图”，进入项目视图界面，如图 6-3 所示。

(2) 选择任务卡中订货号为“6ES7 214－1AG40－0XB0”的控制器，单击“确定”按钮，如图 6-4 所示。

图 6-3　项目视图界面

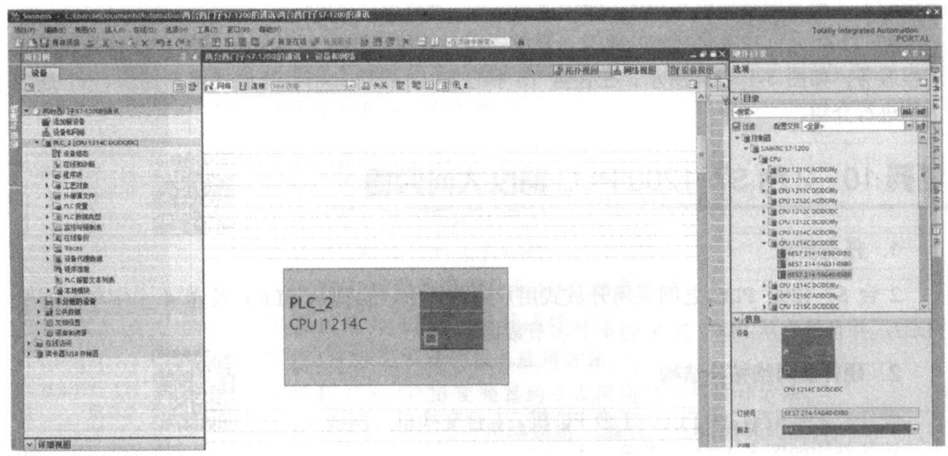

图 6-4　网络视图

(3) 选中新加入的 PLC，选择“设备视图”选项卡，在设备视图中，选中 PLC 然后单击下方的“属性”选项卡，进入属性设置窗口。设备视图如图 6-5 所示。

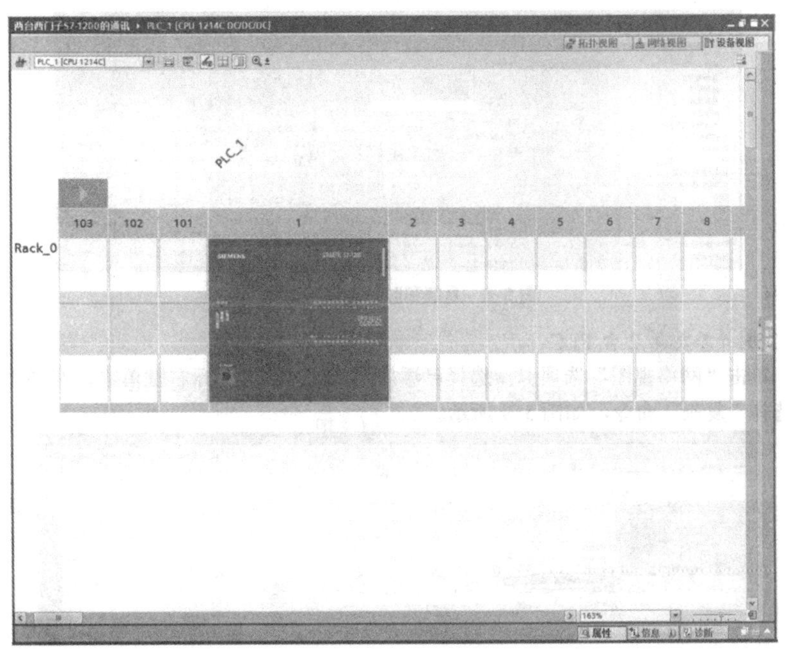

图 6-5　设备视图

(4) 在属性窗口中修改 PLC 的名称，如图 6-6 所示。

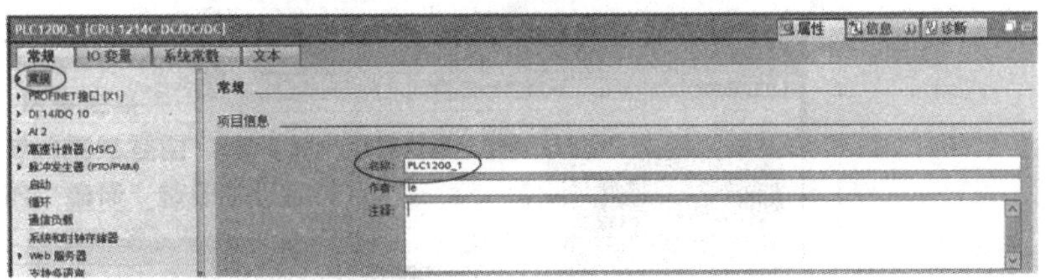

图 6-6　修改 PLC 的名称

（5）修改以太网地址，如图 6-7 所示。

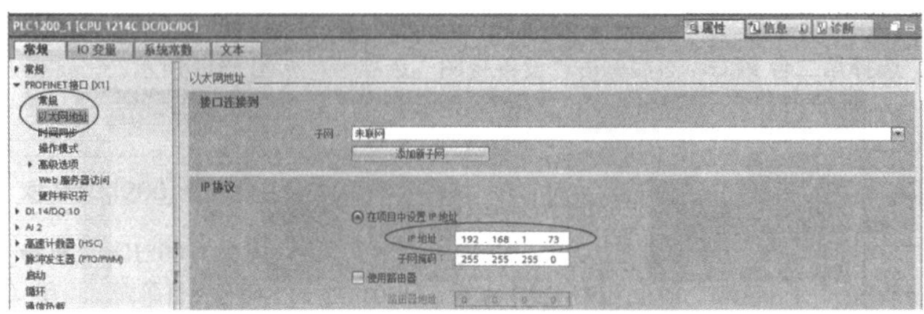

图 6-7　修改以太网地址

（6）选择“启用系统存储器字节”和“启用时钟存储器字节”复选项，如图 6-8 所示。

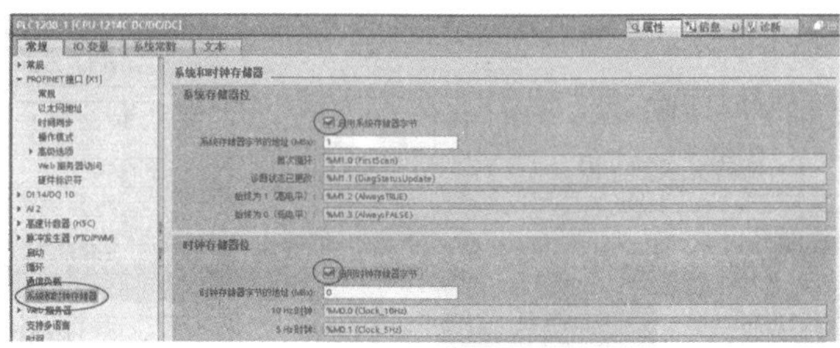

图 6-8　系统和时钟存储器设置

3）复制并添加第 2 台 PLC

（1）单击“网络视图”选项卡，选择已添加的 PLC 后用鼠标右键单击，在弹出的快捷菜单中选择“复制”命令，如图 6-9 所示。

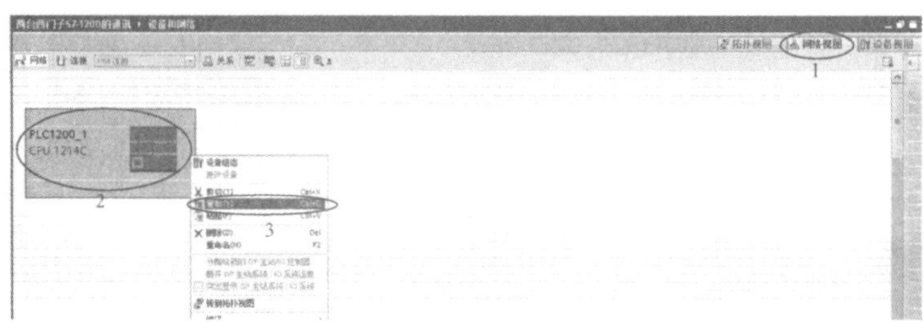

图 6-9　复制 PLC

（2）在空白处单击鼠标右键，单击快捷菜单的“粘贴”命令，如图 6-10 所示。

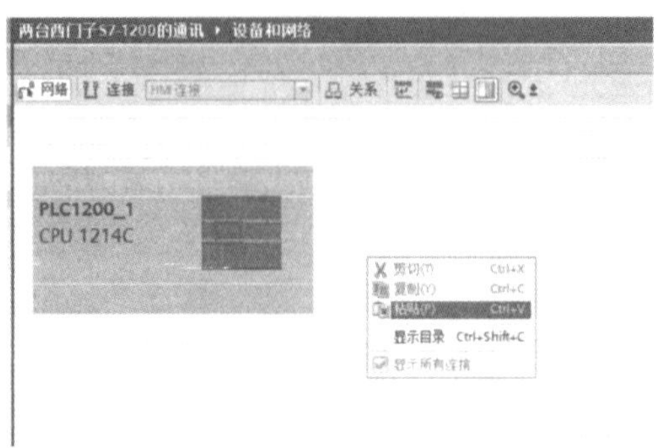

图 6-10　粘贴 PLC

（3）选择第二台 PLC，然后单击“设备视图”选项卡，如图 6-11 所示。

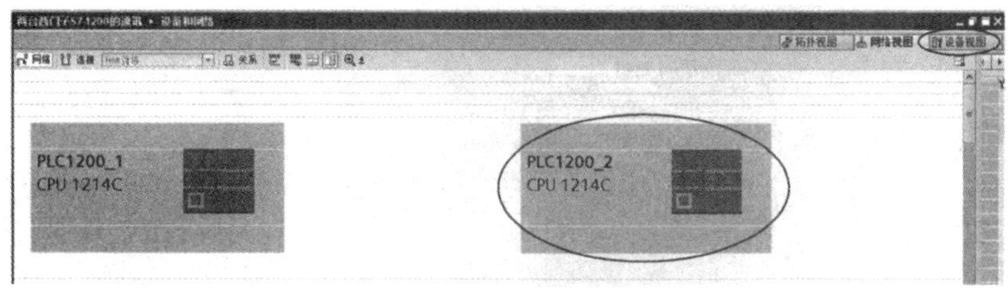

图 6-11　选中第二台 PLC

（4）进入设备视图后，选择 PLC，单击下部的“属性”选项卡，如图 6-12 所示。

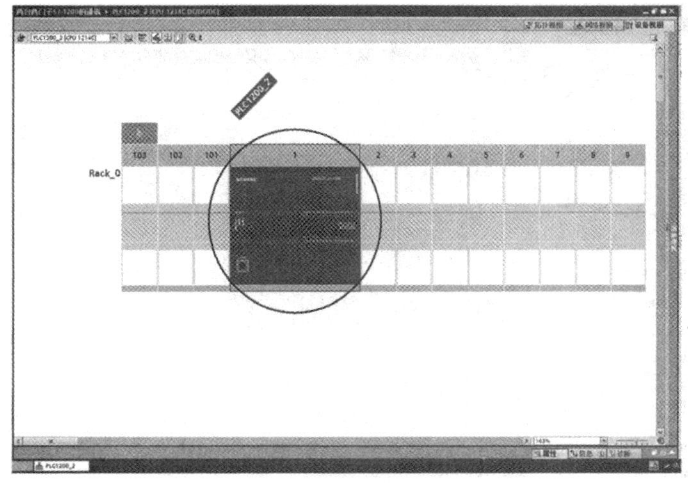

图 6-12　设备视图

（5）进入属性窗口，修改以太网地址，如图 6-13 所示。

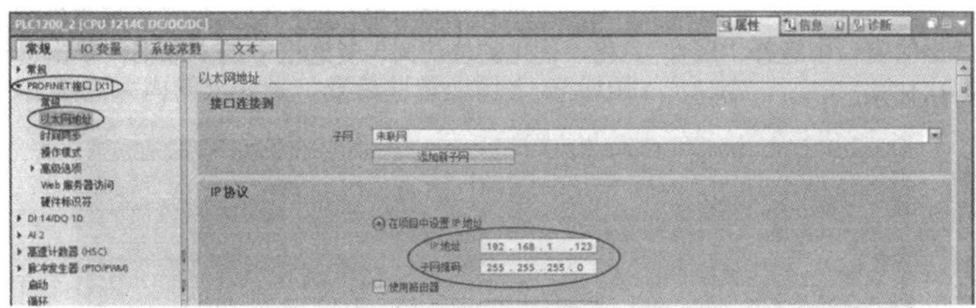

图 6-13　修改以太网地址

4）网络连接

选择“网络视图”选项卡，用鼠标拖动 PLC1200 1 的网络接口到 PLC1200 2 上，单击工具栏的“编译”按钮并保存项目，如图 6-14 所示。

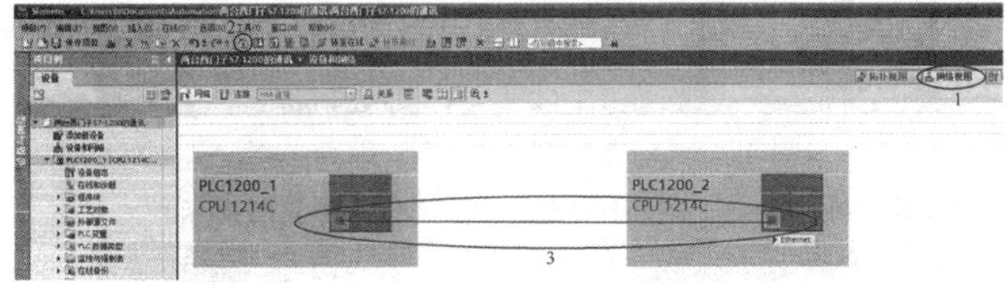

图 6-14　网络连接

（四）对 PLC1200 _ 1 的发送端组态编程

1）新建 PLCl200 1 发送数据的数据块

（1）单击左侧项目树下的“PLCl200 _ 1”，双击“程序块”下的“添加新块”，在弹出的窗口中单击“数据块”，修改数据块的名称，然后单击“确定”按钮。添加新块界面如图 6-15 所示。

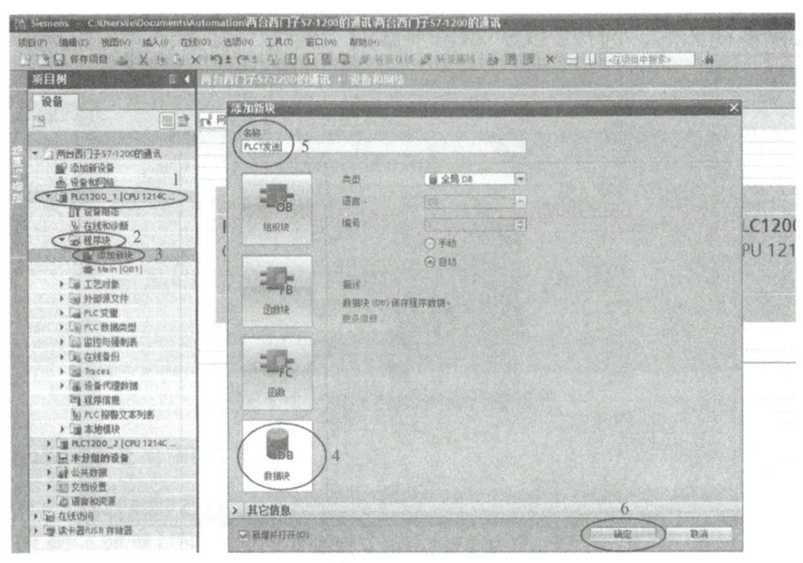

图 6-15　添加新块

（2）在左侧项目树下，用右键单击新建立的数据块“PLC1 发送”，选择快捷菜单的“属性”命令，在弹出的窗口中选择“属性”，将“优化的块访问”复选框中的√取消，单击“确定”按钮，如图 6-16 所示。

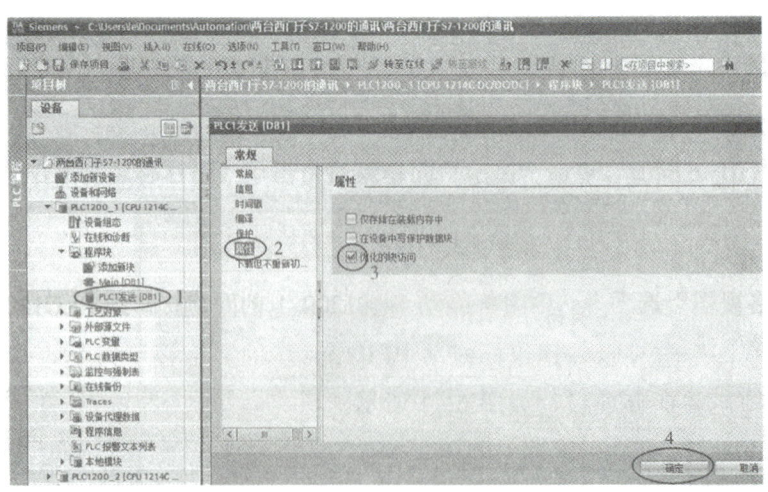

图 6-16　属性设置

（3）在数据块“PLC1 发送”内新建变量。变量列表如图 6-17 所示。

两台西门子S7-1200的通讯 › PLC1200_1 [CPU 1214C DC/DC/DC] › 程序块 › PLC1发送 [DB1]

PLC1发送

	名称	数据类型	起始值
1	Static		
2	1发送	Bool	false
3	1发送_1	Bool	false
4	1发送_2	Bool	false
5	1发送_3	Bool	false
6	1发送_4	Bool	false
7	1发送_5	Bool	false

图 6-17　变量列表

2）建立 PLC1200 1 用于接收数据的数据块

（1）过程同上。添加新的数据块名称为“PLC1 接收”，如图 6-18 所示。

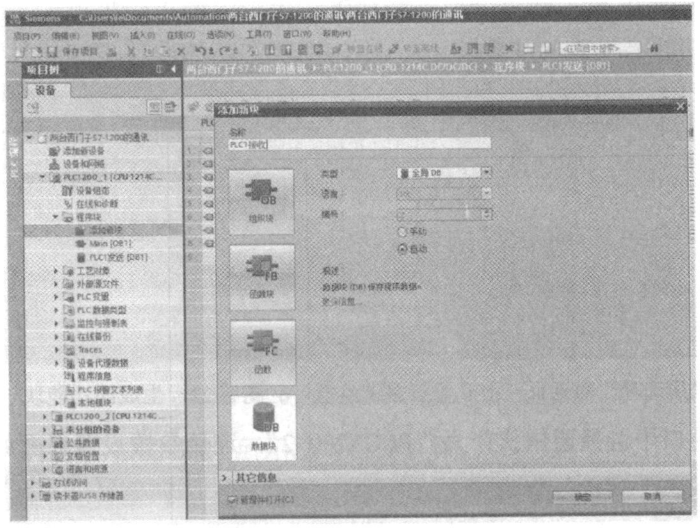

图 6-18　添加新块

（2）在数据块内新建变量，变量列表如图 6-19 所示。

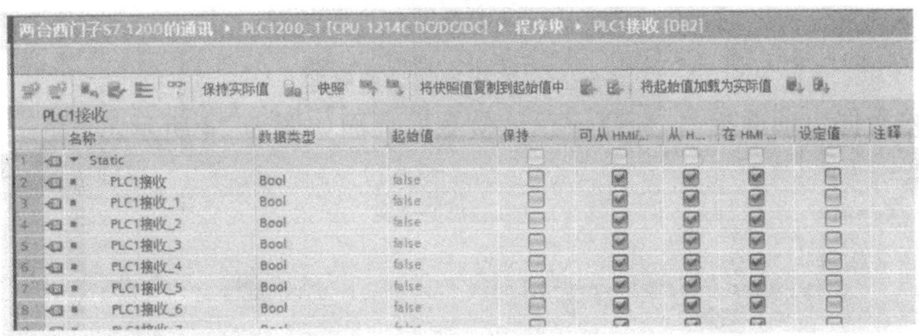
两台西门子S7-1200的通讯 › PLC1200_1 [CPU 1214C DC/DC/DC] › 程序块 › PLC1接收 [DB2]

PLC1接收

	名称	数据类型	起始值
1	Static		
2	PLC1接收	Bool	false
3	PLC1接收_1	Bool	false
4	PLC1接收_2	Bool	false
5	PLC1接收_3	Bool	false
6	PLC1接收_4	Bool	false
7	PLC1接收_5	Bool	false
8	PLC1接收_6	Bool	false

图 6-19　变量列表

3）配置 PLC1200－1 的发送功能

（1）进入主程序。在右侧的“通信”项目下展开“开放式用户通信”，用鼠标拖动“TSEND _ C”到主程序 Main 中。TSEND _ C 界面如图 6-20 所示。

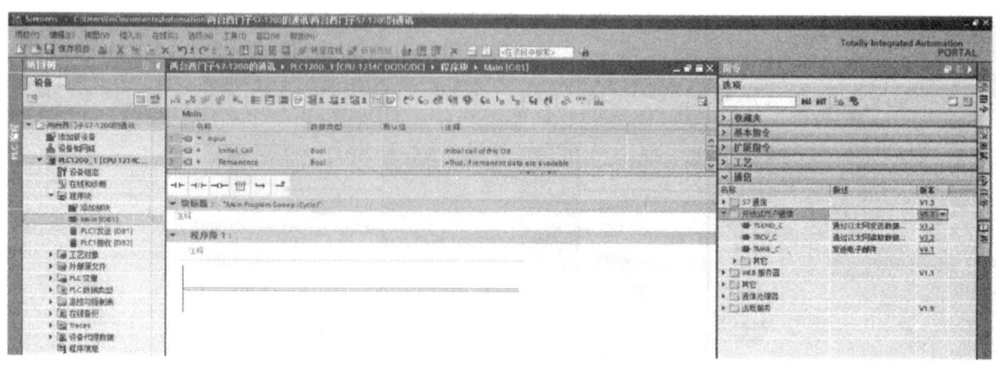

图 6-20　TSEND C 界面

（2）弹出如图 6-21 所示“调用选项”对话框，单击“确定”按钮。

（3）在程序中选择已生成的功能块，如图 6-22 所示，然后单击“属性”选项卡。

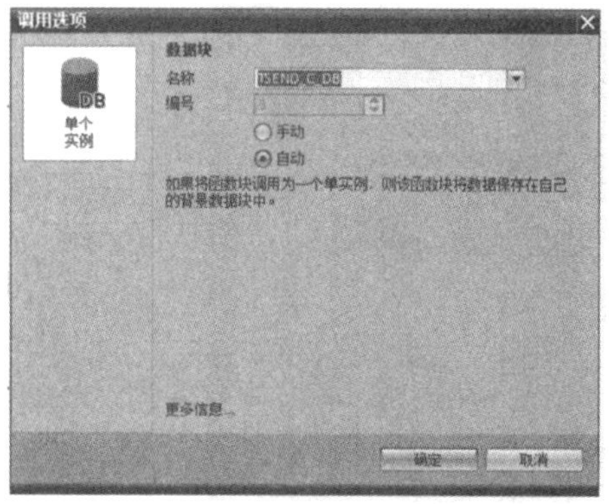

图 6-21　“调用选项”对话框

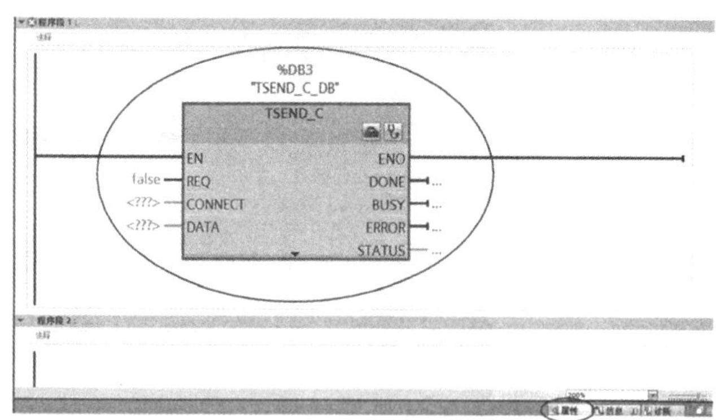

图 6-22　生成的功能块

（4）在属性窗口中选择通信伙伴为“PLC1200 2”，连接参数设置界面如图 6-23 所示。

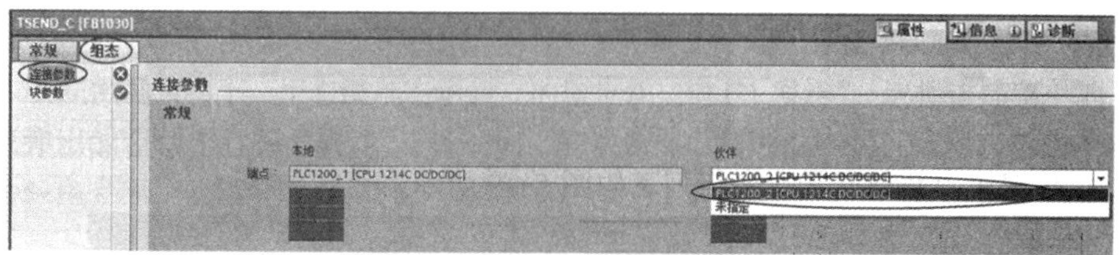

图 6-23　连接参数设置界面

(5)“连接数据”项选择“＜新建＞”。连接数据界面如图 6-24 所示。

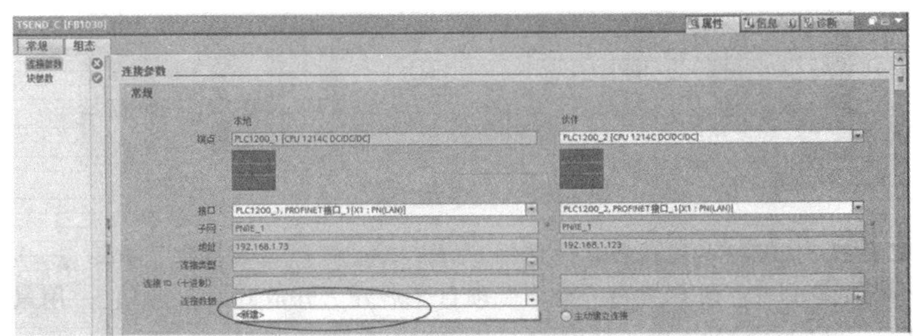

图 6-24　连接数据界面

(6)程序中 TSEND C 功能块的 CONNNECT 引脚会自动填好，如图 6-25 所示。

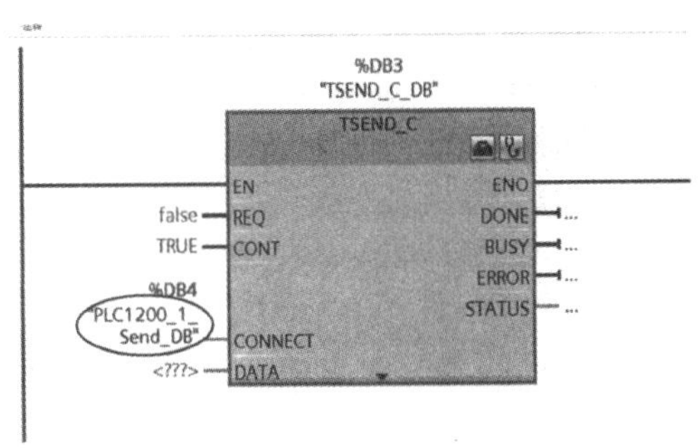

图 6-25　引脚参数

(7)继续对第二台 PLC 进行连接参数设置。连接参数设置界面如图 6-26 所示。

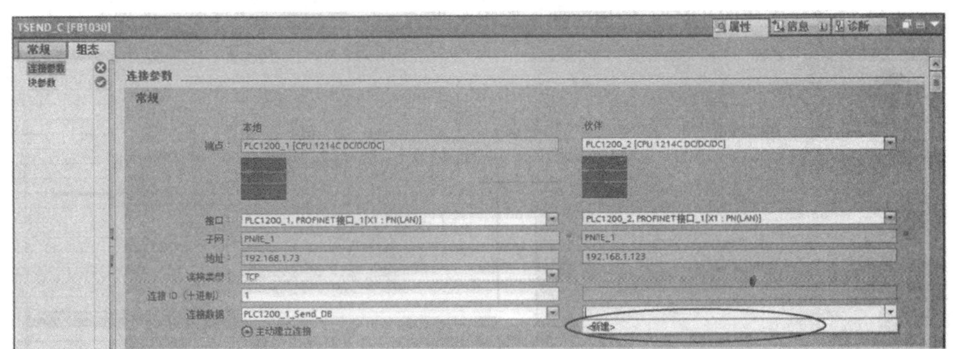

图 6-26　连接参数设置界面

(8)回到主程序中，按图 6-27 所示填写相关引脚。

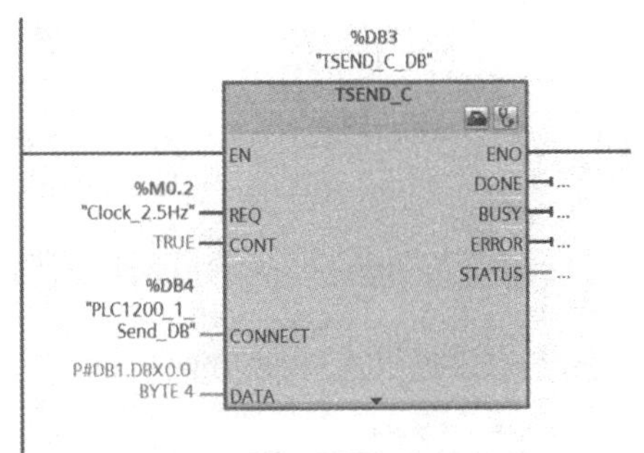

图 6-27　引脚填写

（五）对 PLC1200 _ 2 的接收端组态编程

1）新建 PLC1200 _ 2 的接收功能块

（1）打开 PLC1200 _ 2 的主程序。在右侧的“通信”项目下展开“开放式用户通信”，用鼠标将“TRCV _ C”拖放到主程序 Main 中，如图 6-28 所示。

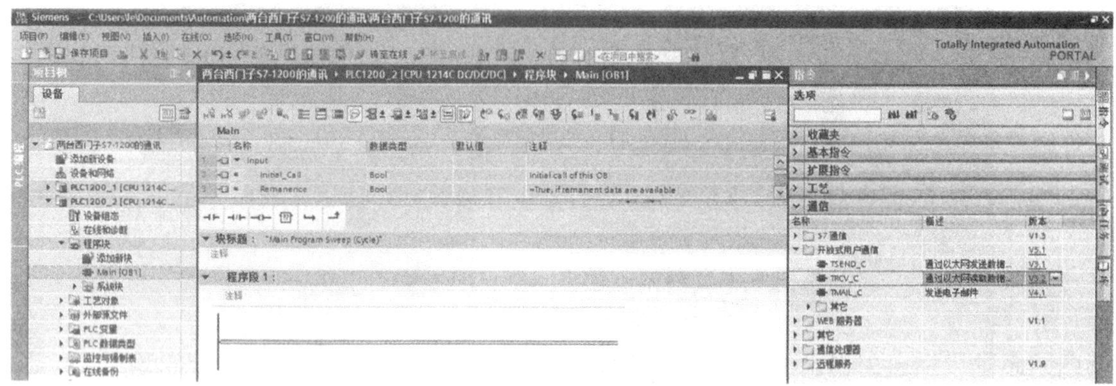

图 6-28　TRCV _ C 界面

（2）拖放动作结束后，弹出如图 6-29 所示对话框，单击“确定”按钮。

（3）选择已生成的 TRCV C 功能块，如图 6-30 所示，然后单击“属性”选项卡。

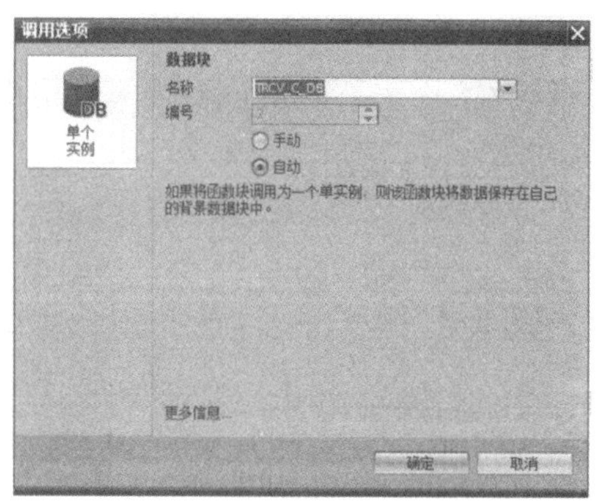

图 6-29　“调用选项”对话框

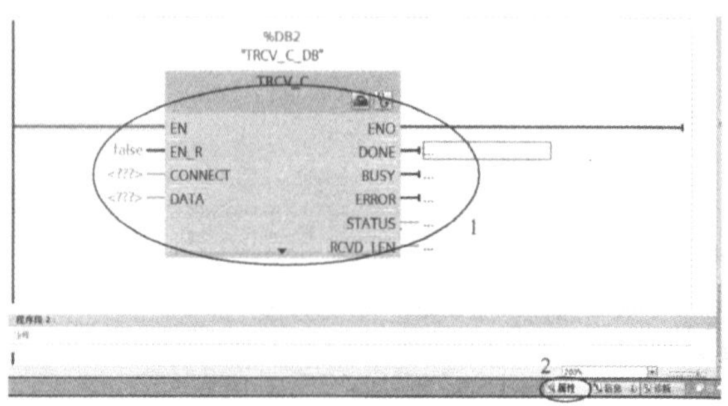

图 6-30　生成的功能块

（4）在属性窗口中选择通信伙伴为“PLC1200＿1”。连接参数设置界面如图 6-31 所示。

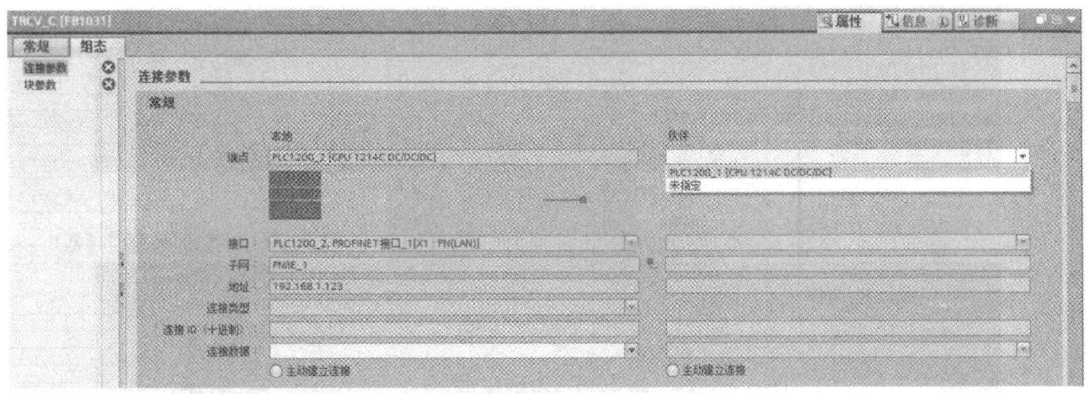

图 6-31　连接参数设置界面

（5）PLC1200＿2 的连接数据选“PLC1200＿2＿Receive＿DB”。连接数据设置界面如图 6-32 所示。

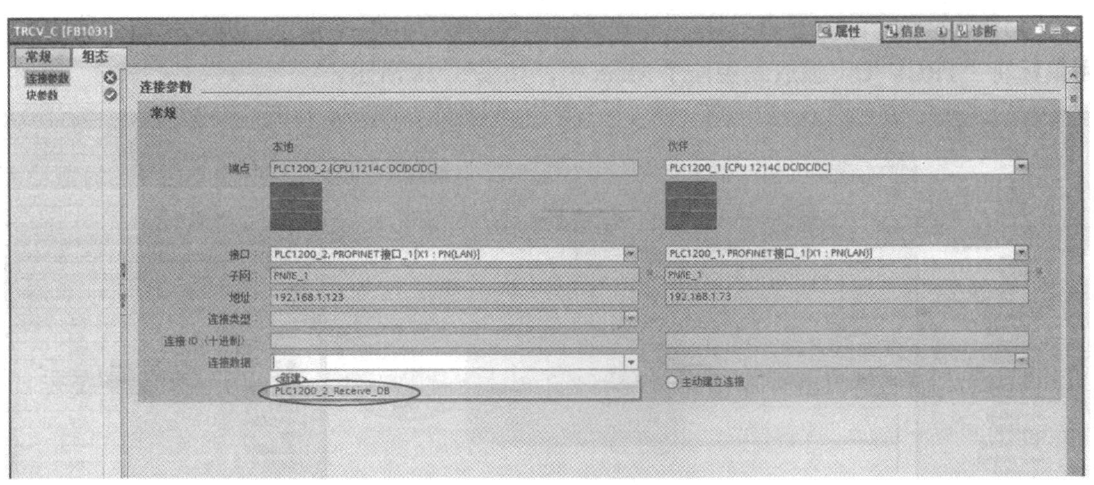

图 6-32　连接数据设置界面

（6）设置完毕的“属性”选项卡如图 6 33 所示。

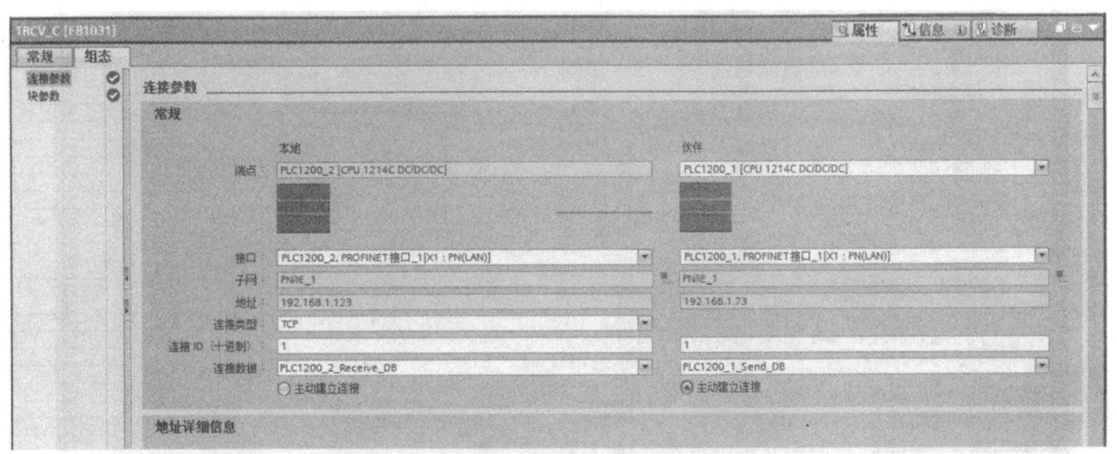

图 6-33　“属性”选项卡

2）建立 PLCl200 2 接收数据块

（1）方法类似于建立 PLCl200—1 的数据块。添加新块步骤如图 5—34 所示。

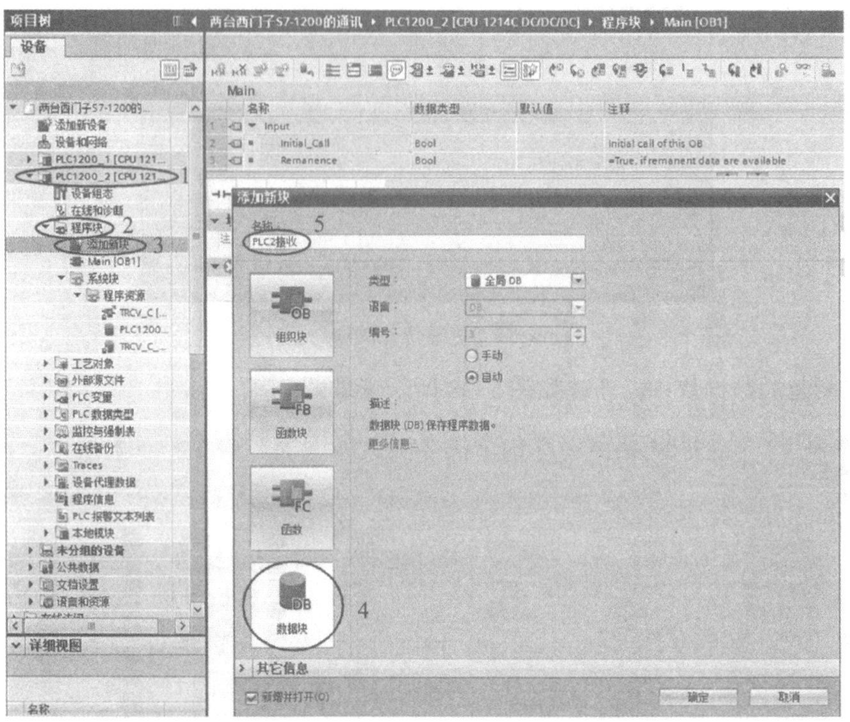

图 6-34　添加新块

（2）在新建立的数据块上单击鼠标右键，再单击快捷菜单中的“属性”命令，如图 6-35 所示。

（3）在弹出的属性对话框中单击“属性”，然后取消对“优化的块访问”复选项的选择，属性界面如图 6-36 所示。

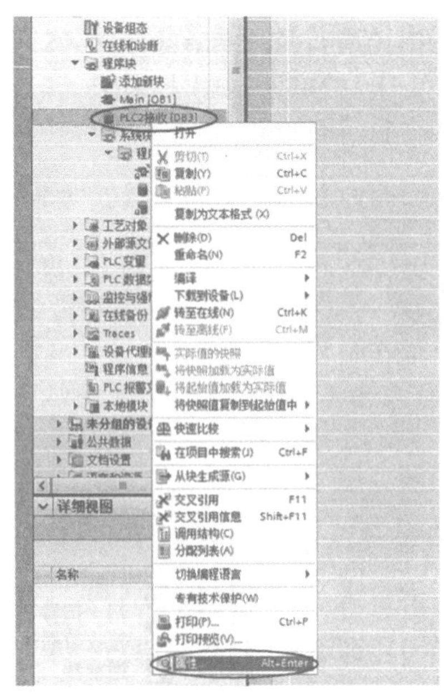

图 6-35　“属性”命令

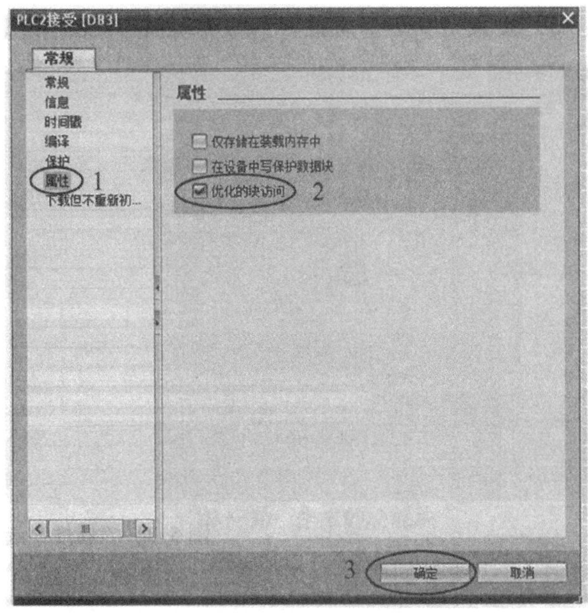

图 6-36　属性界面

（4）弹出图 6-37 所示提示框，单击“确定”按钮后返回图 6-36 所示界面，单击“确定”按钮。

图 6-37　更改优化的块访问

（5）在新建的数据块中，新建如图 6-38 所示变量。

图 6-38　变量列表

3）建立 PLC1200 _ 2 发送数据块（建立过程同上）

（1）添加新块。添加新块界面如图 6-39 所示。

（2）在数据块内新建变量如图 6-40 所示。

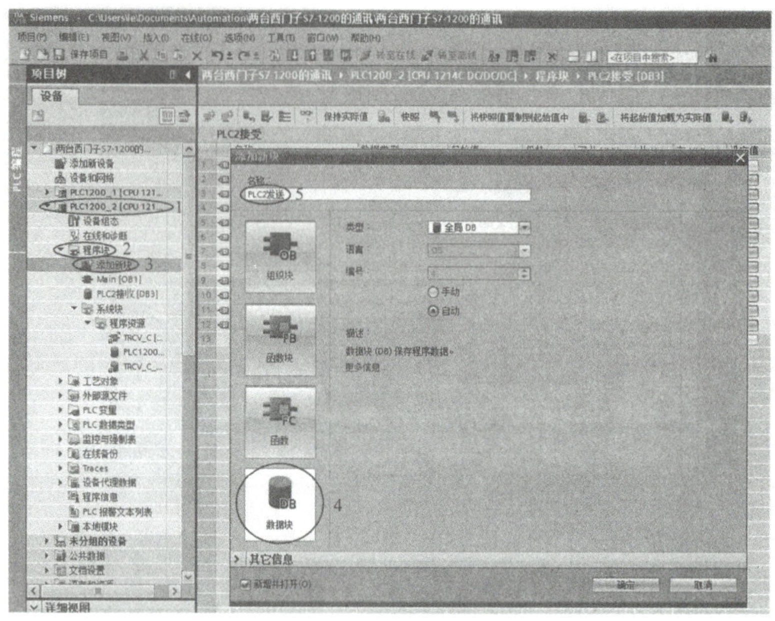

图 6-39　添加新块

两台西门子S7-1200的通讯 ▸ PLC1200_2.[CPU 1214C DC/DC/DC] ▸ 程序块 ▸ PLC2发送 [DB4]

保持实际值　快照　将快照值复制到起始值中　将起始值加载为实际值

PLC2发送

	名称	数据类型	起始值	保持	可从 HMI/...	从 H...	在 HMI ...	设定值	注释
1	▼ Static			☐	☐	☐	☐	☐	
2	PLC2发送	Bool	false	☐	☑	☑	☑	☐	
3	PLC2发送_1	Bool	false	☐	☑	☑	☑	☐	
4	PLC2发送_2	Bool	false	☐	☑	☑	☑	☐	
5	PLC2发送_3	Bool	false	☐	☑	☑	☑	☐	
6	PLC2发送_4	Bool	false	☐	☑	☑	☑	☐	
7	PLC2发送_5	Bool	false	☐	☑	☑	☑	☐	
8	PLC2发送_6	Bool	false	☐	☑	☑	☑	☐	

图 6-40　新建变量

（六）组态 PLC1200 _ 2 发送数据、PLC 1200 _ 1 接收数据

1）组态 PLC1200 _ 2 发送数据给 PLC1200 _ 1

过程与前述类似，相关步骤如下。

（1）用鼠标拖拽右侧的发送数据功能块 TSEND _ C 到 PLC1200 _ 2 的主程序中。TSEND _ C 界面如图 6-41 所示。

（2）组态 PLC1200 _ 2 发送功能块。选中功能块，如图 6-42 所示，单击“属性”选项卡。

（3）在属性窗口中选择通信伙伴为 PLC1200 _ 1，连接参数设置界面如图 6-43 所示。

（4）PLC1200 _ 2 的“连接数据”项选择“新建”，新建连接数据界面如图 6-44 所示。

（5）PLC1200 _ 1 的“连接数据”项也选择“新建”，新建连接数据界面如图 6-45 所示。

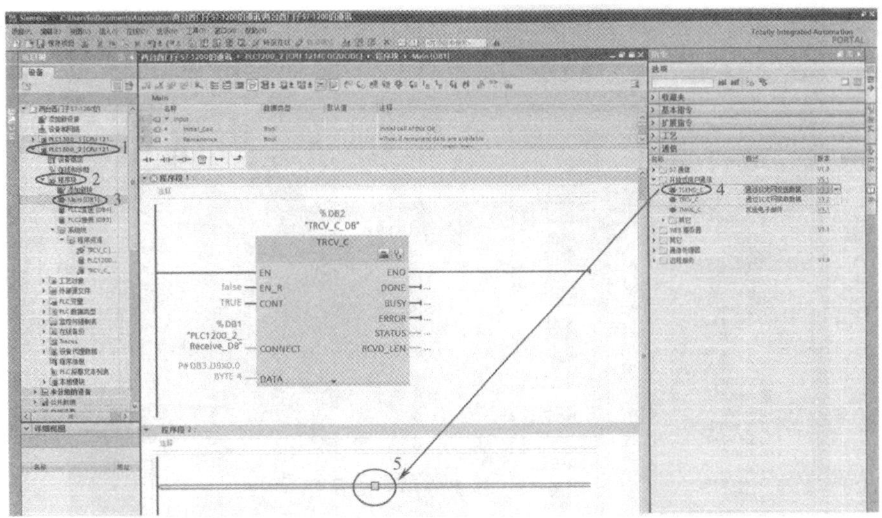

图 6-41　TSEND _ C 界面

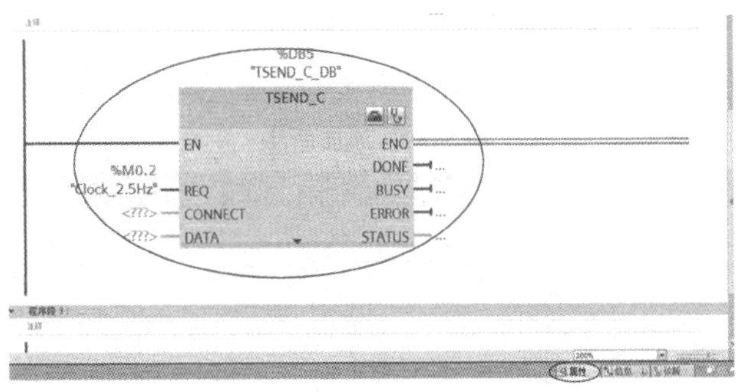

图 6-42　选择发送功能块

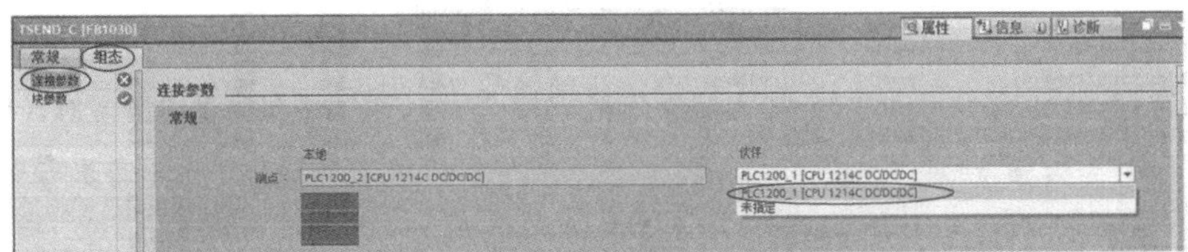

图 6-43　连接参数设置界面

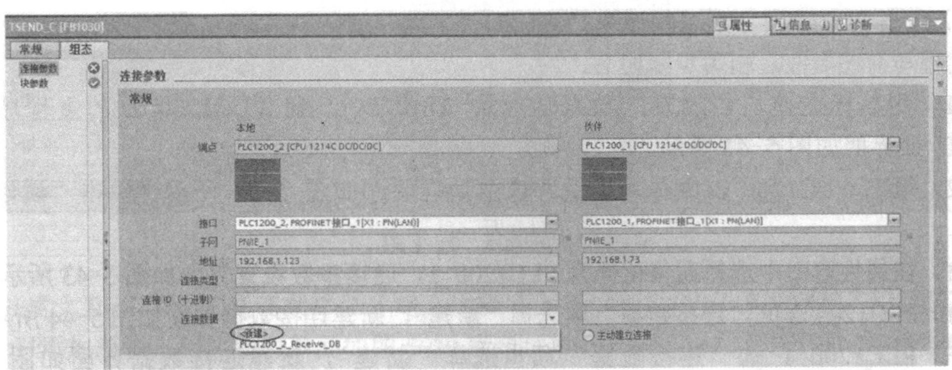

图 6-44　新建连接数据界面

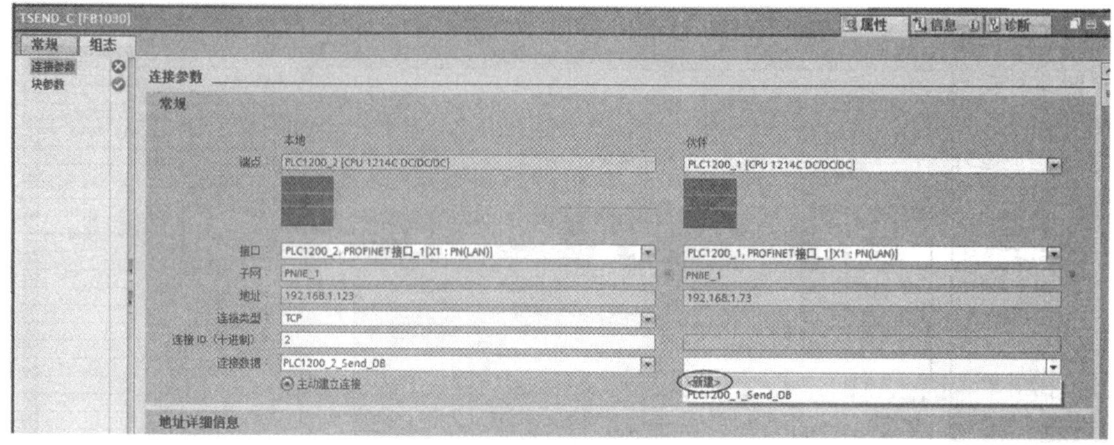

图 6-45　新建连接数据界面

（6）组态完毕的设备界面如图 6-46 所示。

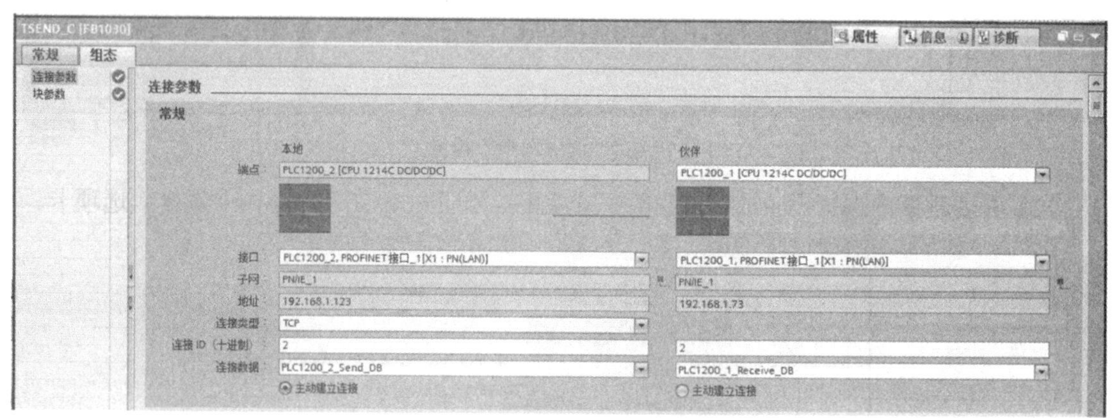

图 6-46　组态完毕的设备界面

（7）返回到 PLC1200 _ 2 的主程序，发送数据功能块引脚填写如图 6-47 所示。

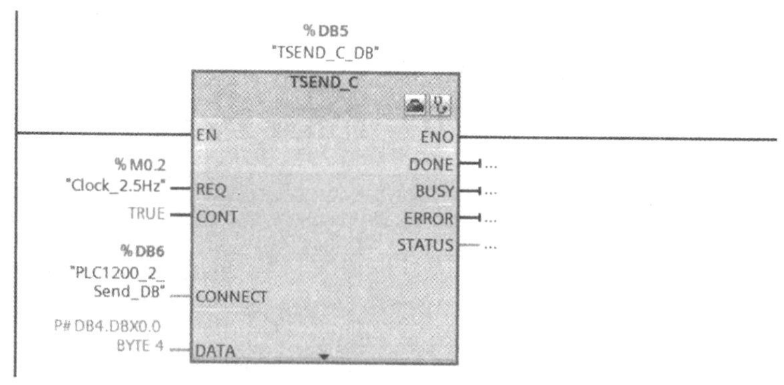

图 6-47　引脚

2）组态 PLC1200 _ 1 从 PLC1200 _ 2 接收数据

如图 6-48 所示，将右侧的接收数据功能块 TRCV _ C 拖放到 PLC1200 _ 1 的主程序中，在弹出的“调用选项”对话框中单击“确定”按钮。

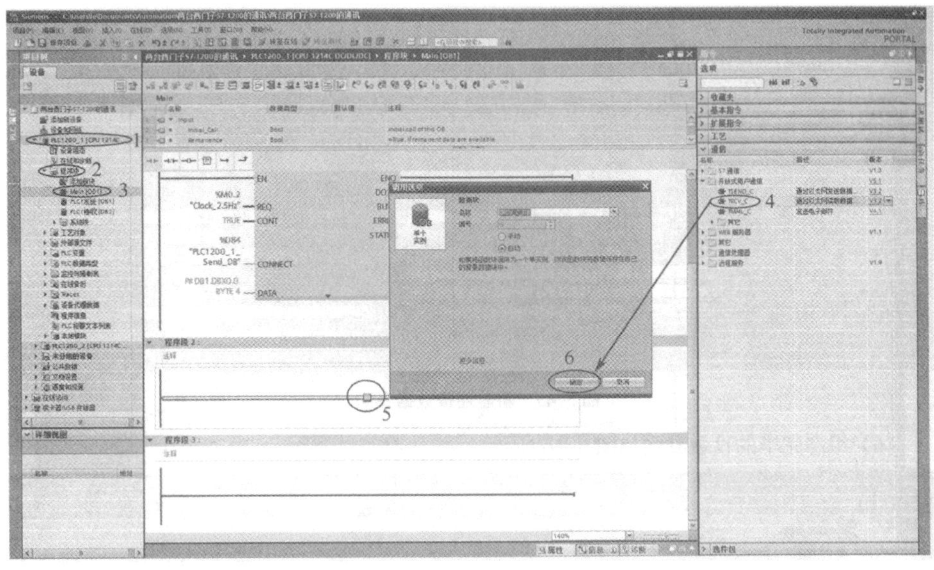

图 6-48　“调用选项”设置

(2) 在主程序中选择已生成的接收数据功能块，如图 6-49 所示，单击“属性”选项卡。

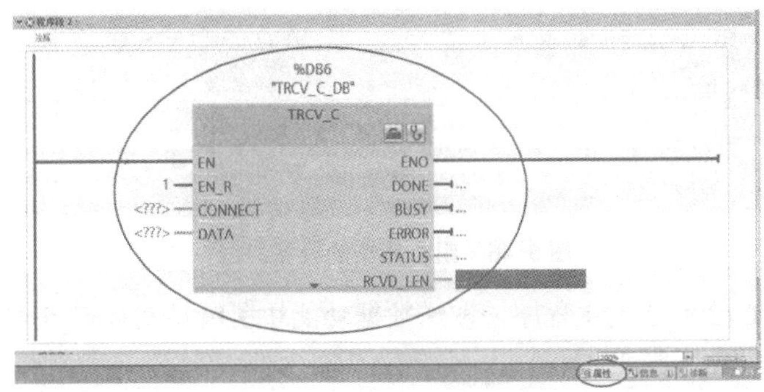

图 6-49　TRCV _ C 属性

(3) 在 TRCV _ C 属性界面中选择通信伙伴为“PLC1200 _ 2”，参数连接界面如图 6-50 所示。

图 6-50　参数连接界面

(4) 将 PLC1200 _ 1 的“连接数据”项选择为“PLC1200 _ 1 _ Receive _ DB”。连接数据界面如图 6-51 所示。

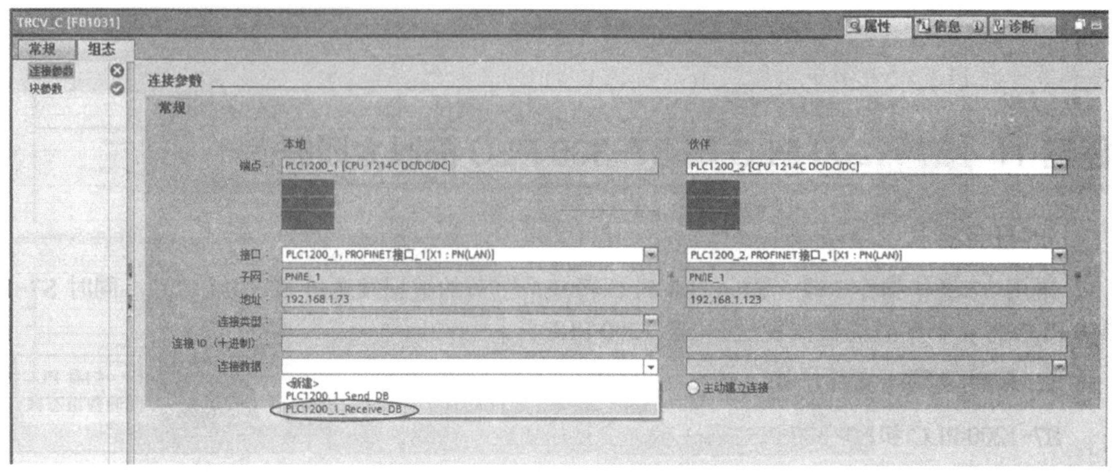

图 6-51　连接数据界面

（5）PLC1200＿1 接收功能块组态完毕后的设备界面如图 6-52 所示。

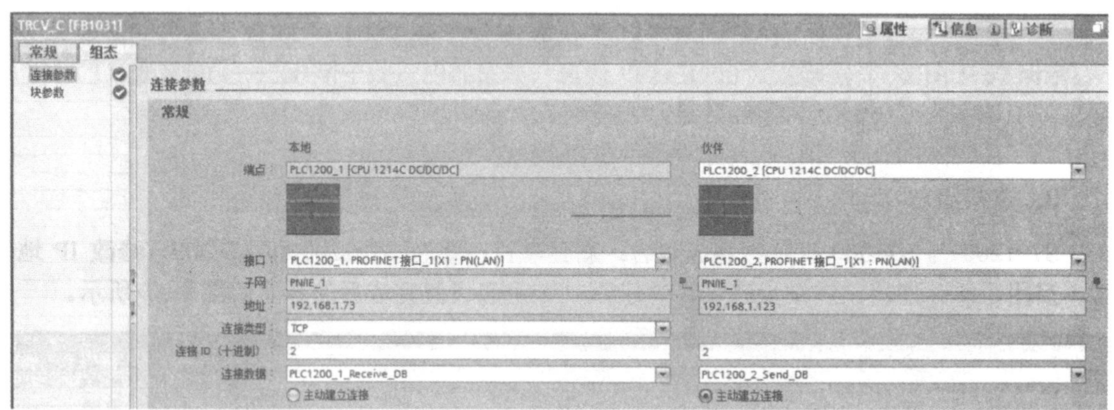

图 6-52　组态完毕的设备界面

（6）回到主程序中，填写 PLC1200＿1 接收数据功能块的引脚，如图 6-53 所示。

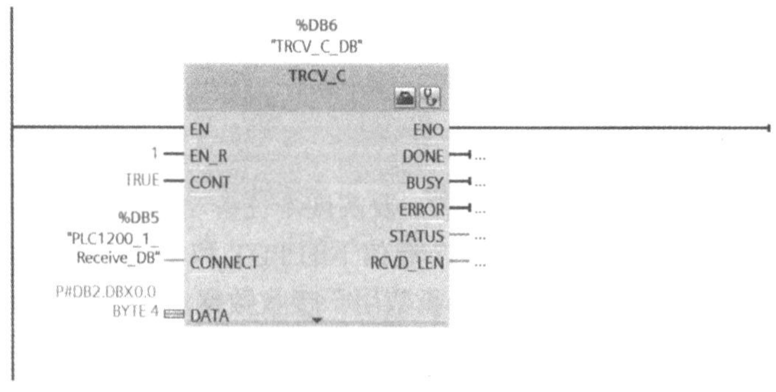

图 6-53　引脚

二、S7－1200 PLC 与 S7－300 PLC 的以太网通信的操作

（一）任务要求

采用 S7 通信指令实现，S7－1200 PLC 将 4 个字节的数据发送给 S7－300 PLC，同时 S7－300 PLC 将 4 个字节的数据发送给 S7－1200 PLC。

（二）硬件及网络拓扑结构

S7－1200 PLC 和 S7－300 PLC 各 1 台，交换机 1 台，网线 3 根。网络拓扑结构如图 6-54 所示。

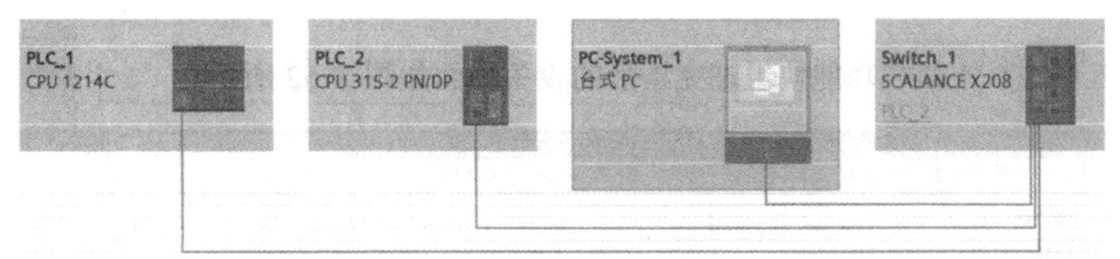

图 6-54　网络拓扑结构

（三）连接组态

S7－1200 与 S7－300 的连接组态包含：新建项目，组态 S7－1200 和 S7－300，修改 IP 地址，启用系统存储器，详细步骤可参考 2 台 S7－1200 PLC 的以太网通信的操作，组态设置完成后的界面如图 6-55 所示。

图 6-55　组态设置完成后的界面

（四）编写程序

S7 通信中 S7－1200 PLC 只能做客户端，要实现本任务功能就需要对 S7－1200 进行编程设置。在 S7－1200 PLC 主程序中，使用 S7 通信下的 PUT 和 GET 函数，在本任务中做相应配置即可。PUT 函数用于发送数据，GET 函数用于接收数据。

具体步骤如下。

（1）在 S7 通信目录下拖动 GET 到 PLC 1200 的主程序中，在弹出的窗口中单击“确定”按钮。

（2）同样，拖动 PUT 到另外一个程序段，在弹出的窗口中单击“确定”按钮，完成后的程序段如图 6-56 所示。

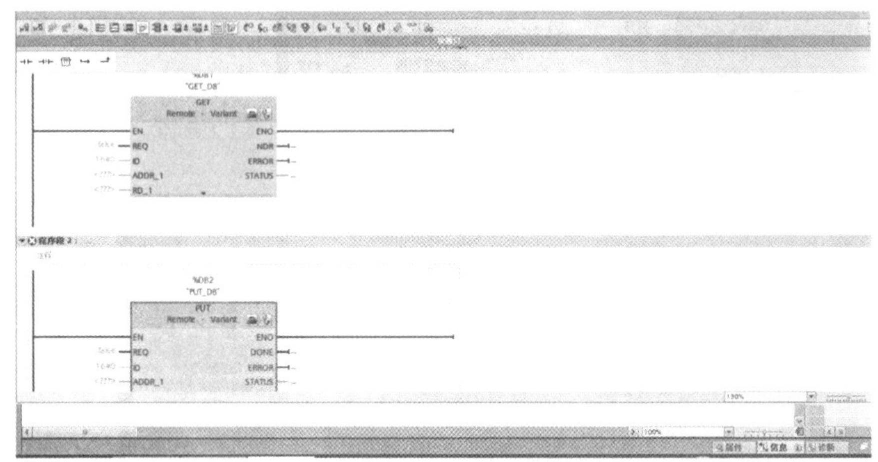

图 6-56　程序段

只需正确配置这两个功能块引脚的参数，就可以实现通信。在配置这两个功能块的参数前，还需要建立 PLC _ 1200 的发送数据块和接收数据块，以及 PLC _ 315 的发送数据块和接收数据块，过程如下。

（3）新建 PLC _ 1200 用于发送的数据块，名为“PLC1200 发送数据”，如图 6-57 所示。

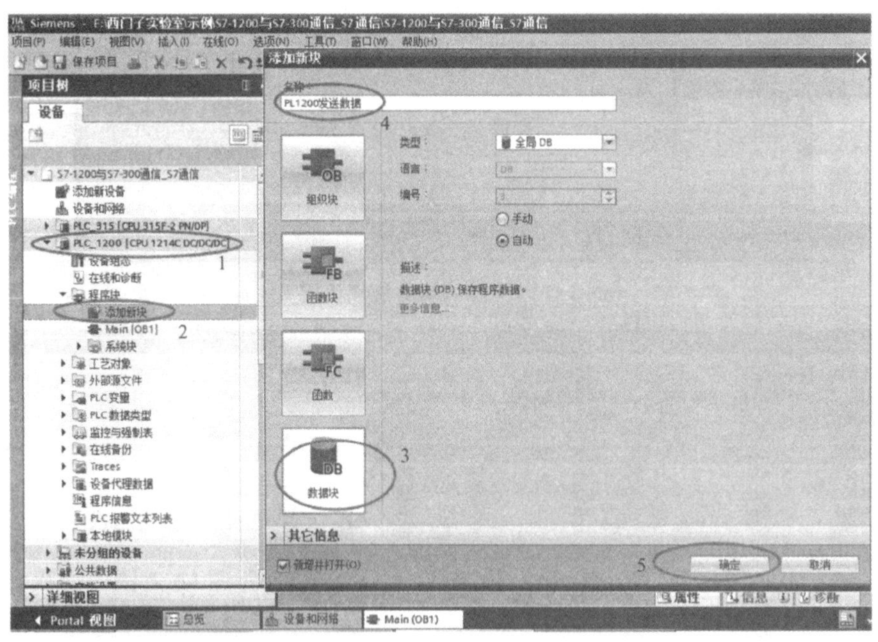

图 6-57　添加新块

（4）在新建的数据块上用鼠标右键单击，在快捷菜单中选择“属性”命令，界面如图 6-58 所示。

（5）在弹出的对话框中，取消对“优化的块访问”复选项的选择，界面如图 6-59 所示。

（6）在数据块“PLC1200 发送数据”中新建 4 个字节型变量，界面如图 6-60 所示。

（7）按同样的步骤，再新建一个数据块“PLC1200 接收数据”，并在其中新建 4 个字节型变量，界面如图 6-61 所示。

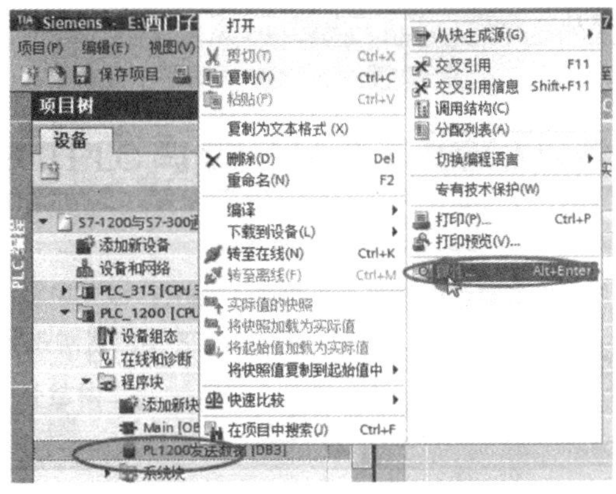

图 6-58　单击“属性”命令

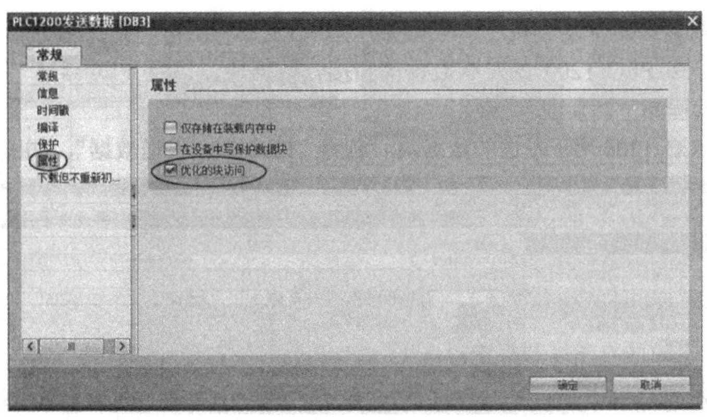

图 6-59　取消“优化的块访问”

S7-1200与S7-300通信_S7通信 ▸ PLC_1200 [CPU 1214C DC/DC/DC] ▸ 程序块 ▸ PLC1200发送数据 [DB3]

PLC1200发送数据

	名称	数据类型	偏移量	起始值	保持	可从 HMI...	从 H...	在 HMI ...	设定值	注释
1	▼ Static									
2	1200发送_1	Byte	...	16#0		☑	☑	☑		
3	1200发送_2	Byte	...	16#0		☑	☑	☑		
4	1200发送_3	Byte	...	16#0		☑	☑	☑		
5	1200发送_4	Byte	...	16#0		☑	☑	☑		
6	<新增>									

图 6-60　新建发送数据变量

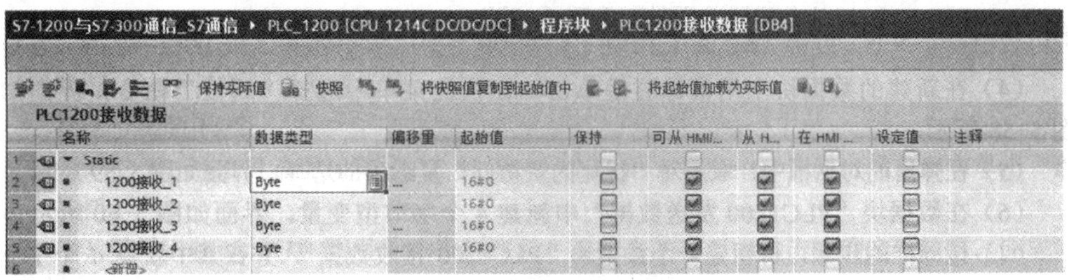

S7-1200与S7-300通信_S7通信 ▸ PLC_1200 [CPU 1214C DC/DC/DC] ▸ 程序块 ▸ PLC1200接收数据 [DB4]

PLC1200接收数据

	名称	数据类型	偏移量	起始值	保持	可从 HMI...	从 H...	在 HMI ...	设定值	注释
1	▼ Static									
2	1200接收_1	Byte	...	16#0		☑	☑	☑		
3	1200接收_2	Byte	...	16#0		☑	☑	☑		
4	1200接收_3	Byte	...	16#0		☑	☑	☑		
5	1200接收_4	Byte	...	16#0		☑	☑	☑		
6	<新增>									

图 6-61　新建接收数据变量

类似的，在 PLC－315 中也建立两个数据块，一个用于发送，一个用于接收。

（8）建立发送数据块“PLC315 发送数据”。添加新数据块界面如图 6-62 所示。

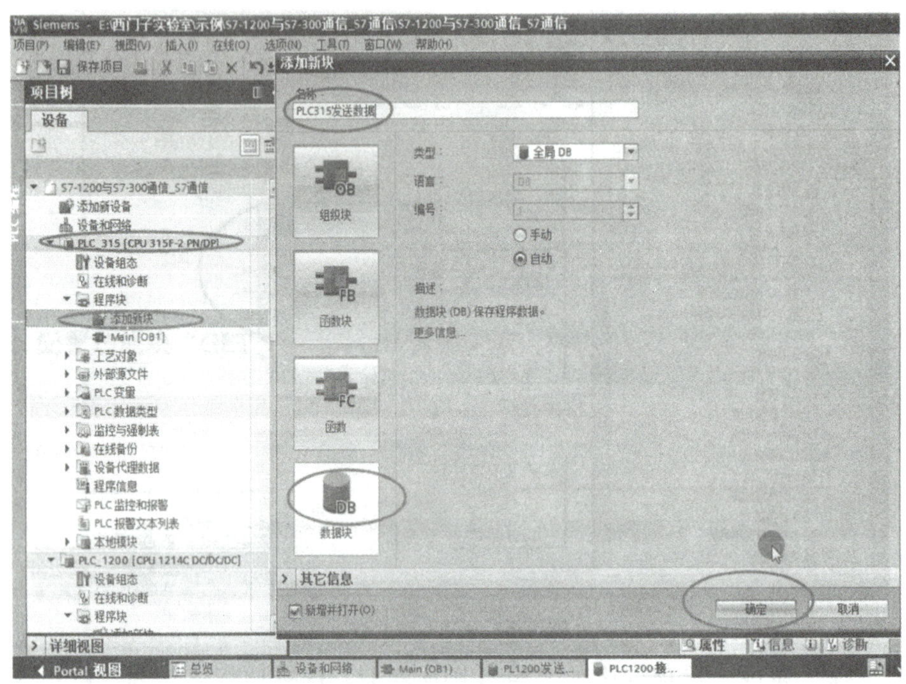

图 6-62　添加新数据块

（9）在数据块“PLC315 发送数据”中新建发送数据变量，界面如图 6-63 所示。

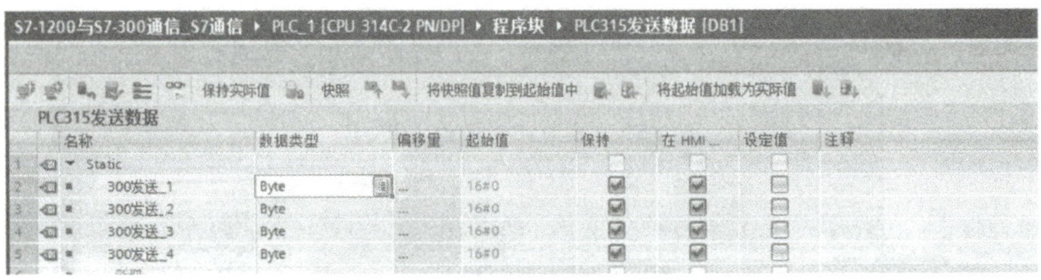
S7-1200与S7-300通信_S7通信 ▸ PLC_1 [CPU 314C-2 PN/DP] ▸ 程序块 ▸ PLC315发送数据 [DB1]

PLC315发送数据

	名称	数据类型	偏移量	起始值	保持	在 HMI…	设定值	注释
1	▼ Static							
2	300发送_1	Byte	…	16#0	☑	☑	☐	
3	300发送_2	Byte	…	16#0	☑	☑	☐	
4	300发送_3	Byte	…	16#0	☑	☑	☐	
5	300发送_4	Byte	…	16#0	☑	☑	☐	

图 6-63　新建发送数据变量

（10）按同样的步骤，新建用于接收的数据块“PLC315 接收数据”，并在其中新建接收数据变量，界面如图 6-64 所示。

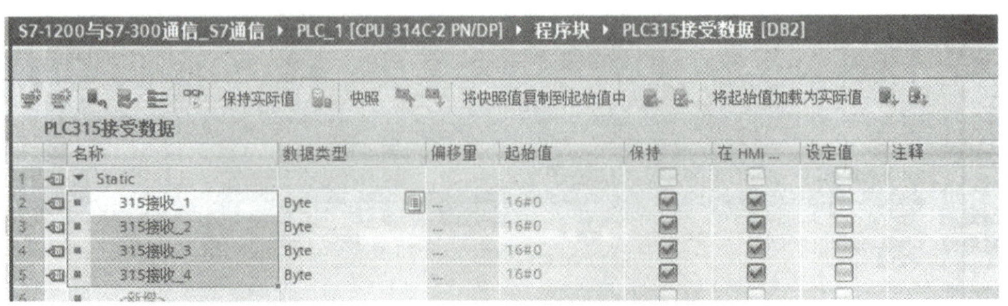
S7-1200与S7-300通信_S7通信 ▸ PLC_1 [CPU 314C-2 PN/DP] ▸ 程序块 ▸ PLC315接受数据 [DB2]

PLC315接受数据

	名称	数据类型	偏移量	起始值	保持	在 HMI…	设定值	注释
1	▼ Static							
2	315接收_1	Byte	…	16#0	☑	☑	☐	
3	315接收_2	Byte	…	16#0	☑	☑	☐	
4	315接收_3	Byte	…	16#0	☑	☑	☐	
5	315接收_4	Byte	…	16#0	☑	☑	☐	

图 6-64　新建接收数据变量

（11）返回到 PLC 1200 的主程序，对 GET 功能块进行配置。用鼠标右键单击 GET 功能块，在快捷菜单中选择“属性”命令。GE7 功能块如图 6-65 所示。

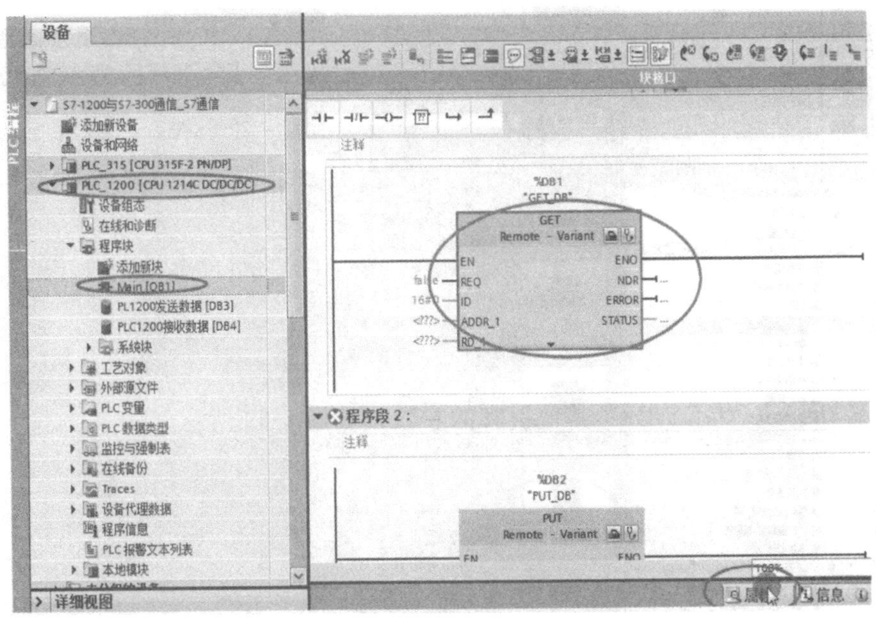

图 6-65　GET 功能块

(12) 选择“属性”选项卡中的“组态”选项卡，选择通信伙伴为“PLC _ 315”，如图 6-66 所示。

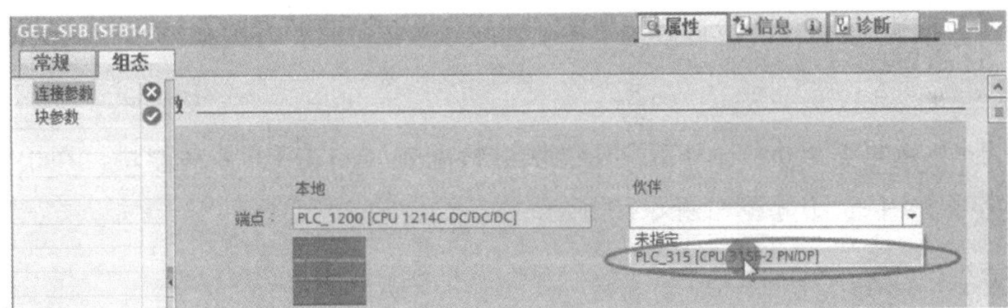

图 6-66　选择通信伙伴

(13) 自动生成的连接参数，界面如图 6-67 所示。

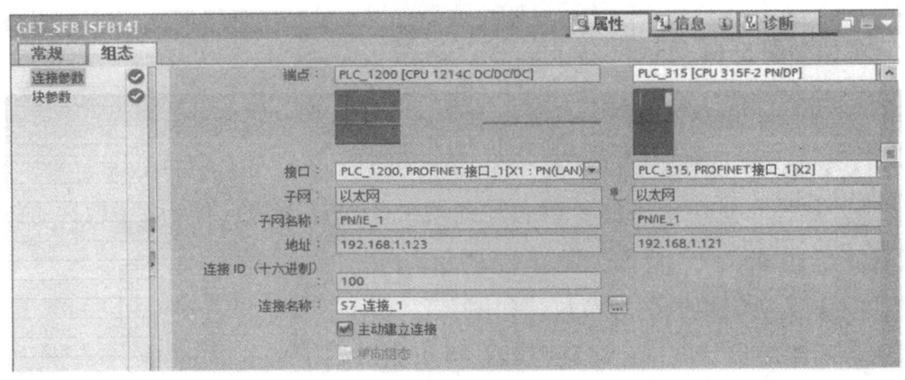

图 6-67　连接参数设置

（14）主程序的功能块“GET DB”的“ID”引脚自动填入参数，如图 6-68 所示。

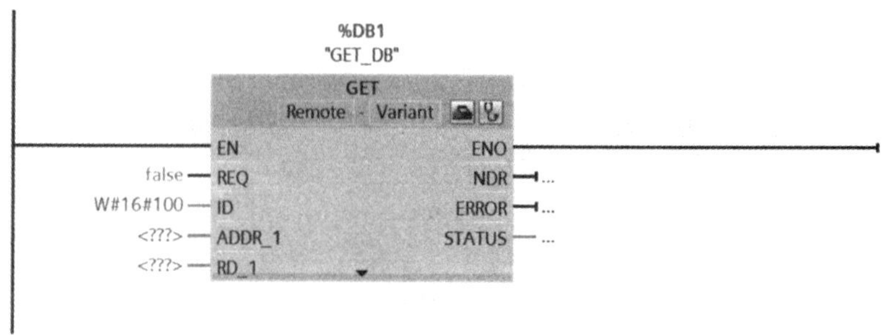

图 6-68　引脚参数

（15）配置功能块“GET D8”其他引脚的参数，如图 6-69 所示。

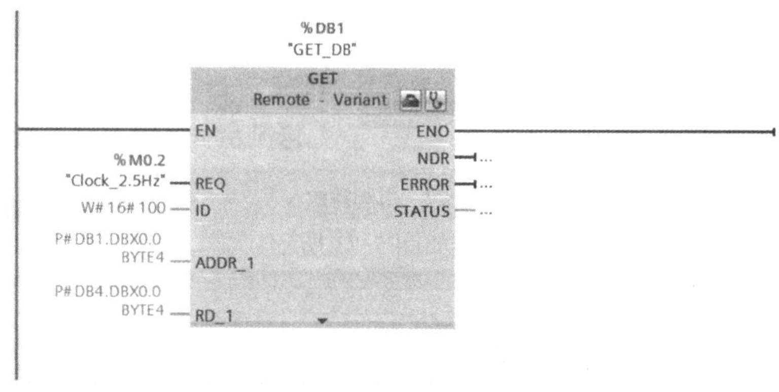

图 6-69　其他引脚参数

（16）按照上述的类似步骤对 PUT 功能块进行配置。右击 PUT 功能块，在快捷菜单中选择“属性”命令，PUT 功能块如图 6-70 所示。

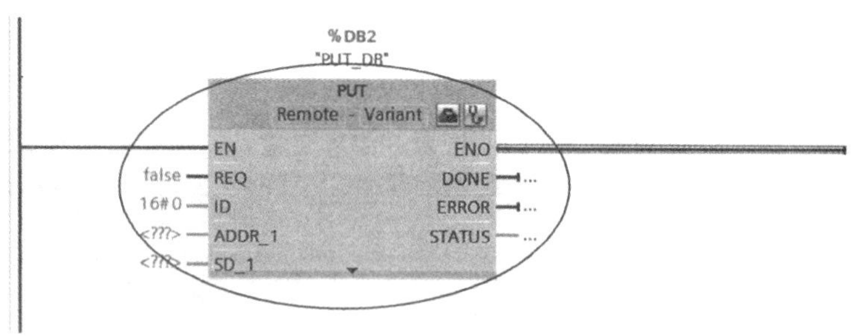

图 6-70　PUT 功能块

（17）选择“属性”选项卡中的“组态”选项卡，选择通信伙伴为“PLC _ 315”，自动生成一系列参数。选择通信伙伴界面如图 6-71 所示。

（18）配置 PUT 功能块的引脚参数，如图 6-72 所示。

已将本任务的程序编写完毕。将硬件和软件组态分别下载到 PLC 中。

(五) 调试

(1) 在 PLC _ 1200 的设备项目树中双击“添加新监控表”，新建监控表“监控表 1”。在

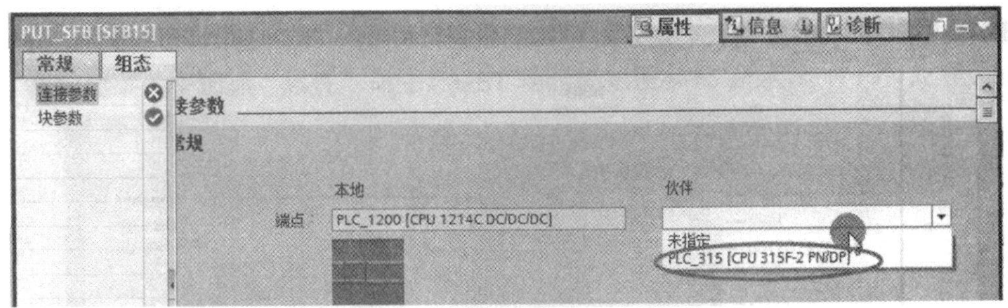

图 6-71　选择通信伙伴

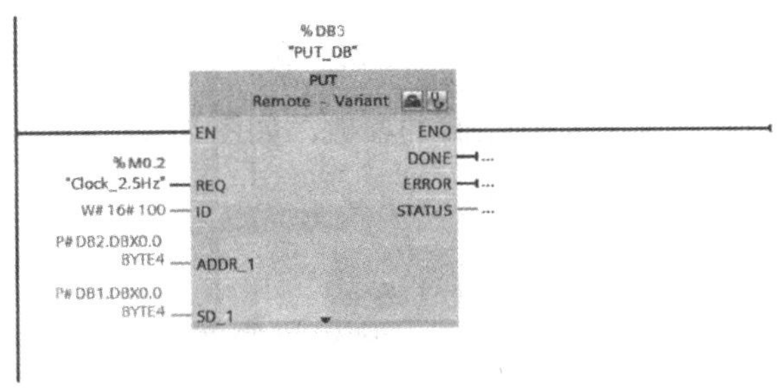

图 6-72　引脚参数

监控表 1 中添加监控变量。监控变量列表如图 6-73 所示。

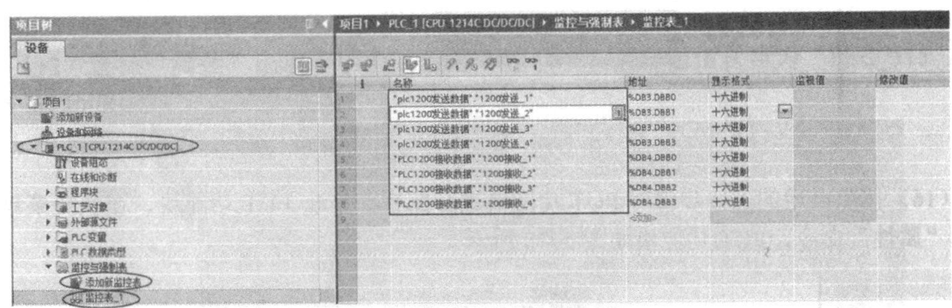

图 6-73　监控变量列表

(2) 按同样的步骤，建立 PLC _ 315 的监控表并添加变量。监控变量列表如图 6-74 所示。

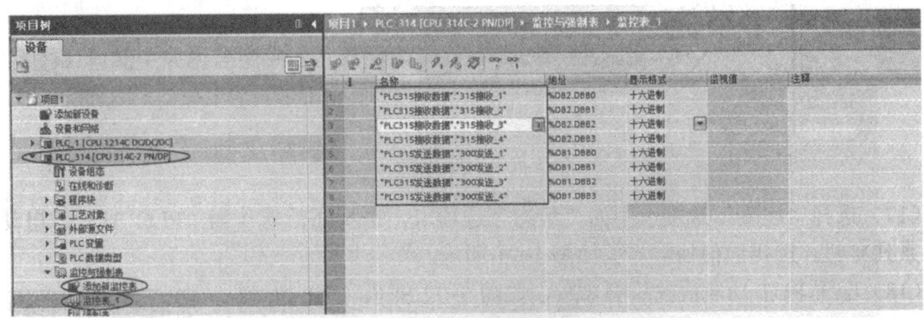

图 6-74　监控变量列表

（3）在“修改值”列输入数据，然后单击工具栏的“修改”和“监视”按钮，界面如图 6-75 所示。

图 6-75　修改数值

（4）产生通信结果如图 6-76 所示。

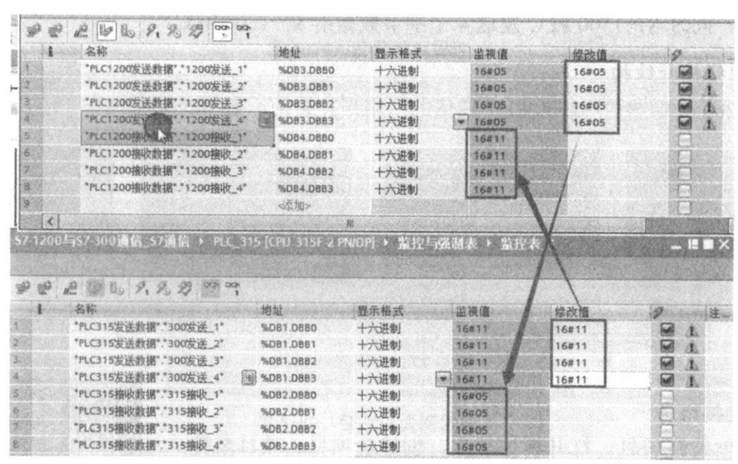

图 6-76　通信结果

四、用触摸屏控制电动机的操作

在控制领域，人机界面（Human Machine Interface，HMI）一般特指用于操作人员与控制系统之间进行对话和相互作用的专用设备。操作人员可以通过人机界面将信息发送给 PLC 来控制现场设备，此外人机界面还有报警、用户管理、数据记录、趋势图、配方管理、显示和打印报表、通信等功能。

触摸屏是人机界面的发展方向，用户可以在触摸屏的屏幕上生成满足自己要求的触摸式按键。画面上的按钮和指示灯可以取代相应的硬件元件，减少 PLC 需要的 I/O 点数，降低系统的成本。组态（Configuration）就是应用软件中提供的王具和方法，完成王程中某一项具体任务的过程。在计算机上使用博途软件绘制满足控制要求的用户界面，然后将用户界面中的图形对象和 PLC 中的存储器地址关联，再将组态转换成触摸屏可以执行的文件，并将可执行文件下载到触摸屏的存储器，就可以通过 PLC 用户程序进行控制，在控制系统运行时，触摸屏和 PLC 之间通过工业以太网交换信息，从而实现触摸屏的各种控制功能。

西门子 TP177 系列触摸屏显示区为 115.18 mm×86.38 mm（5.7 in），分辨率 3.20×240 像素，半亮度寿命典型值 50 000 h。最多配置 250 个显示画面，每个画面使用的变量最多 20 个，使用变量数目 250 个，离散量报警最多 500 个，报警变量数目 8 个，500 个文本对象。

下面以电动机为被控对象，通过触摸屏输入信号给 PLC 从而控制电动机，同时在触摸屏上通过指示灯显示电动机的运行状态。该任务采用的是 TP177B 6 in 的 PN/DP 触摸屏，其集成 RS－422/RS－485、PROFINET 接口，可实现多种网络通信，支持使用博途软件进行组态和编程。由 S7－1200 PLC 与触摸屏构成工业以太网网络，根据任务控制要求进行组态和运行。

（一）任务描述

实现触摸屏与 S7－1200 PLC 的 PROFINET 通信。在 HMI 上添加 3 个按钮和 2 个指示灯。3 个按钮的功能分别为正向启动电动机、反向启动电动机和停止电动机。两个指示灯的功能分别为当电动机正向运行时，正向运行指示灯点亮；当电动机反向运行时，反向运行指示灯点亮。

（二）硬件及网络拓扑结构

S7－1200 PLC 1 台，HMI 1 台，交换机 1 台，装有博途软件的电脑 1 台，网线 3 根。网络拓扑结构如图 6-77 所示。

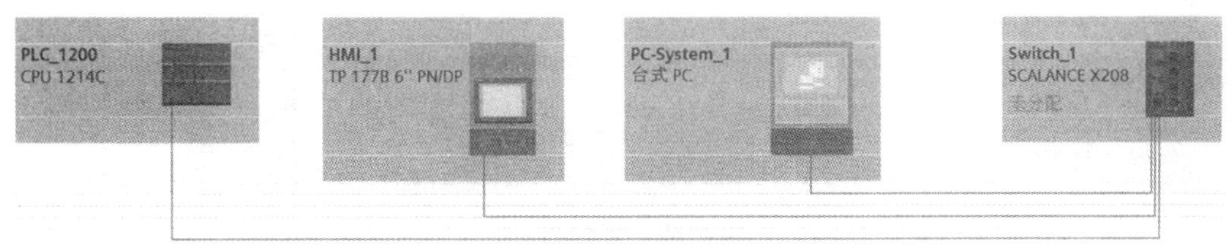

图 6-77　网络拓扑结构

（三）硬件组态

（1）在博途软件中创建新项目，项目名称为：HMI 连接 PLC S7－1200。创建新项目界面如图 6-78 所示。

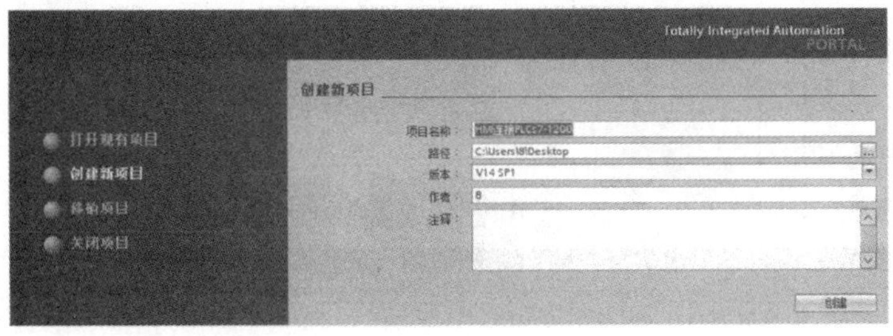

图 6-78　创建新项目

（2）进入项目视图，双击项目树下的“设备和网络”，再选择“网络视图”选项卡，在窗口右侧的硬件目录下找到订货号为“6ES7 214－1AG40－0XB0”的 CPU 模块，双击该图标，添加一台 PLC。添加设备界面如图 6-79 所示。

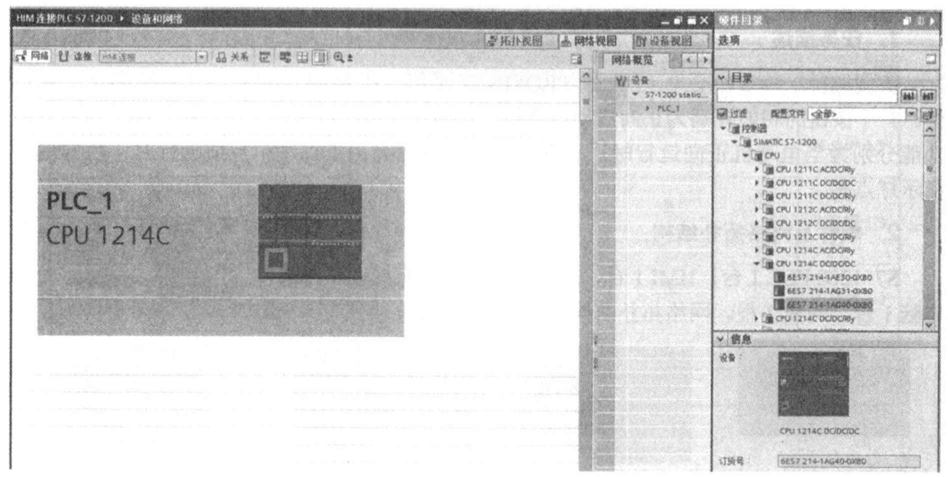

图 6-79　添加 PLC

（3）在右侧找到如图 6-80 所示型号的 HMI，然后双击该图标，添加控制器。

（4）在接下来的画面中拖动 PLC 的通信网口到 HMI 的以太网口上，自动生成通信网络。生成通信网络界面如图 6-81 所示。

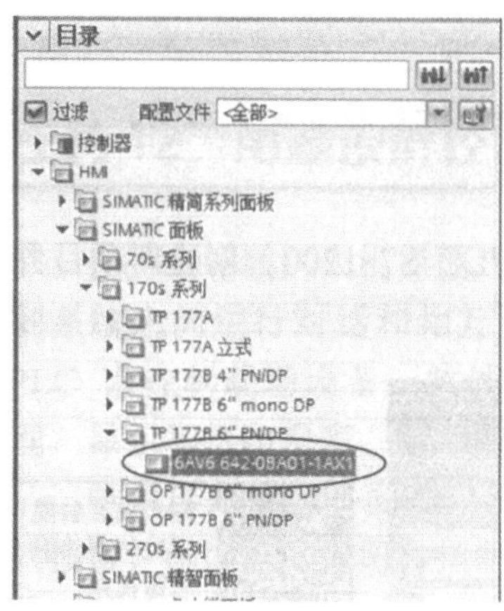

图 6-80　添加 HMI 控制器

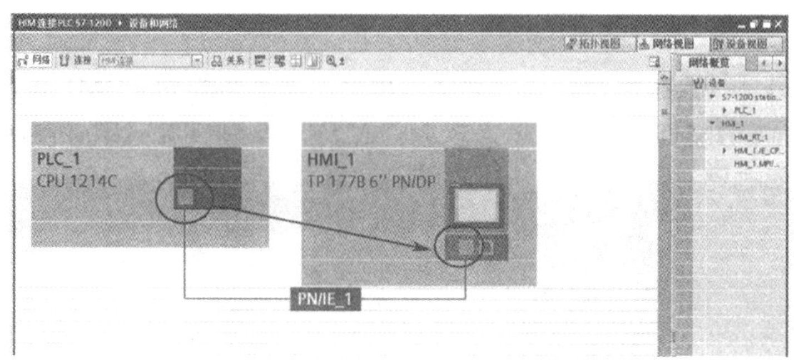

图 6-81　生成通信网络

（5）选择 PLC，选择“设备视图”选项卡，如图 6-82 所示。

（6）选择 PLC，单击下部的“属性”选项卡，在“以太网地址”栏修改 PLC 名称和 IP 地址。以太网地址如图 6-83 所示。

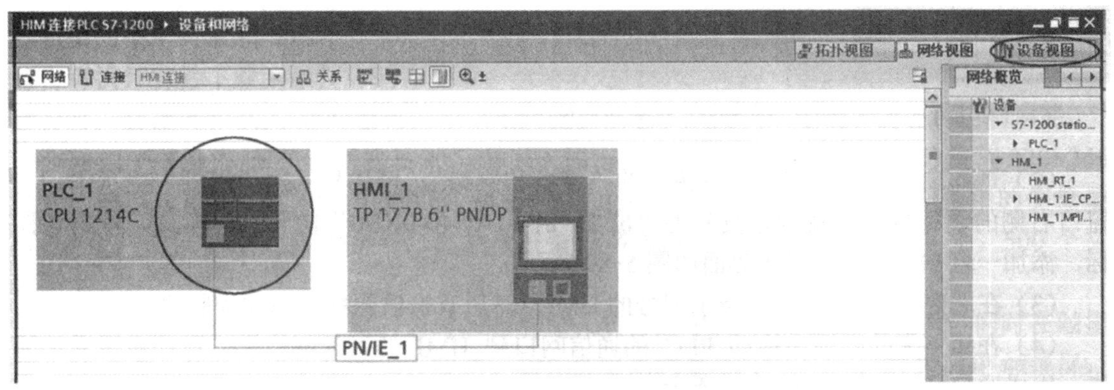

图 6-82　“设备视图”选项卡

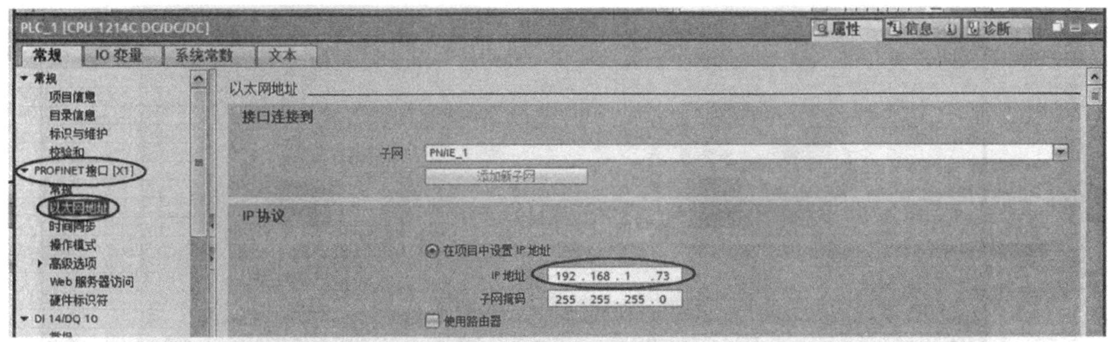

图 6-83　修改以太网地址

（7）在“连接机制”栏选择“允许来自远程对象的 PUT/GET 通信访问”复选项，如图 6-84 所示。

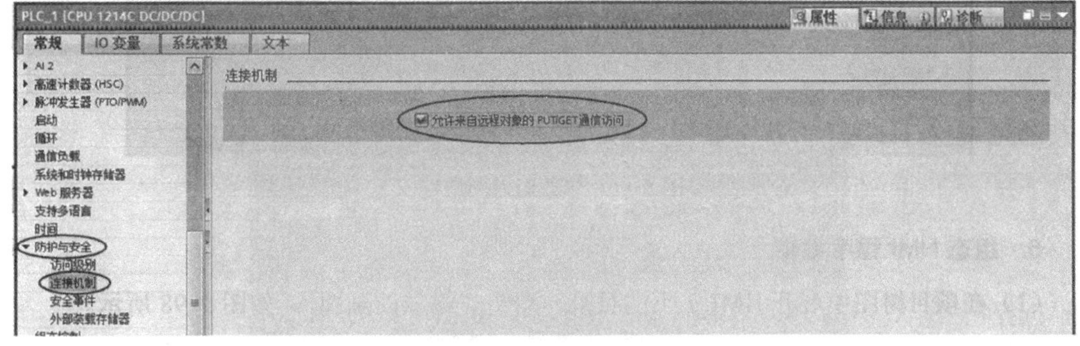

图 6-84　连接机制设置

（8）选择“网络视图”选项卡，选择 HMI 设备，再进入“设备视图”选项卡，如图 6-85 所示。

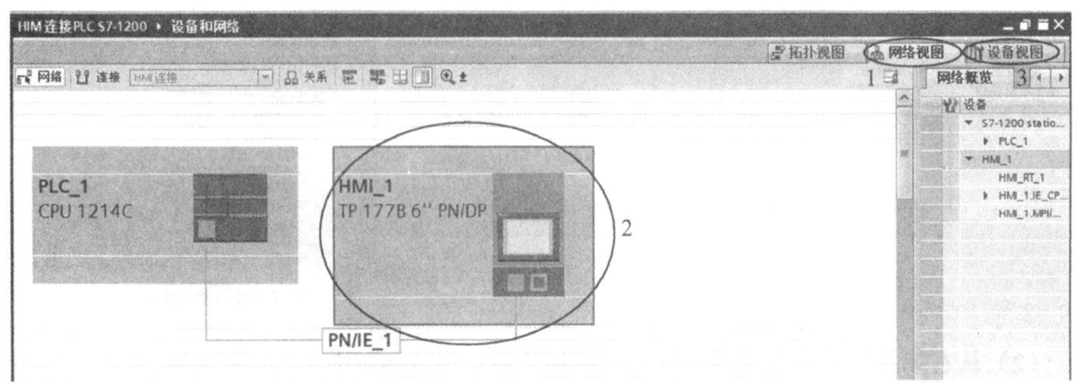

图 6-85 “网络视图”选项卡

（9）选择 HMI，选择“属性”选项卡，在“以太网地址”栏根据实际情况修改 IP 地址，如图 6-86 所示。

至此，硬件组态完毕。

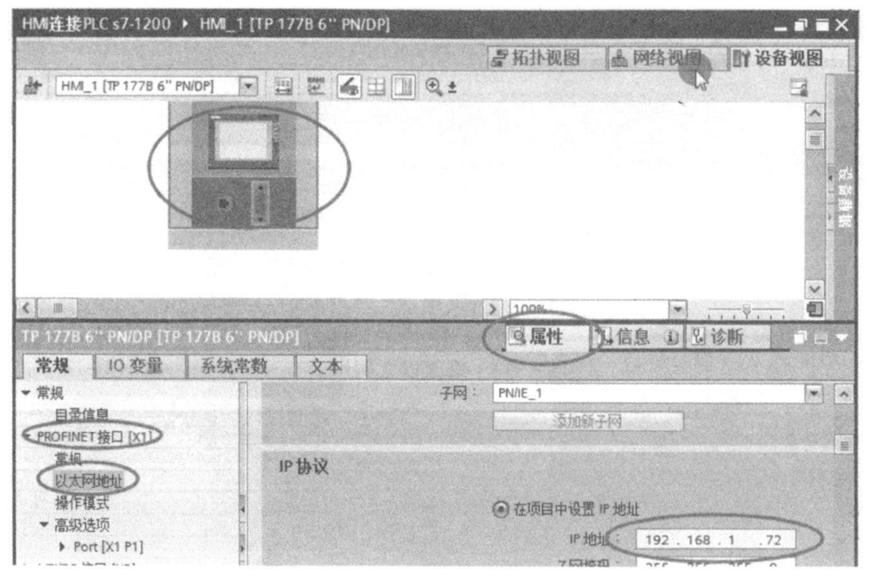

图 6-86 修改以太网地址

（四）编写 PLC 程序

根据控制要求，编写 PLC 控制电动机梯形图，如图 6-87 所示。

（五）组态 HMI 程序编辑

（1）在项目树图中展开 HML1 下的目录，双击“添加新画面”，如图 6-88 所示。

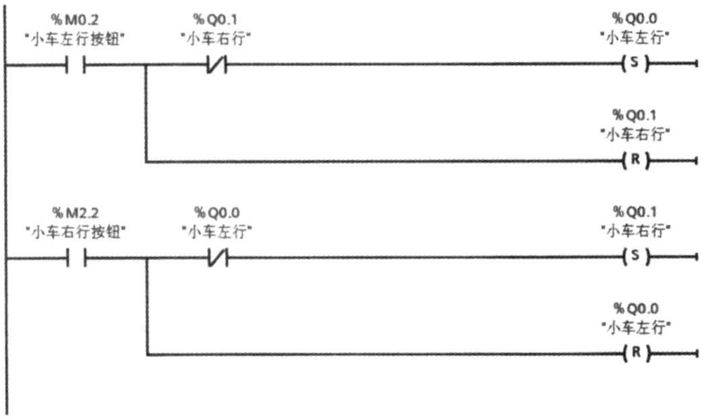

图 6-87　控制电动机梯形图

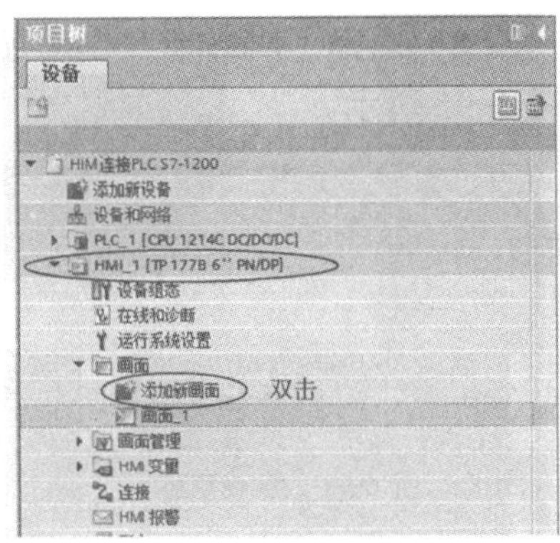

图 6-88　添加新画面

(2) 从右侧的“元素”项目下拖动“按钮”图标释放到画面 1，如图 6-89 所示。

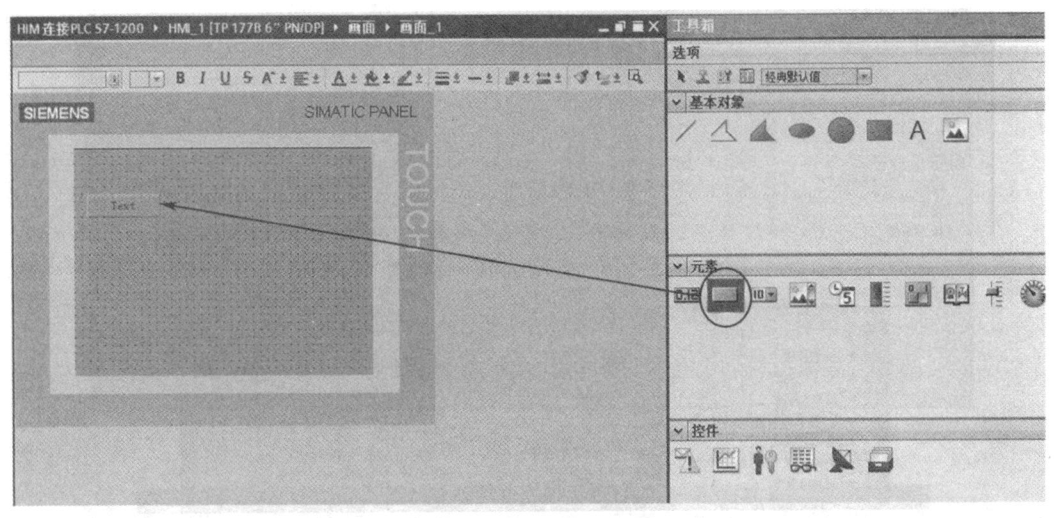

图 6-89　添加元素

(3) 修改“按钮”上的文字“text”为“左行启动”，如图 6-90 所示。

(4) 选择“属性”选项卡中的“事件”选项卡，单击“按下”，单击右侧三角符号添加函数功能，如图 6-91 所示。

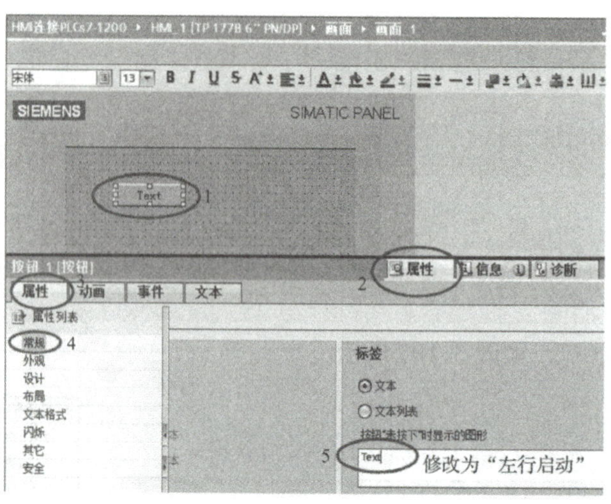

图 6-90　修改属性

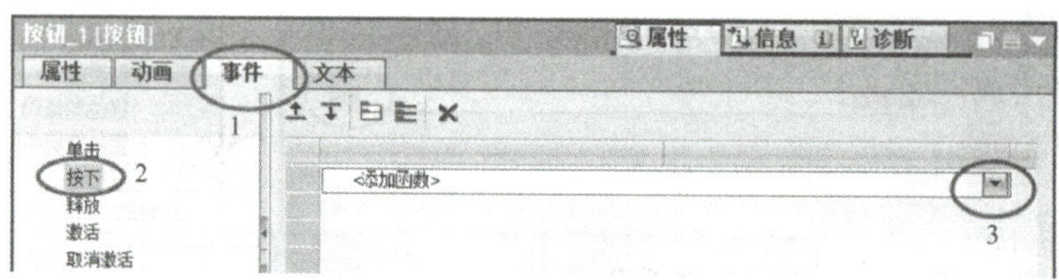

图 6-91　修改事件

（5）单击展开“编辑位”，如图 6-92 所示。

（6）单击“置位位”，如图 6-93 所示。

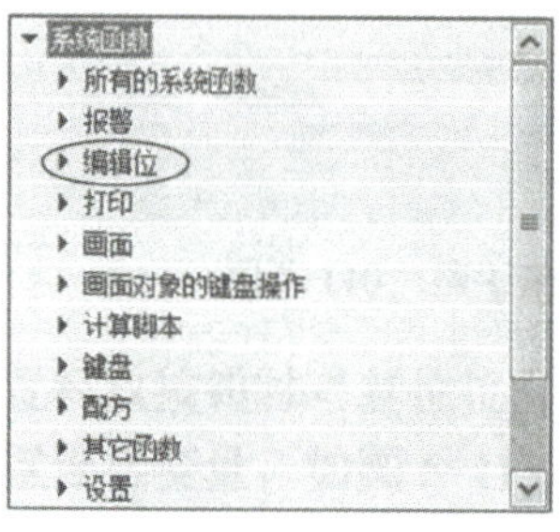

图 6-92　编辑位

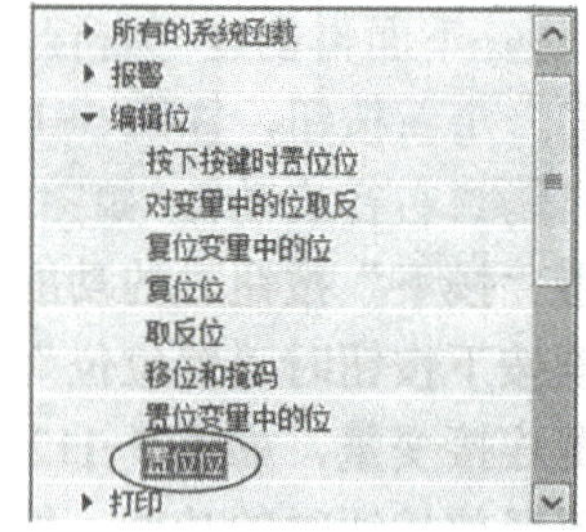

图 6-93　置位位

（7）单击“变量（输入/输出）”右侧的“…”图标按钮，如图 6-94 所示。

（8）单击选择 PLC“默认变量表”中的变量“小车左行按钮”，单击“确认”按钮，如图 6-95 所示。

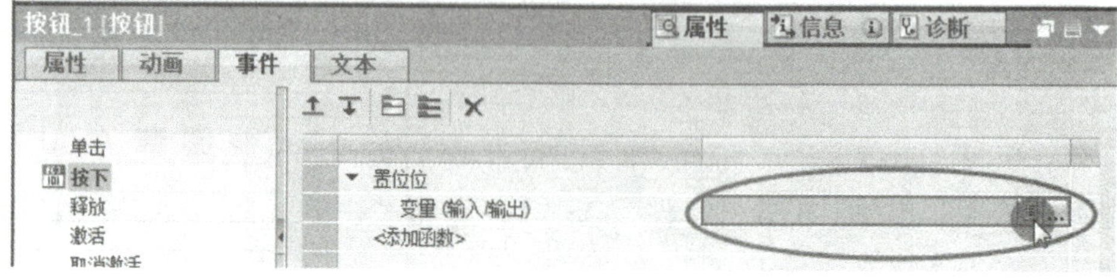

图 6-94　输入/输出变量设置

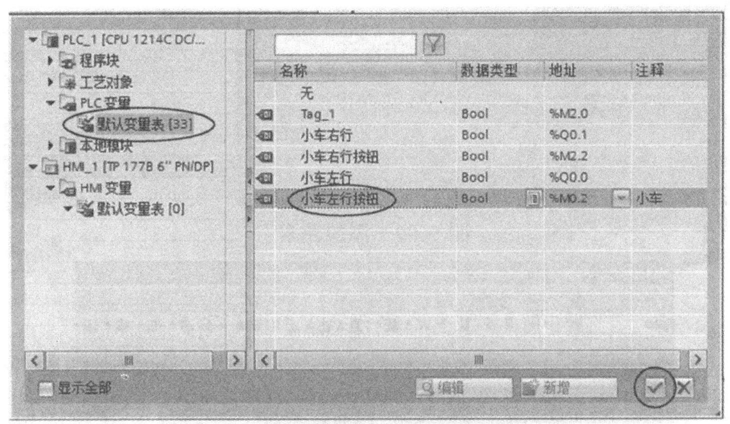

图 6-95　默认变量表

(9) 设置按钮释放时的操作。单击“释放”，再单击右侧的下三角符号添加函数功能，如图 6-96 所示。

(10) 选择“复位位”，如图 6-97 所示。

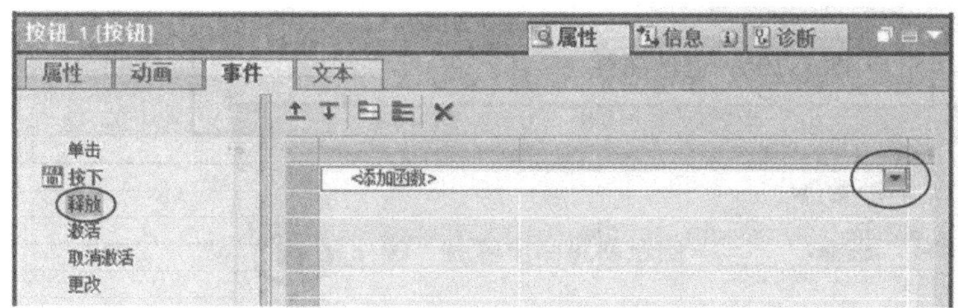

图 6-96　释放功能设置

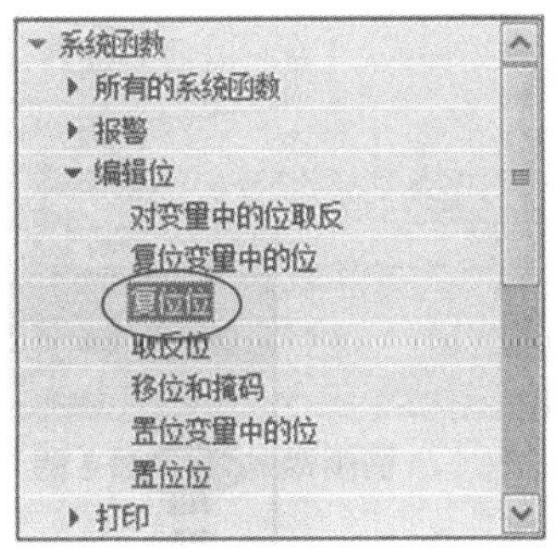

图 6-97　复位位

同以上步骤，下面再创建“右行启动按钮”。

(11) 添加一个新按钮，如图 6-98 所示。

(12) 改名为“右行启动”，如图 6-99 所示。

(13) 设置“按下”按钮时的功能，如图 6-100 所示。

(14) 设置按下按钮时“置位位”，如图 6-101 所示。

(15) 设置连接变量，如图 6-102 所示。

(16) 设置释放按钮时的功能，如图 6-103 所示。

图 6-98　添加新按钮

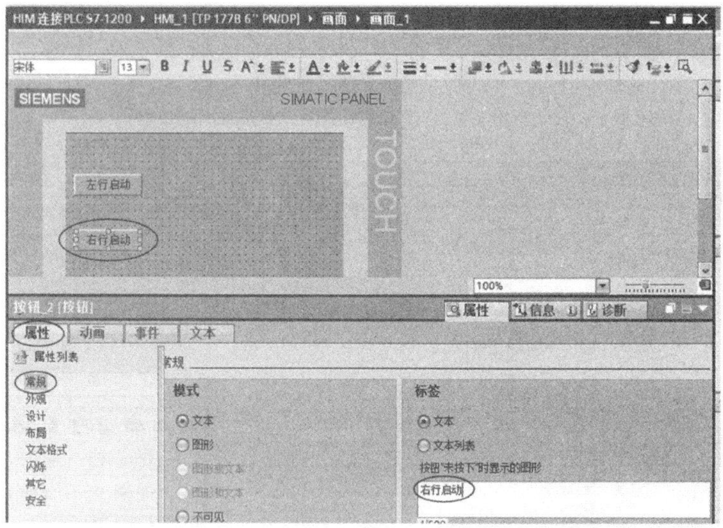

图 6-99　“右行启动”按钮

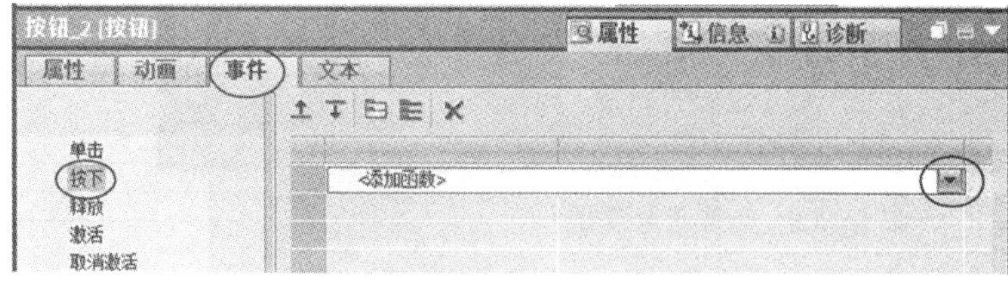

图 6-100　按下功能设置

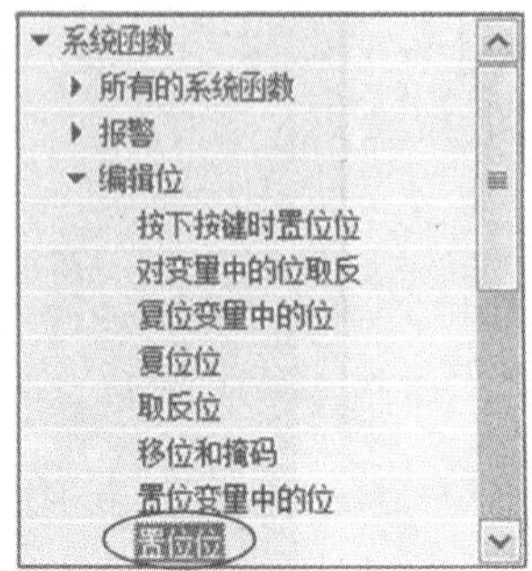

图 6-101　置位位

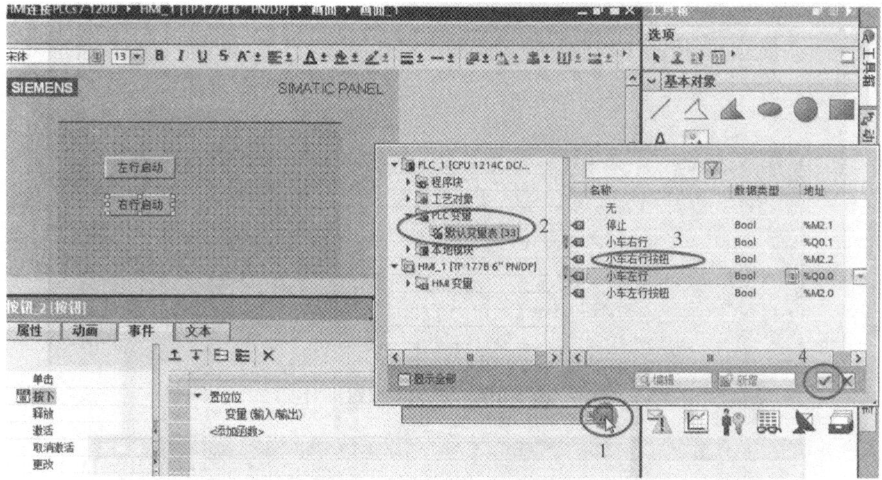

图 6-102　连接变量设置

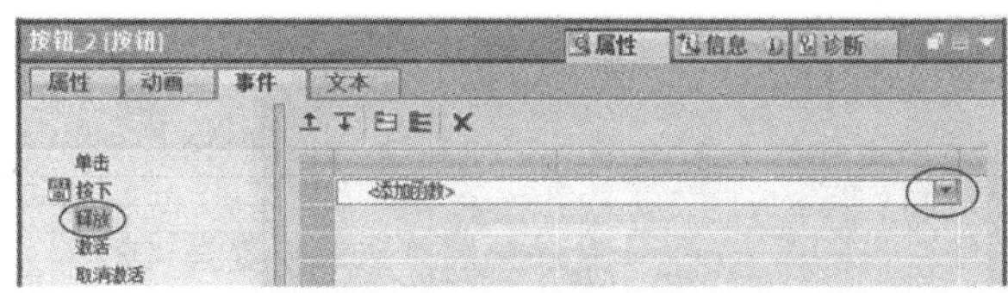

图 6-103　释放功能设置

（17）设置释放按钮时“复位位”，如图 6-104 所示。

（18）设置连接变量，如图 6-105。

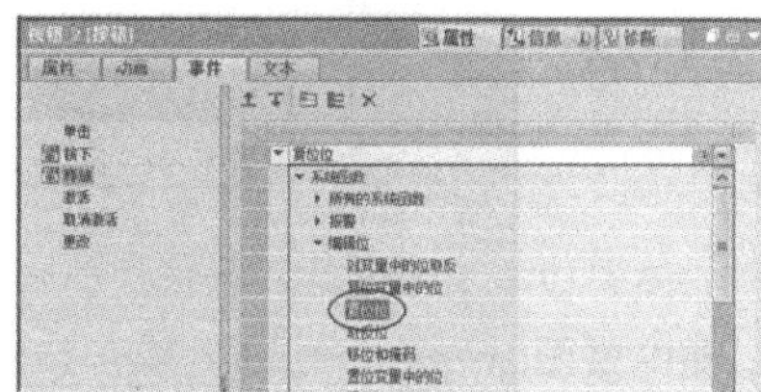

图 6-104　复位位

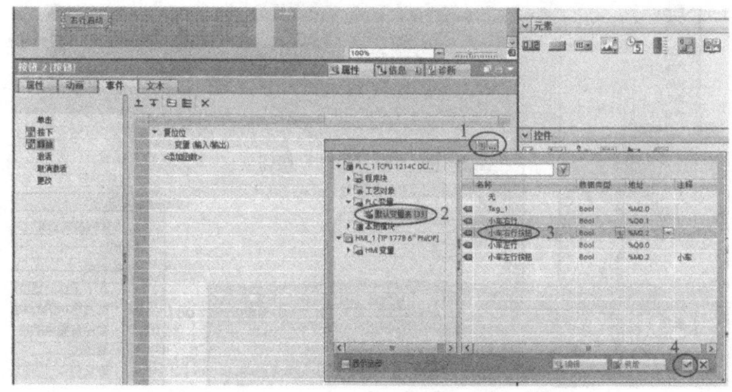

图 6-105　连接变量设置

（19）再添加第三个按钮，改名为“停止”，设置按下时“置位位”，释放时“复位位”，连接变量为 PLC 的“停止”。步骤同前，不再赘述。

接下来添加指示灯。

（20）从右侧“基本对象”窗口中拖动圆形“指示灯”图标到 HMI 画面 1，如图 6-106 所示。

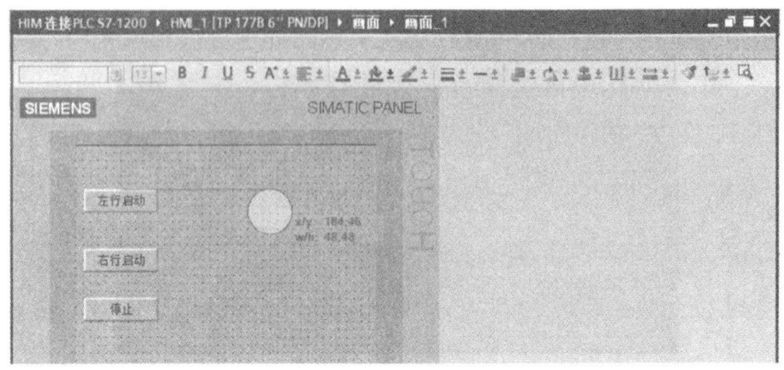

图 6-106　添加指示灯

（21）连续添加第二个圆形指示灯，如图 6-107 所示。

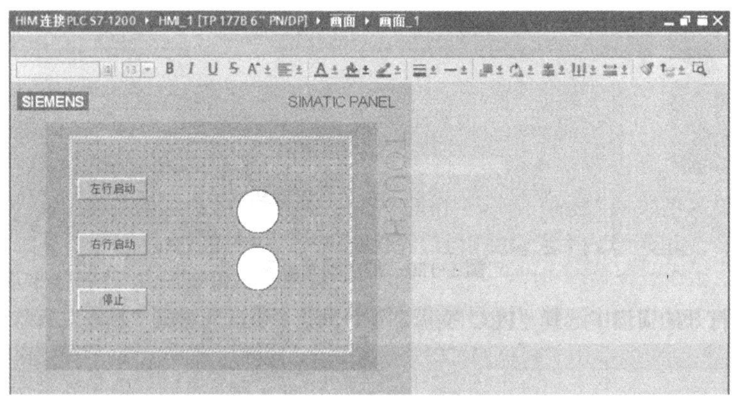

图 6-107　添加第二个指示灯

（22）选择第一个圆形指示灯，选择“属性”选项卡中的“动画”选项卡，双击“添加新动画”，如图 6-108 所示。

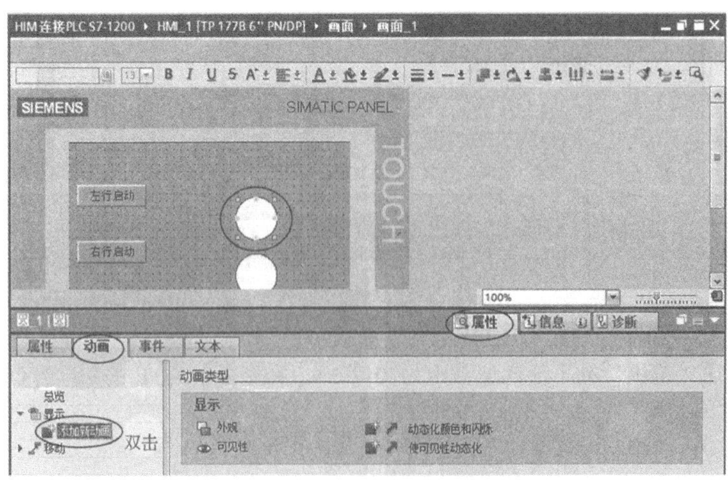

图 6-108　添加新动画

（23）在弹出的窗口中选择“外观”，单击“确定”按钮，如图 6-109 所示。

图 6-109　选择外观动画

（24）返回“属性”选项卡，单击变量名称右侧的“…”图标，如图 6-110 所示。

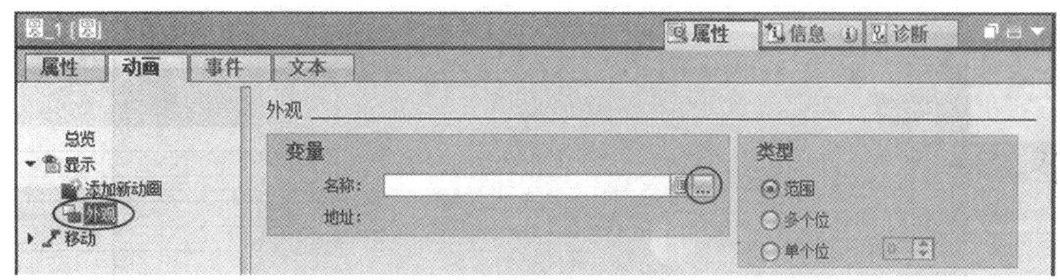

图 6-110　外观动画设置

（25）在打开的窗口中选择“PLC 变量”下“默认变量表”中的“小车左行”，如图 6-111 所示。

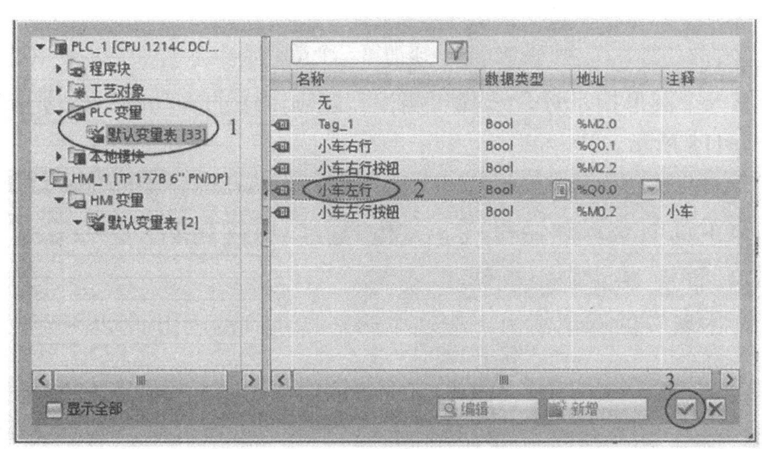

图 6-111　默认变量表

（26）分别在如图 6-112 所示的 1 处和 2 处双击。

（27）确认“范围”列下面的值分别为 0 和 1。在范围值为 1 的那一行，单击“背景色”列的下三角符号，如图 6-113 所示。

（28）在弹出的颜色中选取红色，如图 6-114 所示。

至此，第一个指示灯的设置已完成。

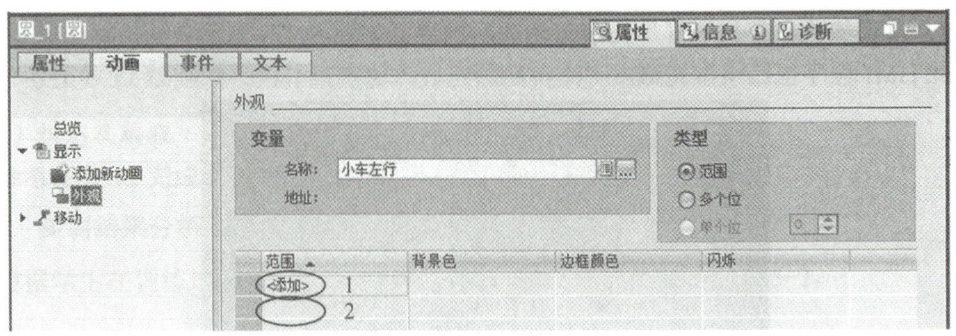

图 6-112　变量

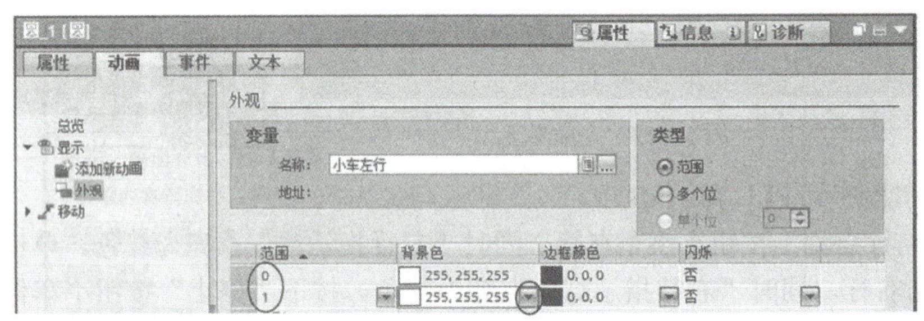

图 6-113　背景色

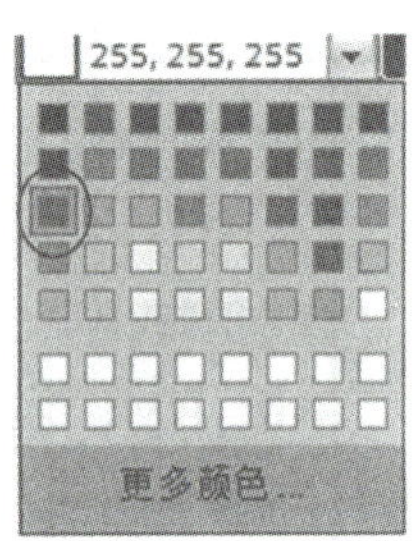

图 6-114　选取颜色

（29）第二个指示灯的设置操作与第一个相同，连接变量为“PLC 变量”下“默认变量表”中的“小车右行”，具体步骤不再赘述。

（30）拖动“文本域”图标至画面 1 第一个圆形指示灯的上方，如图 6-115 所示。

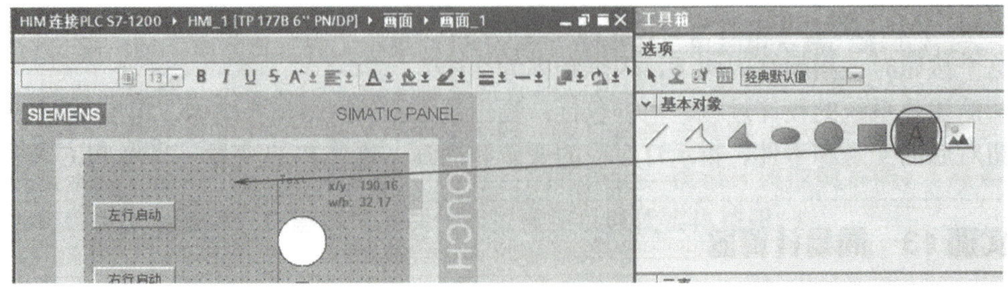

图 6-115　添加文本域

（31）选择文字“Text”，修改为“左行指示灯”。修改前如图 6-116 左图，修改后如图 6-116 右图。

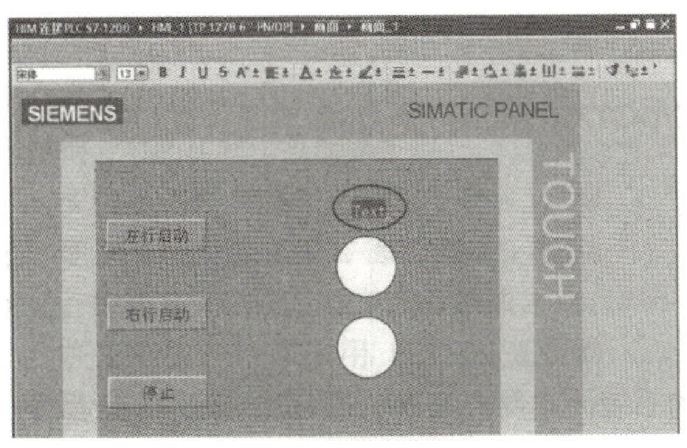

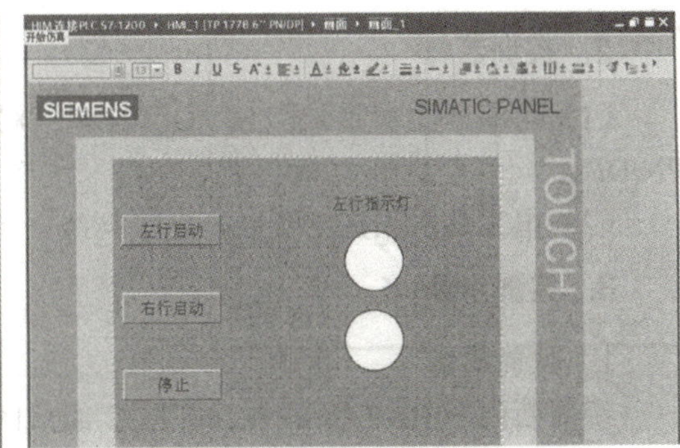

图 6-116　修改文字

(32) 再添加“右行指示灯”文字，完成后的界面如图 5—127 所示。

至此 HMI 程序也已组杰完成。

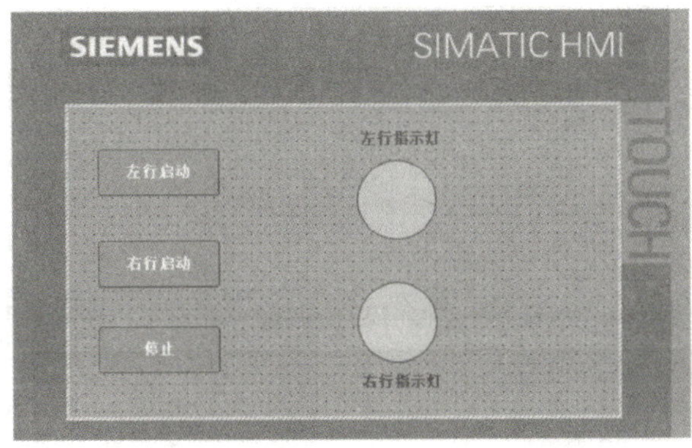

图 6-117　完成界面

分别下载硬件组态和程序到 PLC 与 HMI 中。

单击 HMI 上的“左行启动”按钮，小车左行，同时“左行指示灯”点亮为红色。单击“右行启动”按钮，小车右行，同时“右行指示灯”点亮为红色。按下“停止”按钮小车停止，指示灯熄灭。

任务二　变频器控制原理与操作

变频器是应用变频技术与微电子技术，通过改变电动机工作电源的频率来更好地控制交流电动机的电力控制设备，以便改进过程控制、节能和减少系统维护等。

变频器主要由整流（交流变直流）、滤波、逆变（直流变交流）、制动单元、驱动单元、检测单元、微处理单元等组成。

在工业生产中常采用 PLC 与变频器对异步电动机进行控制，变频器控制原理示例框图如图 6-118 所示。

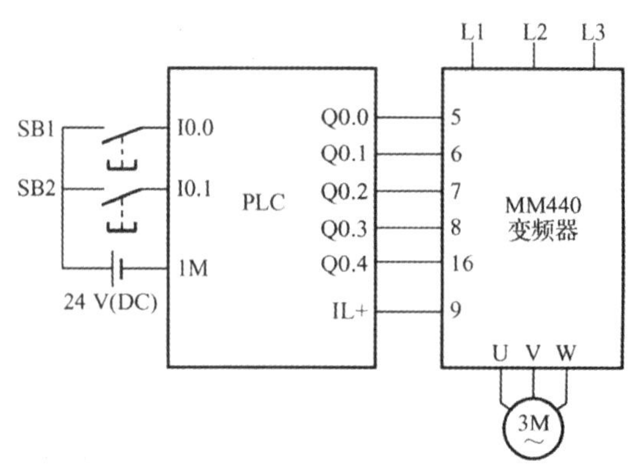

图 6-118　变频器控制原理示例

常见的西门子变频器有 MicroMaster MM4 系列、SINAMICS G120 系列等。G120 系列变频器因具有简洁的操作面板、良好的控制性能、优化的集成保护和强大的通信功能在自动控制领域得到广泛应用。

一、G120 变频器的面板操作

变频器及智能操作面板（IOP）布局如图 6-119 所示。

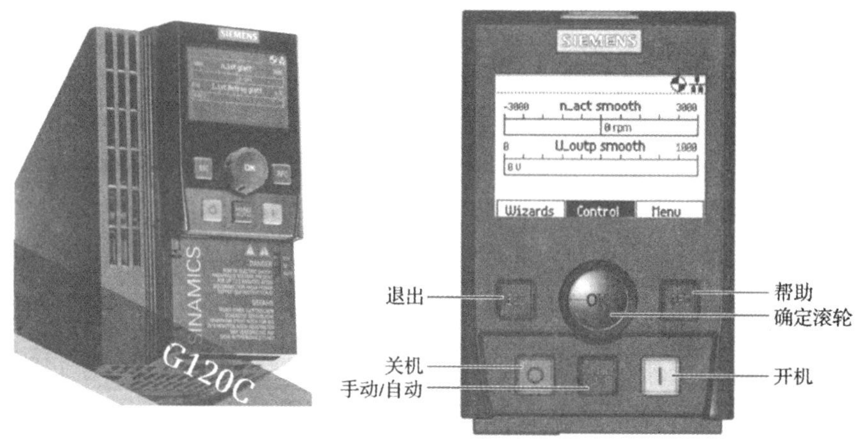

图 6-119　变频器及 IOP 面板

IOP 操作使用一个滚轮和五个附加按键。滚轮和按键的具体功能如表 6-1 所示。

表 6-1　常用按键及功能

按　键	功　能
OK	确定滚轮具有以下功能： · 在菜单中通过旋转滚轮改变选择。 · 当选择突出显示时，按压滚轮确认选择。 · 编辑一个参数时，旋转滚轮改变显示值；顺时针增加显示值，逆时针减小显示值。 · 编辑参数或搜索值时，可以选择编辑单个数字或整个值。 长按滚轮（>3 秒），在两个不同的编辑模式之间切换

<table>
<tr><th>按 键</th><th>功 能</th></tr>
<tr><td></td><td>开机按键具有以下功能：
• 在 AUTO（自动）模式下，屏幕显示为一个信息屏幕，说明该命令源为 AUTO，可通过“手动/自动”按键来改变。
• 在 HAND（手动）模式下启动变频器，变频器图标开始转动。
注意：
对于固件版本低于 4.0 的控制单元，在 AUTO 模式下运行时，无法选择 HAND 模式，除非变频器停止。
对于固件版本为 4.0 或更高的控制单元，在 AUTO 模式下运行时，可以选择 HAND 模式，电动机将继续以最后选择的设定速度运行。
如果变频器在 HAND 模式下运行，切换至 AUTO 模式时电动机停止运行</td></tr>
<tr><td></td><td>关机按键具有以下功能：
• 如果按下时间超过 3 秒，变频器将执行 OFF2 命令，电动机将关闭停机。注意：在 3 秒内按 2 次 OFF 键也将执行 OFF2 命令。
• 如果按下时间不超过 3 秒，变频器将执行以下操作：
一在 AUTO 模式下，屏幕显示为一个信息屏幕，说明该命令源为 AUTO，可使用“手动/自动”按键来改变。变频器不会停止。
一如果在 HAND 模式下，变频器将执行 OFF1 命令，电动机将以参数设置为 P1121 的减速时间停机。</td></tr>
<tr><td>ESC</td><td>退出按键具有以下功能：
• 如果按下时间不超过 3 秒，则 IoP 返回到上一页，或者如果正在编辑数值，新数值不会被保存。
• 如果按下时间超过 3 秒，则 IOP 返回到状态屏幕。
• 在参数编辑模式下使用退出按键时，除非先按确认滚轮，否则数据不能被保存</td></tr>
<tr><td>INFO</td><td>帮助（INFO）按键具有以下功能：
• 显示当前选定项的额外信息。
• 再次按下 INFO 按键会显示上一页。
• 在 IOP 启动时按下 INFO 按键，会使 IOP 进入 DEMO 模式。重启 IOP 后可退出 DEMO 模式</td></tr>
<tr><td>HAND AUTO</td><td>手动/自动（HAND/AUTO）按键，切换 HAND 和 AUTO 模式下的命令源。
HAND 设置到 IOP 的命令源。
AUTO 设置到外部数据源的命令源，例如现场总线</td></tr>
</table>

IOP 在显示屏的右上角边缘显示许多图标按钮，表示变频器的各种状态或当前情况。这些图标按钮的解释如表 6-2 所示。

表 6-2　常用按钮及符号

功　能	状　态	符　号	备　注
命令源	自动		
	点动	JOG	点动功能激活时显示
	手动		
变频器状态	就绪		
	运行		电动机运行时图标旋转
故障未解决	故障		
报警未解决	报警		
保存至 RAM	激活		表示所存数据已保存至 RAM。如果断电所有数据将会丢失
PID 自动调整	激活		
休眠模式	激活		
写保护	激活		参数不可更改
专有技术保护	激活		参数不可浏览或更改
ESM	激活		基本服务模式

二、G120 变频器的参数设置

IOP 向导可以帮助用户设置公众功能和变频器参数。基本的调试步骤如下：

（1）在变频器上电完成后，旋转滚轮选中向导“Wizards”，确定后进入向导模式。

（2）从菜单选择“基本调试…”（Basic commissioning…）。

（3）在弹出的界面中选择“是”，恢复出厂设置。在保存基本调试过程中所做的所有参数变更前恢复出厂设置。

（4）选择连接电动机的控制模式为“U/f with linear characteristic…”。

（5）选择和变频器连接电动机的正确数据为“Europe 50 Hz kW”。该数据用于计算该应用的正确速度和显示值。

（6）选择感应电动机“Induction motor”。

（7）选择基准频率为 50Hz。

（8）选择继续“continue”。

（9）再次选择“继续”，然后根据铭牌输入电动机的相关参数。

（10）输入电动机额定电压为“380 V”。

（11）输入电动机额定电流为“1. 3A”。

（12）输入电动机额定功率为“0. 55 kW”。

（13）输入电动机额定转速为“1 425 rpm”。

（14）电动机 ID 选择“Disabled”项。

（15）选择“继续”。

(16) 再次选择“继续”。

(17) 进入宏界面设置参数，选择“Conveyor with Fieldbus”。

(18) 输入最低速度为“0rpm”。

(19) 输入电动机的加速时间为“5 s”。

(20) 输入电动机的减速时间为“5 s”。

(21) 选择“继续”。

(22) 选择保存“save”。

(23) 经过一定时间的计算后，按滚轮继续，再选择“继续”，变频器的设置就完成了。

下面将基于 S7－300 PLC CPU315，介绍通过 PROFINET 控制 G120 变频器，实现对电动机启停、调速和转向控制。

三、G120 变频器电动机控制系统的操作

(一) 任务描述

PLC 通过 PROFINET 控制 G120 变频器，再由变频器实现对电动机启停、调速和转向控制。

(二) 网络拓扑结构及硬件

网络拓扑结构如图 6-120 所示。需要的硬件有 S7－300 PLC 1 台，G120 变频器 1 台，装有博途软件的计算机 1 台，交换机 1 台，网线若干。

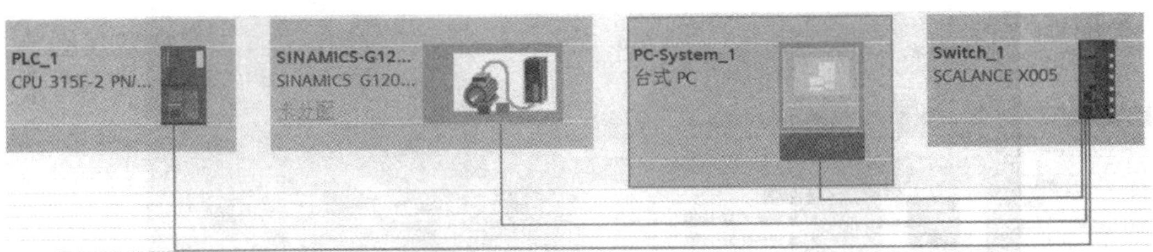

图 6-120　网络拓扑结构

(三) 硬件组态

(1) 新建项目，项目名称为“PLC300 通过 PROFINET 控制 G120”，如图 6-121 所示。

图 6-121　创建新项目

（2）单击“设备与网络”，再单击“添加新设备”，如图 6-122 所示。

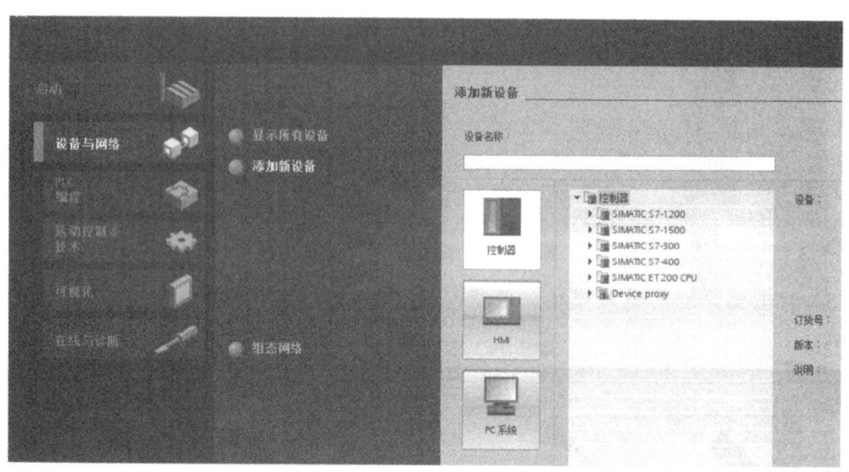

图 6-122　添加新设备

（3）添加 PLC，CPU 模块订货号为“6ES7 315－2FJ14－0AB0”，如图 6-123 所示。

（4）单击“添加”，并选择“设备视图”选项卡，在硬件目录中双击要添加的输入/输出模块，订货号为“6ES7 323－1BL00－0AA0”，如图 6-124 所示。

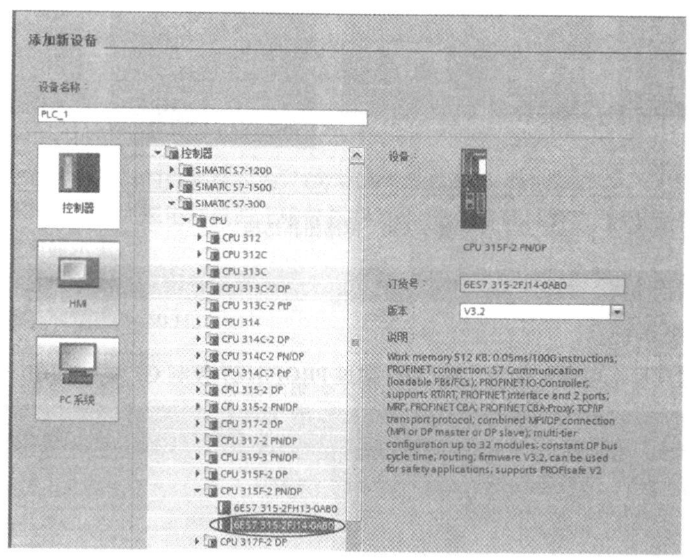

图 6-123　添加 PLC

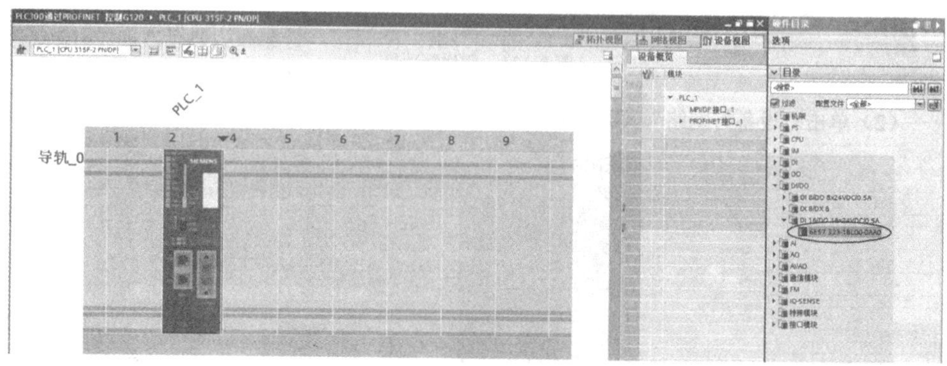

图 6-124　添加输入/输出模块

（5）双击要添加的电源模块，订货号为“6ES7 307－1EA01－0AA0”，如图 6-125 所示。

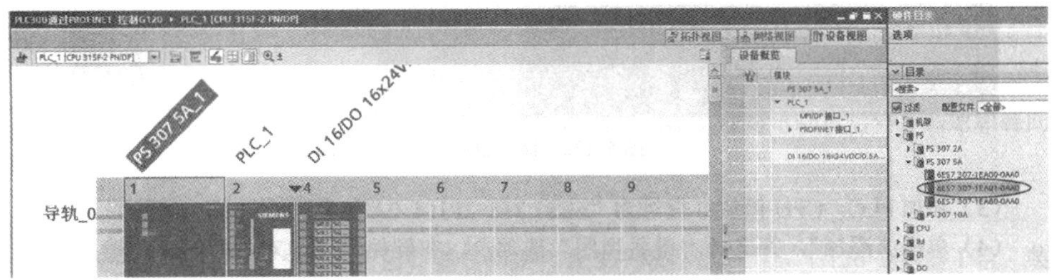

图 6-125　添加电源模块

（6）双击要添加的模拟量模块，订货号为“6ES7 335－7HGD2－0AA0”，如图 6-126 所示。

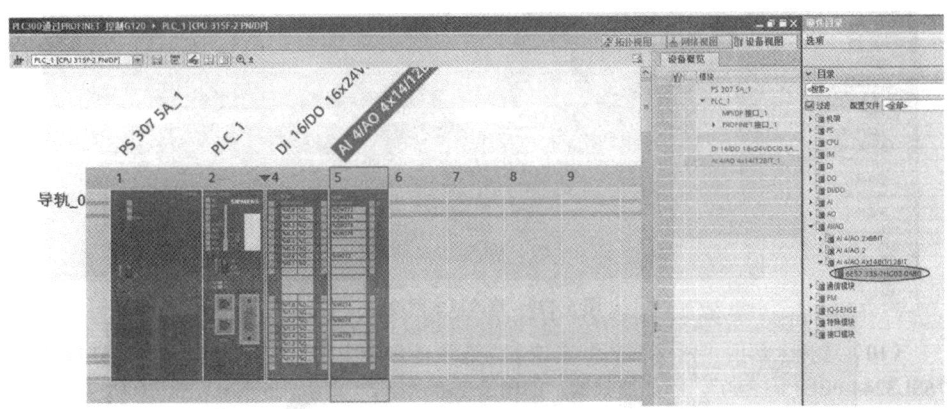

图 6-126　添加模拟量模块

（7）选择“设备视图”中的 CPU 模块，如图 6-127 所示，单击下部的“属性”选项卡。

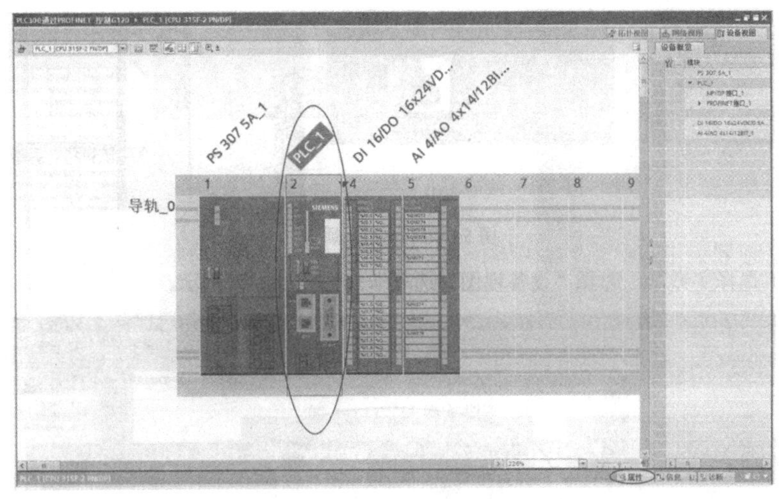

图 6-127　选择 CPU 模块

（8）在“属性”选项卡中，修改 PLC 名称为“PLC 315”，如图 6-128 所示。

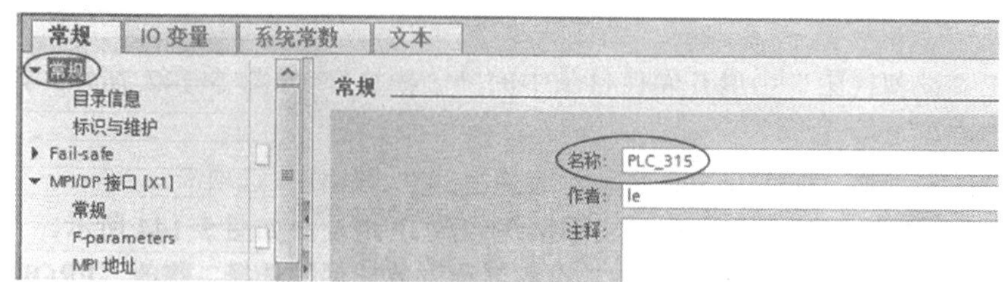

图 6-128　修改 PLC 的名称

（9）根据实际情况修改 IP 地址，如图 6-129 所示。

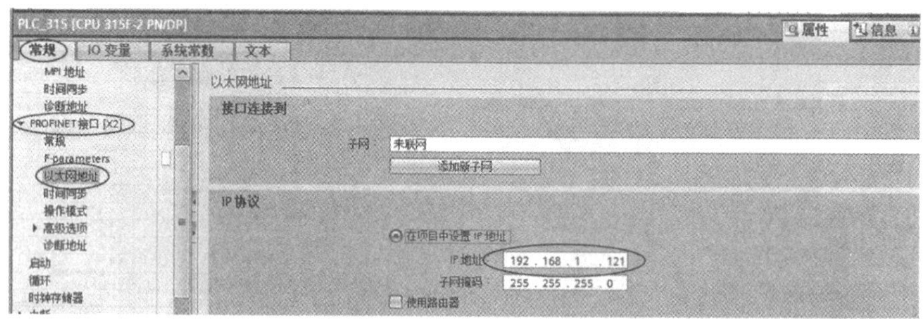

图 6-129　修改以太网地址

（10）选择上部的“网络视图”选项卡，在硬件目录中搜索 G120 变频器，订货号为“6SL3244－0BB13－1FA0”，添加变频器，如图 6-130 所示。

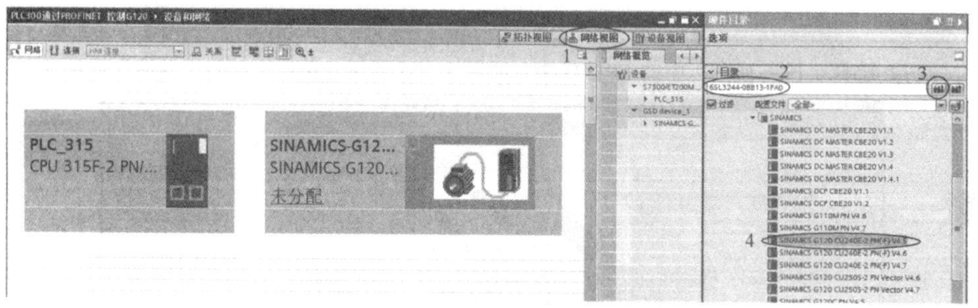

图 6-130　添加变频器

（11）选择变频器，选择“设备视图”选项卡，如图 6-131 所示。

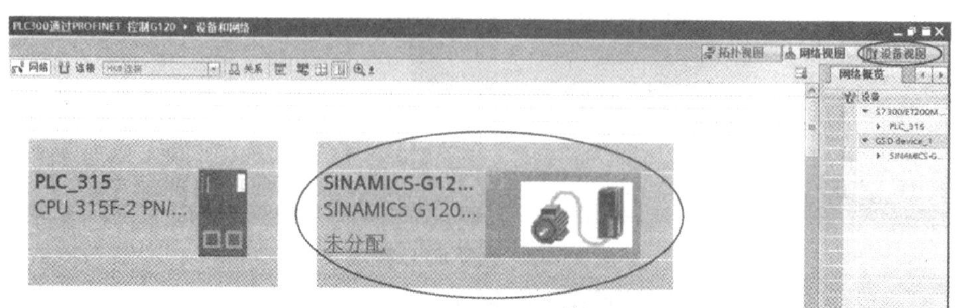

图 6-131　设备视图

（12）在“设备视图”中展开硬件目录中的“子模块”，如图 6-132 所示，双击“标准报文 1，PZD－2/2”。

（13）选择变频器，如图 6-133 所示，选择下部的“属性”选项卡。

（14）在“属性”选项卡中，根据实际情况修改 IP 地址，如图 6-134 所示。

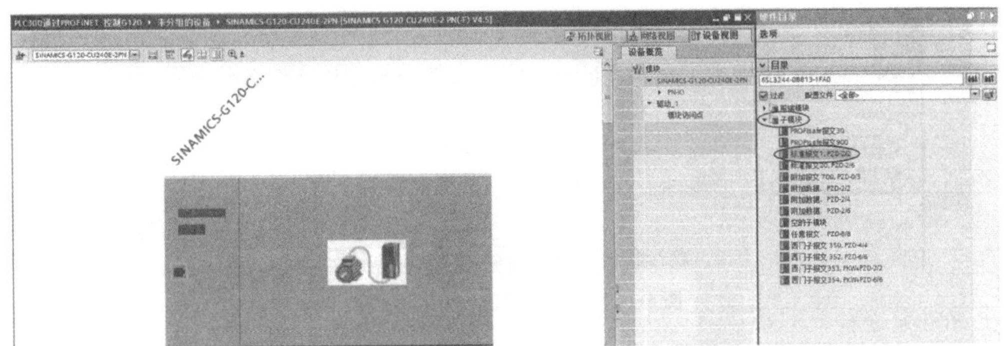

图 6-132　展开子模块

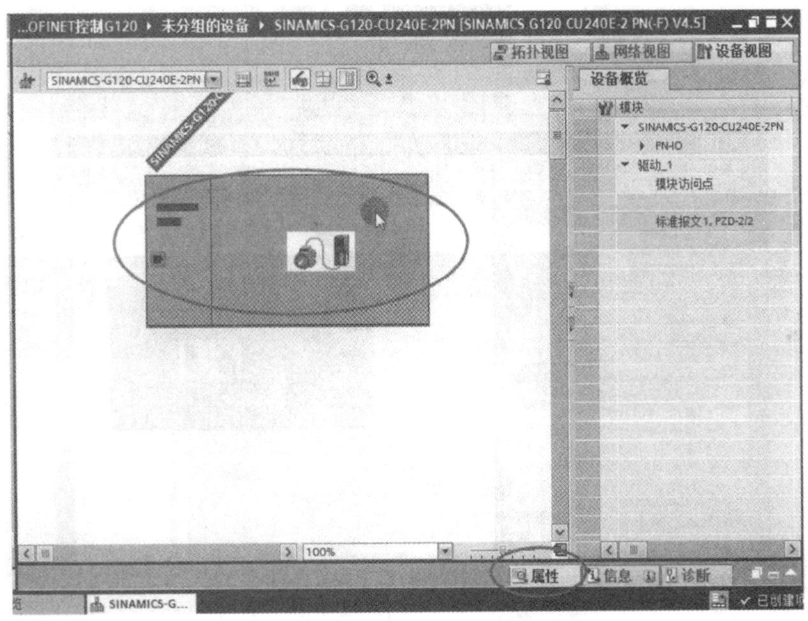

图 6-133　选择变频器

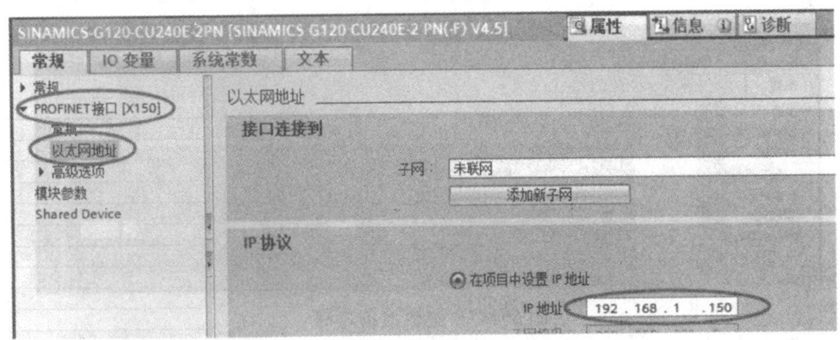

图 6-134　修改以太网地址

（15）取消对“自动生成 PROFINET 设备名称”复选项的选择，修改“PROPINET 设备名称”与所用的设备名称一致，如图 6-135 所示。

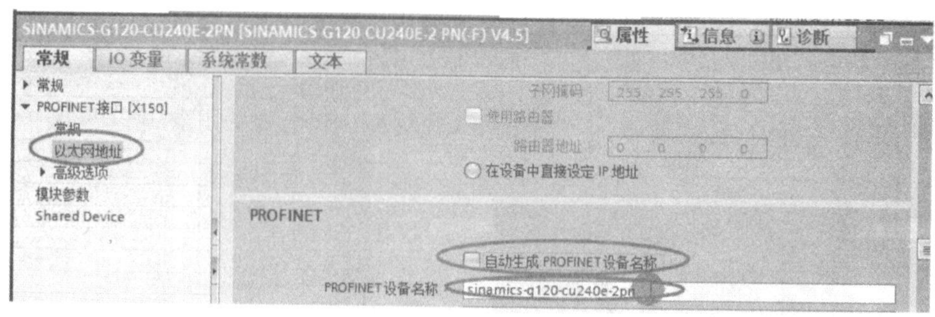

图 6-135　修改 PROFINET 设备名称

在项目树中查看 PROFINET 设备名称的步骤：

①在左侧项目树中，展开“在线访问”，展开所用网卡，双击“更新可访问的设备”。在本例中可以看到一个 IP 地址为 192.168.1.124 的设备，其名称为“变频器”，如图 6-136 所示。

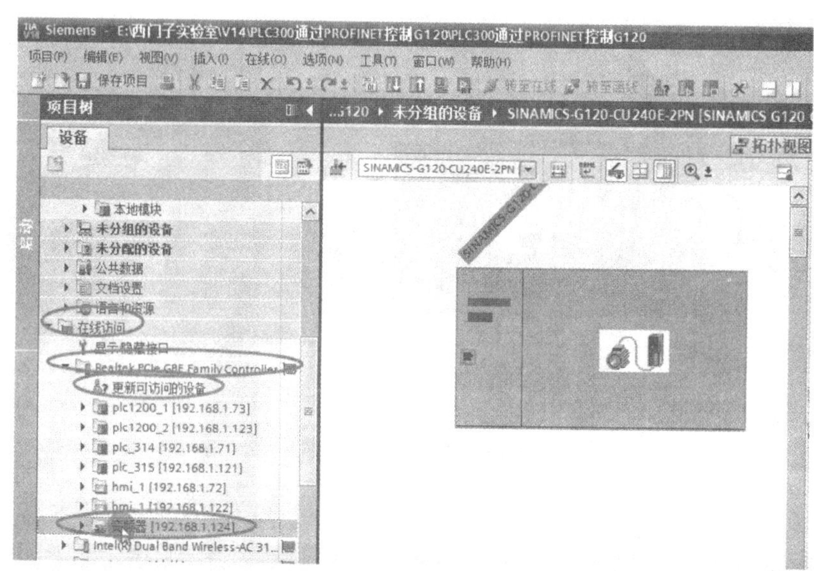

图 6-136　在项目树中查看名称

②返回到变频器的“層陸”选项卡，将 PROFINET 设备名称改为“变频器”，如图 6-137 所示。

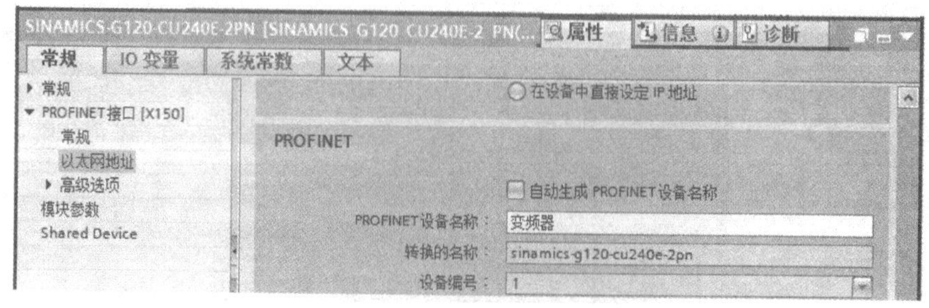

图 6-137　更改设备名称

（16）在上部的“设备视图”选项卡中单击“标准报文 1，PZD2/2”，如图 6-138 所示，再选择下部的“属性”选项卡。

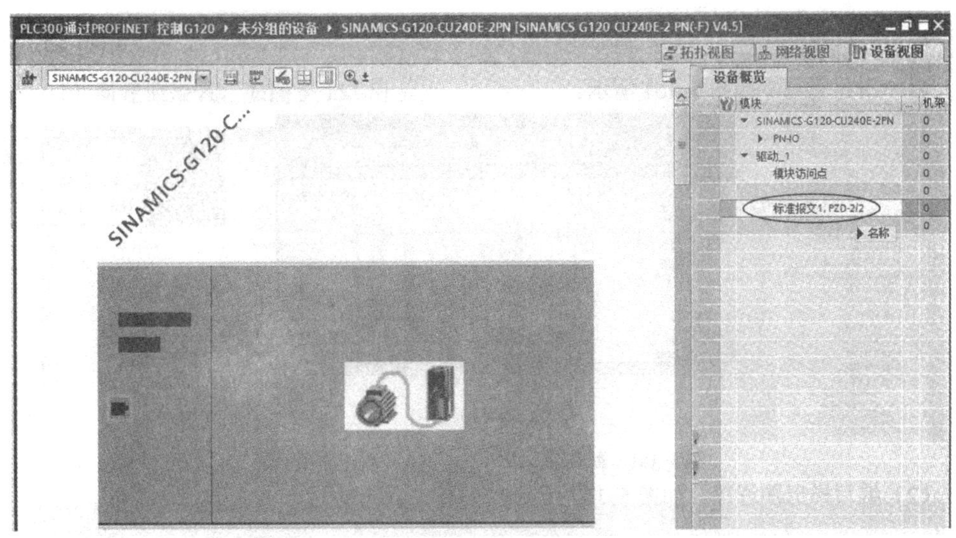

图 6-138　选择标准报文

（17）在“属性”选项卡中，将输入和输出的起始地址都改为 60（默认为 256），虹图 6-139 所示。

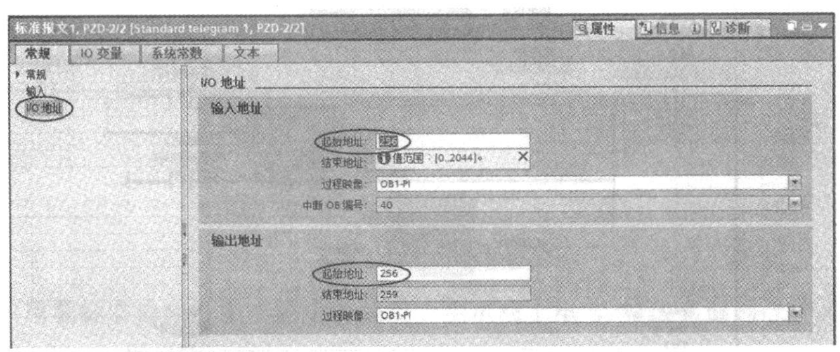

图 6-139　更改 I/O 地址

（18）选择上部的“网络视图”选项卡，用鼠标拖动连接 PLC 和变频器的 PROFINET 接口生成网络，如图 6-140 所示。

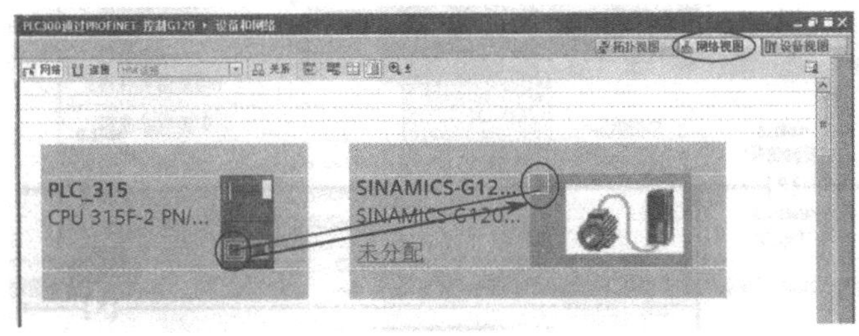

图 6-140　生成网络

（19）硬件组态完毕后进行编译、保存。

（四）程序设计

（1）新建变量，如图 6-141 所示。

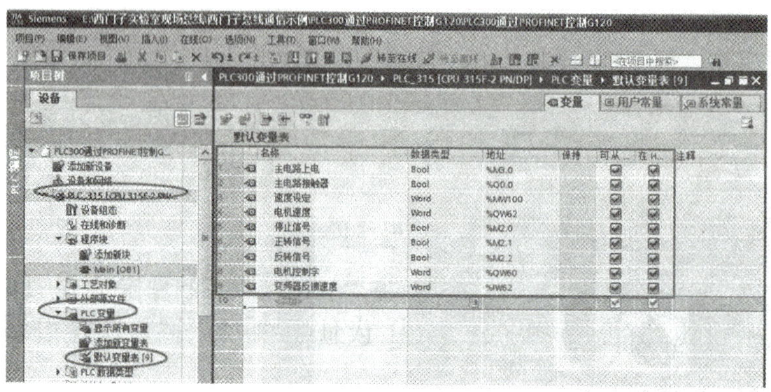

图 6-141　默认变量表

（2）编写梯形图程序，如图 6-142 所示。

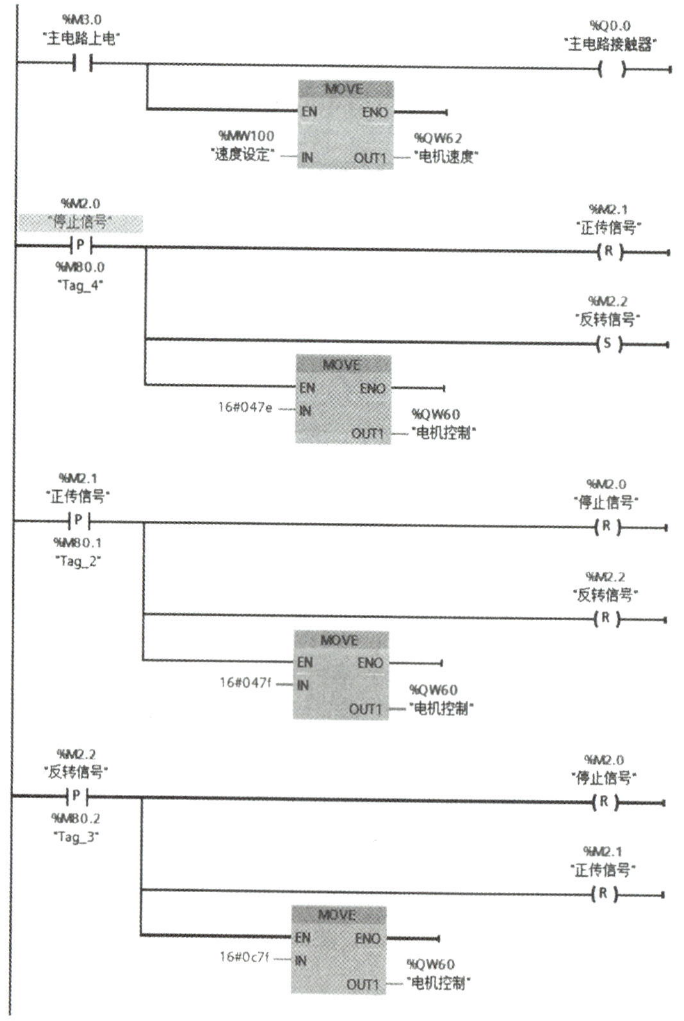

图 6-142　梯形图

(五) 调试

(1) 新建监控表，如图 6-143 所示。

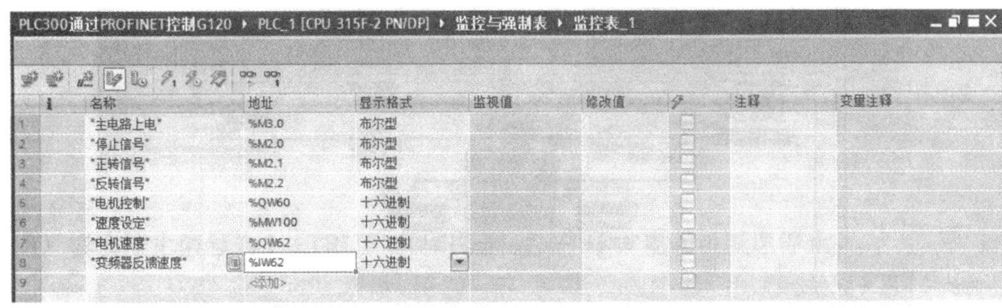

i	名称	地址	显示格式	监视值	修改值	注释	变量注释
1	"主电路上电"	%M3.0	布尔型				
2	"停止信号"	%M2.0	布尔型				
3	"正转信号"	%M2.1	布尔型				
4	"反转信号"	%M2.2	布尔型				
5	"电机控制"	%QW60	十六进制				
6	"速度设定"	%MW100	十六进制				
7	"电机速度"	%QW62	十六进制				
8	"变频器反馈速度"	%IW62	十六进制				
9		<添加>					

图 6-143　监控表

(2) 单击工具栏的“启用监控”图标按钮，如图 6-144 所示。

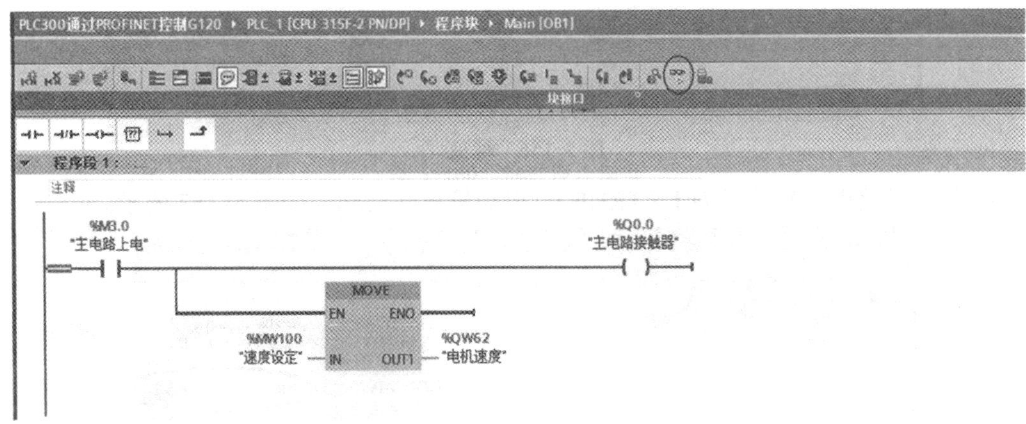

图 6-144　启用监控

(3) 用鼠标右键单击梯形图中的触点“主电路上电”，修改其值为“1”，如图 6-145 所示。

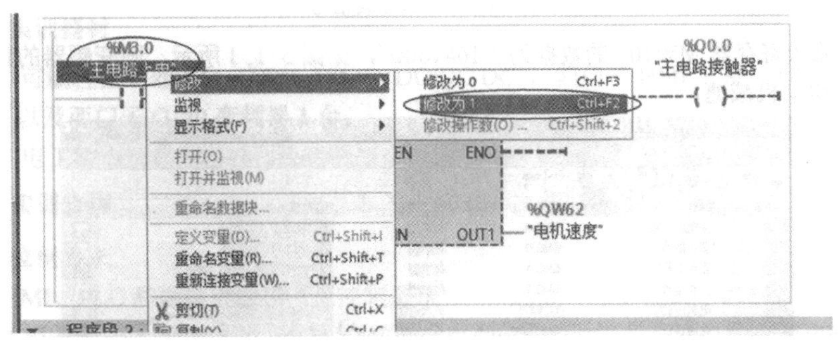

图 6-145　修改值

(4) 寄存器 MW100 的数据“16＃4000”被赋值给 QW62，如图 6-146 所示。此时变频器的频率为 50 HZ。寄存器 QW62 的值决定变频器的频率，其中 16 进制的 0 对应于变频器的 0 HZ,16 进制的 4000 对应于变频器的 50 HZ，线性相关。

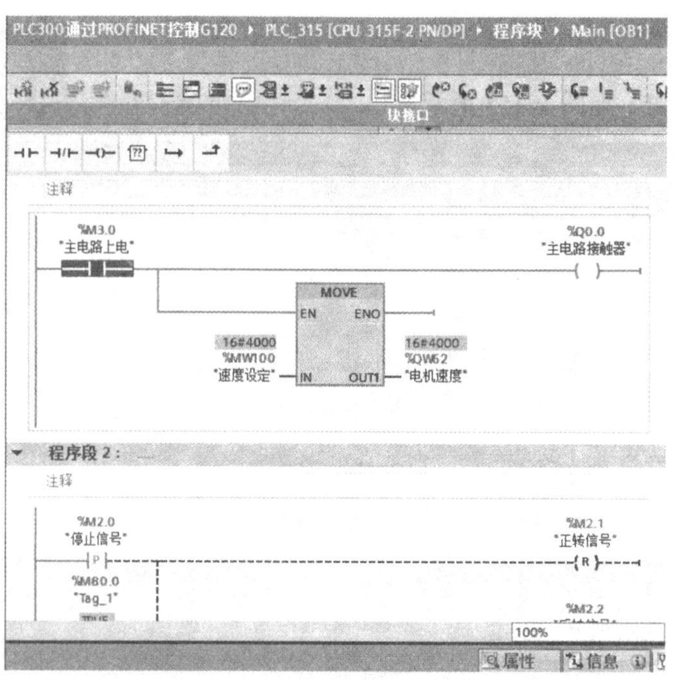

图 6-146 赋值

（5）监视并修改正转信号为 1（TRUE），电动机正向启动，如图 6-147 所示。

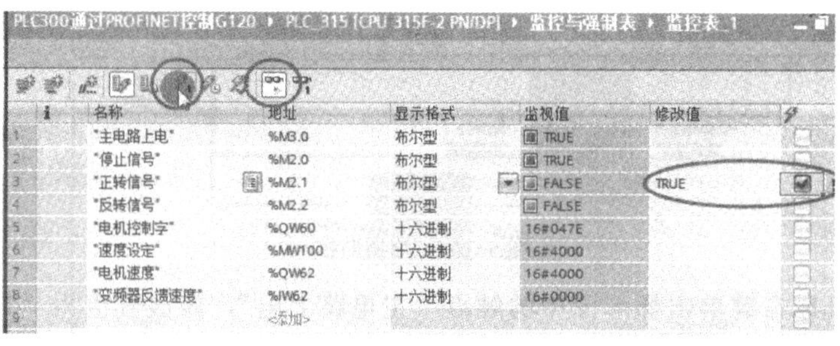

图 6-147 修改正转信号

（6）修改寄存器 MW100 的数据为“16＃1000”，如图 6-148 所示，则变频器的频率将为 12.5 HZ，电动机减速。

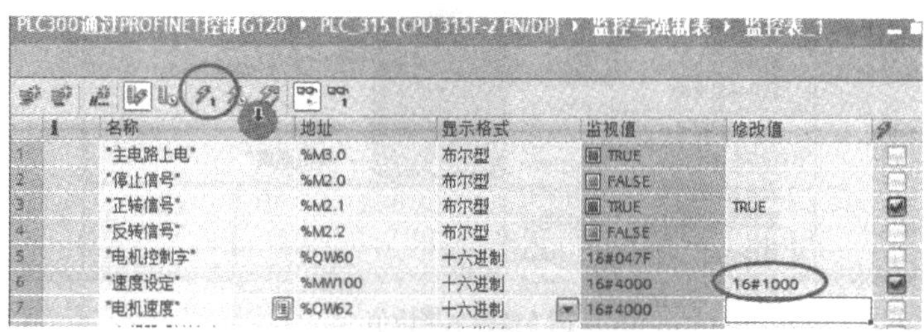

图 6-148 修改速度设定

（7）将反转信号修改为 1（TRUE），如图 6-149 所示，则电动机先减速停止，然后反向启动运行。

图 6-149　修改反转信号

（8）修改停止信号为 1（TRUE），如图 6-150 所示，电动机减速停止。

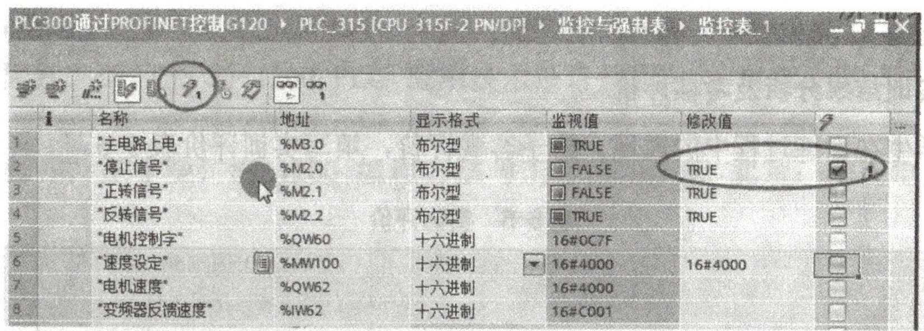

图 6-150　修改停止信号

项目实训

一、实训目的

（1）认识 G120 变频器，能够通过面板设置相关参数；

（2）掌握 PLC 和 G120 变频器的以太网通信程序设计的基本方法，能够将其应用于本任务中。

二、实训器材

（1）可编程控制器 1 台（CPU 1214C DC/DC/DC），西门子 HMI 1 台（TP177B 6 inPN/DP）以及西门子 G120 变频器 1 台；

（2）电工常用工具 1 套以及连接网线。

三、实训步骤

1）控制要求

用 HMI、PLC 和触摸屏组成一个控制系统。

设计相关程序，可以实现：通过 HMI 选择电动机的点动、长动或自动控制功能。

点动控制功能包括：点动正转、点动反转和点动速度的设定。

长动控制功能包括：正转启动、反转启动、停止和长动速度设定。

自动控制功能：当选择自动控制后，按下自动控制启动按钮，电动机正向启动并运行至最大速度，之后减速至零再反向启动并运行到最大速度，之后再减速至零，再正向启动并运行至最大速度……如此循环，直至按下停止按钮后电动机减速停止。循环周期为 20 秒，速度值呈正弦规律变化，电动机最大速度可以在 HMI 上设定。

三种功能下都能在 HMI 上实时显示电动机速度（变频器的输出频率）。

2）网络拓扑结构

参考 G120 变频器电动机控制系统绘制网络拓扑，并按照拓扑结构完成网络连接。

3）变频器参数设置

参考 G120 变频器电动机控制系统完成变频器参数设置。

4）组态及编程

参考 G120 变频器电动机控制系统完成组态、编程以及调试。

四、实训思考

如何通过触摸屏设定电动机的转速。

项目七 单部四层电梯控制系统的设计

项目导入

电梯是宾馆、商店、住宅、多层厂房等高层建筑不可缺少的垂直方向的交通工具，是PLC控制系统的典型应用之一。本项目将通过单部四层电梯控制系统的设计，介绍PLC控制系统的设计步骤和方法。

思政目标

理解分工与合作在团队中的重要性，发挥自己的优势，在团队中找准定位。

增强遵守规则的意识，养成按规矩行事的习惯。

知识目标

掌握PLC控制系统的设计原则和设计步骤。

掌握PLC控制系统的硬件设计方法。

掌握PLC控制系统的软件设计方法。

技能目标

能够根据控制要求选择合适的PLC。

能够设计简单的PLC控制系统。

任务一 单部四层电梯控制系统的总体设计

一、PLC 控制系统的设计步骤

前面项目已经介绍过，PLC 控制系统的设计主要分为两大部分：硬件设计和软件设计。硬件设计是根据控制系统的控制要求、工艺要求和技术要求，选择合适的 PLC 和其他硬件设备，确定 I/O 模块，绘制硬件电路接线图，并进行硬件电路的连接及调试；软件设计是在硬件平台基础上，结合控制系统的工作过程进行 PLC 程序设计和调试。因此，PLC 控制系统设计的具体步骤如图 7-1 所示。

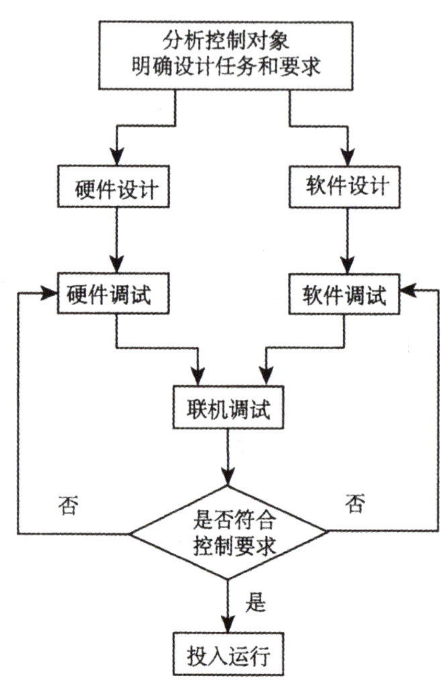

图 7-1 PLC 控制系统的设计步骤

二、PLC 控制系统的设计原则

PLC 控制系统设计应遵循以下原则。

（1）充分发挥 PLC 功能，最大限度满足被控对象的控制要求。

（2）在满足控制要求的前提下，力求使控制系统简单、经济、使用和维修方便。

（3）保证控制系统安全可靠。

（4）考虑到生产的发展和工艺的改进，在选择 PLC 的型号、VO 点数和存储器容量等内容时，应留有适当的余量。

三、单部四层电梯控制系统的操作

（一）分析控制对象

单部四层电梯控制系统的控制对象模型包括电梯模型和用户行为模型两种。电梯模型主要包括轿厢、电机、限位开关、呼叫按钮、轿厢开关门按钮、轿厢选层按钮及指示灯等。电梯模型中各元件与 PLC 相连，实施自动控制。

用户行为模型指软件系统将模拟各楼层用户对电梯的操作行为。用户行为模型可以模拟现实情况下用户使用电梯时的具体用例，从而观察 PLC 所控制的电梯行为是否符合要求。例如，在软件系统中模拟按下期望到达的目标楼层按钮，观察电梯是否在该楼层执行开关门动作。

（二）明确设计任务和要求

通过分析其工作过程，可将单部四层电梯控制系统的设计任务划分为初始化、集选控制、开关门控制、运行状态显示等子任务。

（1）初始化。电梯开始运行时，首先进行必要的初始化工作，并返回准备就绪信号。例如，使电梯位于一层待命。在初始化之前，要通过电梯开关控制电梯的启动和停止。

（2）集选控制。集选控制是指集合呼叫信号和选择应答信号控制。例如，电梯在运行过程中，可以应答同一方向所有楼层呼梯信号和内呼信号，并自动在这些信号指定的楼层停靠。电梯运行响应完所有外呼信号和内呼信号后，停在最后一次运行的目标层待命。

（3）开关门控制。电梯门根据当前电梯的状态、轿厢门的状态、呼梯信号、内呼信号及光幕信号状态等，做出合理的判断。例如，当门未全关时，如有光幕信号（检测到有障碍物），须立即将电梯门打开。又如，在长按开门按钮时，电梯门延时关闭功能失效，电梯门保持打开状态。

（4）运行状态显示。在运行过程中，需要始终显示当前运行方向和当前楼层（采用七段数码管显示）。

另外，在电梯整个运行过程中，还需要设置一些保护措施。当出现异常状态时，提醒用户发生故障。

（1）超载保护。电梯超载时，故障指示灯闪烁，并保持开门状态，电梯不允许启动。

（2）终端越程保护。电梯的上、下端都装有终端减速开关和终端限位开关，以保证电梯不会越程。

（3）开关门保护。如果电梯持续关门一段时间后，尚未关闭到位（门未完全闭合），电梯就会转换成开门状态，故障指示灯常亮。

如果电梯在持续开门一段时间后，尚未收到开门到位信号，电梯就会转成关门动作，并在门关闭到位后，响应下一个信号。

（4）运行保护。为安全起见，在门区外（两个楼层之间）或电梯运行中，设定电梯不能开门。

（三）绘制系统框图

单部四层电梯控制系统包括 PLC、按钮、限位开关、电梯光幕（光幕信号检测）、称重传感器、变频器及楼层显示（七段数码管）等，另外 PLC 要通过总线与监控中心相连，如图 7-2 所示。

内部呼叫面板：主要包括楼层号（1～4）、手动开门按钮、手动关门按钮和紧急呼叫按钮。

外部呼叫面板：主要包括各楼层上行呼叫按钮和下行呼叫按钮。

限位开关：包括电梯门限位开关和越程限位开关。电梯门限位开关主要用来检测开关门是否到位；越程限位开关主要用来完成越程控制。

平层开关：主要用来检测电梯是否运行到位。

电梯光幕：主要用来检测轿厢门是否有阻挡。

称重传感器：主要用来检测轿厢是否超重。

变频器：主要用来实现电梯的稳定启停和加速减速功能。

监控中心：主要用来监控电梯的运行状态并及时接收报警信号。

七段数码管：主要用来显示电梯所在楼层和运行方向。

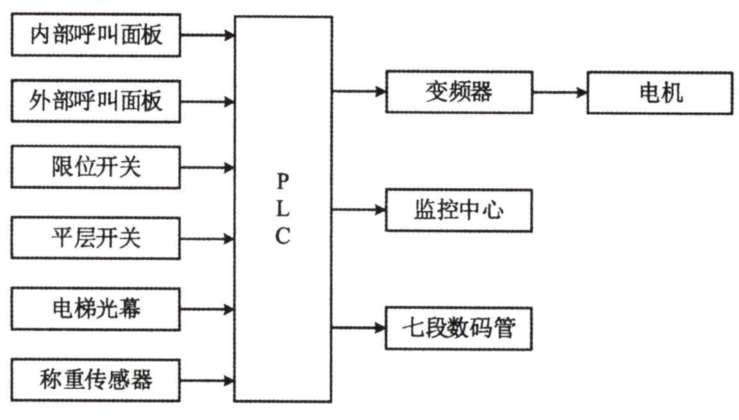

图 7-2　单部四层电梯控制系统的系统框图

任务二　单部四层电梯控制系统的硬件设计

一、选择 PLC

选择 PLC 是控制系统硬件设计中非常重要的环节，选择时应从 PLC 的结构、CPU 的功能、I/O 点数、用户存储容量等方面综合考虑，如表 7-1 所示。

表 7-1　PLC 的选型

PLC 的结构	整体式 PLC 的价格相对便宜、功能简单；模块式 PLC 功能灵活、扩展方便，但价格较高。 中小型控制系统一般使用整体式 PLC，而一些较复杂、要求较高的系统一般采用模块式 PLC
CPU 的功能	根据用户需求从逻辑功能、数据传送功能、运算功能、高速计数功能、模拟量处理功能等几方面考虑
I/O 点数	根据对被控对象的分析，列出要与 PLC 相连的全部输入、输出装置及类型，确定出全部实际 I/O 点数，再加上 10%～20%的裕量，最终确定 PLC 控制系统所需的 I/O 点数。在满足控制要求的前提下力争使 I/O 点最少，但必须留有一定的裕量
用户存储容量	通常由用户程序的长短决定，通常系统功能越复杂，程序越长，I/O 点数越多，所需的存储容量就会越大。可按公式（存储容量＝数字量 I/O 点数×10＋模拟量通道数×100）粗略计算实际需要量，再按实际需要留适当的裕量（一般为 20%～30%）。 对于初学者来说，选择容量时要留有更大裕量，一般为 50%～100%

二、选择 I/O 模块

I/O 模块包括普通 I/O 模块和智能 I/O 模块。与普通 I/O 模块相比，智能 I/O 模块自带微处理芯片、系统程序和存储器等，常通过串口与 PLC 的 CPU 相连，并在 CPU 的协调管理下独立工作。为减轻 CPU 的负担，保证系统的稳定，在单部四层电梯控制系统中，常选用智能 I/O 模块。

PLC 系统可供选择的智能 I/O 模块主要包括通信处理模块、A/D 模块、D/A 模块、PID 模块、阀门控制模块和变频器控制模块等。

三、选择其他硬件设备

其他硬件设备（非智能设备）主要包括按钮、开关、限位开关、传感器、继电器、接触器、电磁阀、电机、指示灯和蜂鸣器等。例如，在单部四层电梯控制系统中，包括按钮、电梯光幕、平层开关、限位开关、称重传感器、七段数码管、指示灯、电机等。

1. 按钮

按照接触点的形式不同，按钮可分为启动按钮、停止按钮和复合按钮 3 类。启动按钮带有常开触点，按下时常开触点闭合；停止按钮带有常闭触点，按下时常闭触点断开；复合按钮带有常开触点和常闭触点，按下时，常开触点闭合，常闭触点断开。

在单部四层电梯控制系统中，轿厢内楼层选择按钮、手动开关门按钮、紧急呼叫按钮和轿厢外呼梯按钮均选用启动按钮（即常开触点）。

2. 电梯光幕

在单部四层电梯控制系统中，选择使用电梯光幕来提供光幕信号。电梯光幕是由红外传感器组成的，即轿厢门的一边等间距安装多个红外发射管，另一边相应的安装相同数量相同排列的红外接收管。在有障碍物的情况下，红外发射管发出的调制信号（光幕信号）不能顺利到达红外接收管，相应的内部电路输出高电平信号，并将该信号送到 PLC，提示有障碍物。

3. 平层开关

在单部四层电梯控制系统中，平层感应器常被用来检测轿厢平层状态（是否开、关门到位），控制电梯平层停梯。单部四层电梯控制系统中选择的平层传感器是永磁感应器，它具有工作可靠、体积小、安装方便、对环境要求低等特点。

4. 限位开关

在单部四层电梯控制系统中，用限位开关实现轿厢门控制和电梯的上下限（终端）越程控制。在轿厢门控制中，开门过程中碰触到开门限位开关时，开门限位开关向 PLC 发送一个高电平信号，然后 PLC 向驱动电机发送停止信号，开门过程结束；关门过程同开门过程类似，这里不再赘述。

电梯的上下限越程控制中有两个上限位开关和两个下限位开关，分别为上端站第一限位开关、上端站第二限位开关、下端站第一限位开关和下端站第二限位开关。电梯上行过程中，碰触到上端站第一限位开关时，限位开关向 PLC 发送一个高电平信号，然后 PLC 按照预先设定的算法控制曳引电机平稳减速；碰触到上端站第二限位开关时，曳引电机停止运行。电梯下行过程同电梯上行过程类似，故不再赘述。

5. 称重传感器

在单部四层电梯控制系统中，用称重传感器检测进入轿厢内人或物的重量，并与报警电路和开关门控制电路一起完成超载报警功能。当称重传感器检测到的重量超过设定值时，会输出高电平信号，轿厢门禁止关闭并启动报警信号。

6. 七段数码管

七段数码管利用不同发光段组合来显示不同的数字，发光段布置图如图 7-3 所示。根据发光二极管接线方式的不同，七段数码管分为共阳极和共阴极两类。单部四层电梯控制系统使用共阴极七段数码管来显示楼层。

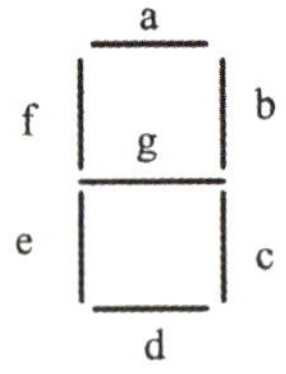

图 7-3　七段数码管的发光段布置图

在共阴极七段数码管中，当发光段状态为“1”时，该发光段点亮。如表 7-2 所示为单部四层电梯楼层显示与发光段的逻辑关系。

表 7-2　单部四层电梯楼层显示与发光段的逻辑关系

楼层显示	发光段						
	a	b	c	d	e	f	g
1	0	1	1	0	0	0	0
2	1	1	0	1	1	0	1
3	1	1	1	1	0	0	1
4	0	1	1	0	0	1	1

任务三　单部四层电梯控制系统的软件设计

PLC 控制系统软件设计的主要工作是以控制要求和 I/O 地址分配表为依据，根据程序设计思想划分功能模块，使用 PLC 编程指令，设计出符合控制要求的梯形图程序。

一、PLC 程序的设计原则

绘制梯形图最基本的要求是满足控制系统的需求，除此之外，还要遵循以下原则。

(1) 程序尽可能简短。PLC 的扫描周期与程序的长度有直接关系，程序越短，程序的扫描周期就越短。另外，程序简短还可以节省内存、简化调试过程。

(2) 程序要清晰。PLC 程序越清晰、逻辑性越强，程序的可读性就越强，调试和修改也越方便。

二、PLC 程序的设计步骤

绘制梯形图常用的方法有经验设计法和顺序设计法。本任务重点介绍经验设计法（顺序设计法详见项目五）。

经验设计法是根据控制要求，将一些典型的控制程序进行组合，并不断地修改和完善梯形图程序。虽然经验设计法几乎没有规律可以遵循，但通常可以按以下几个步骤进行。

(1) 划分功能模块。在了解控制要求后，将系统合理划分成若干个功能模块，并准确把握功能模块之间的关系。

(2) 定义 PLC 变量。除定义 I/O 接口外，对于一些要用到的内部元件也要进行定义，以便后期设计梯形图程序。

(3) 设计每个功能模块的梯形图程序。根据已划分的功能模块，进行梯形图程序设计。通常一个功能模块对应一个梯形图程序。这一阶段的关键是找到一些能够实现该模块功能的典型控制程序，然后选择最佳者，并进行必要的修改和完善。

(4) 组合功能模块程序。设计出每个功能模块的梯形图程序后，需要对各功能模块进行组合，得到总的梯形图程序。

提 示

在组合功能模块程序时，一是要注意各功能模块组合的先后顺序；二是要注意各功能模块之间的关联信号；三是要注意线圈之间的互锁。

三、单部四层电梯控制系统的软件设计操作

（一）划分功能模块

根据工作过程，可得单部四层电梯控制系统可划分为初始化、集选控制、开关门控制、运行状态显示等控制功能模块，以及超载保护、终端越程保护、开关门保护、运行保护等保护功能模块，在后序设计梯形图程序时，其保护功能程序会穿插在控制功能程序中。

（二）定义 PLC 变量

本任务首先按照表 7-3 定义 I/O 接口，然后定义用到的内部元件，如图 7-4 所示。

表 7-3　单部四层电梯控制系统的 I/O 地址分配表

输　入			输　出		
元　件	I/O 地址	备　注	元　件	I/O 地址	备　注
QS0	I0.0	电梯开关	L0	Q0.0	工作状态指示
SB1	I0.1	一层内呼按钮	L1	Q0.1	一层内呼指示灯
SB2	I0.2	二层内呼按钮	L2	QO.2	二层内呼指示灯
SB3	I0.3	三层内呼按钮	L3	Q0.3	三层内呼指示灯
SB4	I0.4	四层内呼按钮	L4	Q0.4	四层内呼指示灯
SB5	I0.5	一层上行呼梯按钮	L5	Q0.5	一层上行呼梯指示灯
SB6	I0.6	一层上行呼梯按钮	L6	Q0.6	一层上行呼梯指示灯
SB7	I0.7	三层上行呼梯按钮	L7	Q0.7	三层上行呼梯指示灯
SB8	I1.0	二层下行呼梯按钮	L8	Q1.0	二层下行呼梯指示灯
SB9	I1.1	三层下行呼梯按钮	L9	Q1.1	三层下行呼梯指示灯
SB10	I1.2	四层下行呼梯按钮	L10	Q1.2	四层下行呼梯指示灯
SB11	I1.3	开门按钮	HA	Q1.3	蜂鸣器报警
SB12	I1.4	关门按钮	KM1	Q1.5	上行电机接触器
SB13	I1.5	报警按钮	KM2	Q1.6	下行电机接触器
SB14	I1.6	光幕信号	a	Q2.0	LEDa
SB15	I1.7	超重信号	b	Q2.1	LEDb
SB16	I2.0	上平层信号	c	Q2.2	LEDc

输　入			输　出		
元　件	I/O 地址	备　注	元　件	I/O 地址	备　注
SB17	I2.1	下平层信号	d	Q2.3	LEDd
SB18	I2.2	上端站第一限位	e	Q2.4	LEDe
SB19	I2.3	上端站第二限位	f	Q2.5	LEDf
SB20	I2.4	下端站第一限位	g	Q2.6	LEDg
SB21	I2.5	下端站第二限位	KM3	Q3.0	高速接触器
SB22	I2.6	开门限位开关	KM4	Q3.1	低速接触器
SB23	I2.7	关门限位开关	KM5	Q3.2	开门接触器
			KM6	Q3.3	关门接触器
			KM7	Q3.4	1 级减速制动
			KM8	Q3.5	2 级减速制动
			KM9	Q3.6	3 级减速制动
			L11	Q3.7	准备就绪信号
			L12	Q4.1	下行指示灯
			L13	Q4.2	上行指示灯

58	楼层计数Tag1	默认变量表	Bool	%M0.0	☐	☑	☑	☑
59	楼层计数Tag2	默认变量表	Bool	%M0.1	☐	☑	☑	☑
60	Tag_5	默认变量表	Bool	%M0.2	☐	☑	☑	☑
61	Tag_6	默认变量表	Bool	%M0.3	☐	☑	☑	☑
62	初始化Tag1	默认变量表	Bool	%M0.4	☐	☑	☑	☑
63	下端站初始化标志	默认变量表	Bool	%M0.5	☐	☑	☑	☑
64	准备就绪信号(1)	默认变量表	Bool	%M0.6	☐	☑	☑	☑
65	初始化Tag2	默认变量表	Bool	%M0.7	☐	☑	☑	☑
66	初始化Tag3	默认变量表	Bool	%M1.0	☐	☑	☑	☑
67	初始化Tag4	默认变量表	Bool	%M1.1	☐	☑	☑	☑
68	目标一层标志位	默认变量表	Bool	%M1.2	☐	☑	☑	☑
69	目标二层标志位	默认变量表	Bool	%M1.3	☐	☑	☑	☑
70	目标三层标志位	默认变量表	Bool	%M1.4	☐	☑	☑	☑
71	目标四层标志位	默认变量表	Bool	%M1.5	☐	☑	☑	☑
72	上1	默认变量表	Bool	%M1.6	☐	☑	☑	☑
73	上2	默认变量表	Bool	%M1.7	☐	☑	☑	☑
74	下2	默认变量表	Bool	%M2.0	☐	☑	☑	☑
75	上3	默认变量表	Bool	%M2.1	☐	☑	☑	☑
76	下3	默认变量表	Bool	%M2.2	☐	☑	☑	☑
77	下4	默认变量表	Bool	%M2.3	☐	☑	☑	☑
77	内1	默认变量表	Bool	%M2.4	☐	☑	☑	☑
79	内2	默认变量表	Bool	%M2.5	☐	☑	☑	☑
80	内3	默认变量表	Bool	%M2.6	☐	☑	☑	☑
81	内4	默认变量表	Bool	%M2.7	☐	☑	☑	☑
82	内关	默认变量表	Bool	%M3.0	☐	☑	☑	☑
85	上2下降	默认变量表	Bool	%M3.3	☐	☑	☑	☑
86	下2下降	默认变量表	Bool	%M3.4	☐	☑	☑	☑
87	上3下降	默认变量表	Bool	%M3.5	☐	☑	☑	☑
88	下3下降	默认变量表	Bool	%M3.6	☐	☑	☑	☑
89	下4下降	默认变量表	Bool	%M3.7	☐	☑	☑	☑
90	内1下降	默认变量表	Bool	%M4.0	☐	☑	☑	☑
91	内2下降	默认变量表	Bool	%M4.1	☐	☑	☑	☑
91	内3下降	默认变量表	Bool	%M4.2	☐	☑	☑	☑
92	内4下降	默认变量表	Bool	%M4.3	☐	☑	☑	☑
94	内关下降	默认变量表	Bool	%M4.4	☐	☑	☑	☑
94	内开下降	默认变量表	Bool	%M4.5	☐	☑	☑	☑
95	层数	默认变量表	Word	%MW76	☐	☑	☑	☑
97	Tag_2	默认变量表	Byte	%MB12	☐	☑	☑	☑
98	Tag_7	默认变量表	Bool	%M100.0	☐	☑	☑	☑
99	Tag_10	默认变量表	Bool	%M100.1	☐	☑	☑	☑
100	Tag_11	默认变量表	Bool	%M100.2	☐	☑	☑	☑
101	Tag_12	默认变量表	Bool	%M100.3	☐	☑	☑	☑
102	Tag_13	默认变量表	Bool	%M100.4	☐	☑	☑	☑
103	Tag_14	默认变量表	Bool	%M100.5	☐	☑	☑	☑
104	开门上升	默认变量表	Bool	%M103.7	☐	☑	☑	☑
105	开门下降	默认变量表	Bool	%M104.0	☐	☑	☑	☑
106	关门上升	默认变量表	Bool	%M104.1	☐	☑	☑	☑
107	关门下降	默认变量表	Bool	%M104.2	☐	☑	☑	☑
108	whj	默认变量表	Bool	%M104.3	☐	☑	☑	☑
109	内呼下降(1)	默认变量表	Bool	%M104.4	☐	☑	☑	☑
110	内呼下降(2)	默认变量表	Bool	%M104.5	☐	☑	☑	☑
111	内呼下降(4)	默认变量表	Bool	%M104.7	☐	☑	☑	☑
112	内呼下降(4)	默认变量表	Bool	%M104.7	☐	☑	☑	☑
113	内呼下降(5)	默认变量表	Bool	%M105.0	☐	☑	☑	☑
114	内呼下降(6)	默认变量表	Bool	%M105.1	☐	☑	☑	☑
115	whj(1)	默认变量表	Bool	%M105.2	☐	☑	☑	☑
116	门控制标志	默认变量表	Bool	%M105.3	☐	☑	☑	☑
117	门开时间	默认变量表	DWord	%MD200	☐	☑	☑	☑

图 7-4　定义内部元件

（三）设计功能模块的梯形图程序

将每个功能模块的梯形图程序添加成一个函数（添加函数方法参考项目五），当满足条件时调用这些函数。

1. 初始化程序

电梯开始工作时，首先进行初始化，此时电梯位于一层，七段数码管显示为1，其梯形图程序如图 7-5 所示。

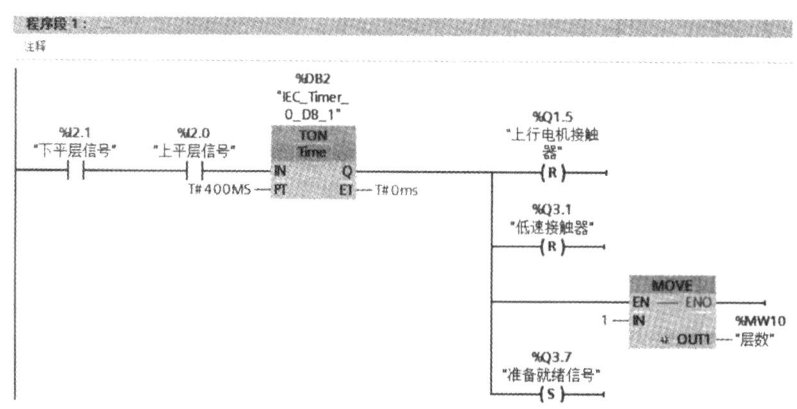

图 7-5　电梯初始化的梯形图程序

2. 电梯集选控制

当某楼层有呼叫信号时，该目标楼层标志位状态变为“1”，如图 7-6 所示。

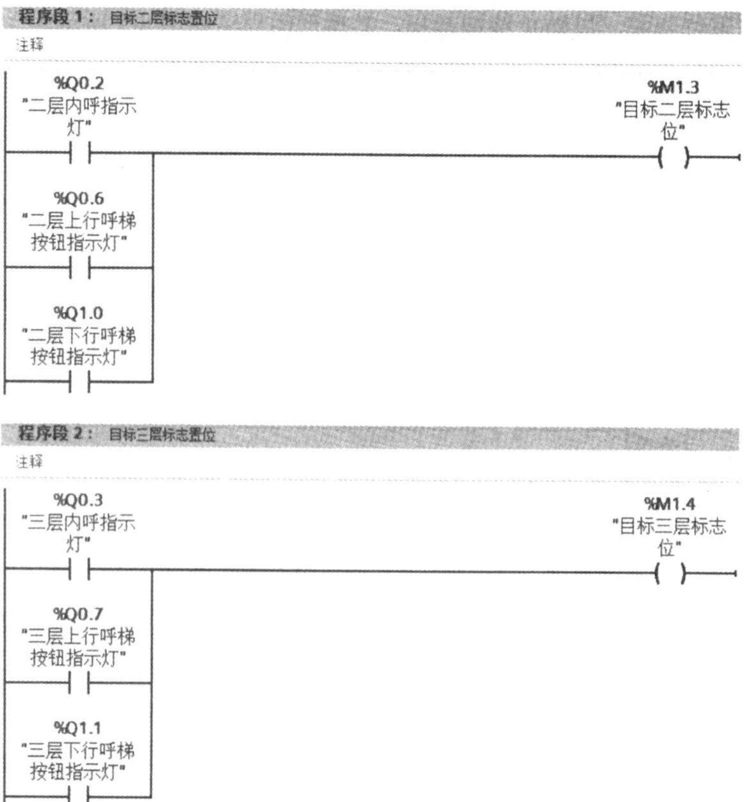

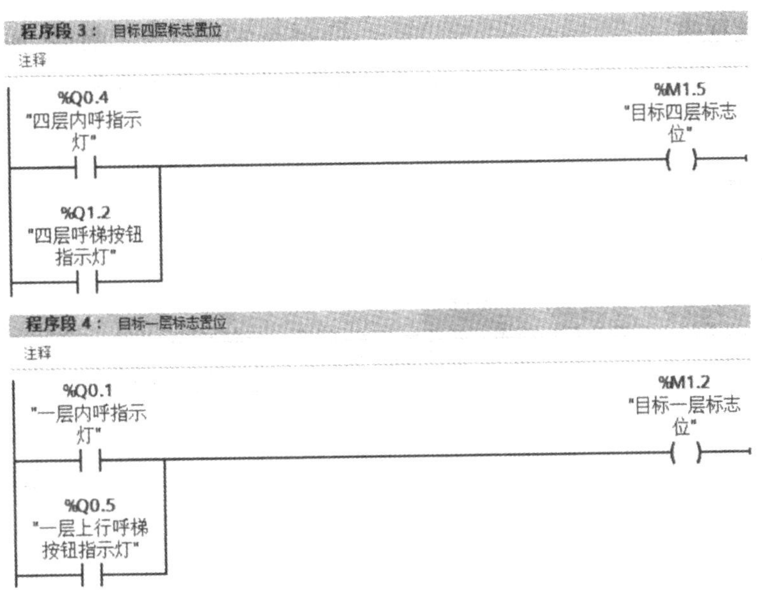

图 7-6　目标楼层梯形图程序

当电梯的层数为 1 时，表明电梯停靠在一层，此时禁止下行，即下行指示为“0”；当电梯的层数为 4 时，表明电梯停靠在四层，此时禁止上行，即上行指示为“0”。在一层和四层时，检测限位开关，以防止终端越程，其梯形图程序如图 7-7 所示。

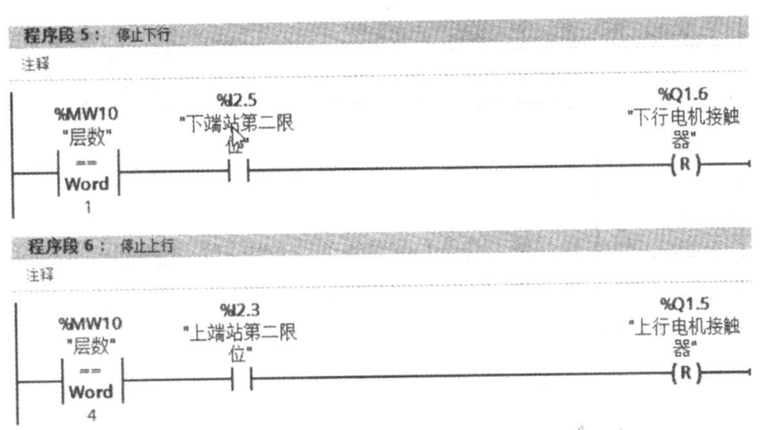

图 7-7　电梯停靠一层和四层时的梯形图程序

电梯执行上行动作的条件：电梯没有下行的状态下，电梯停靠一层时，二、三、四层有呼叫信号；电梯停靠在二层时，三、四层有呼叫信号；电梯停靠在三层时，四层有呼叫信号，如图 7-8 所示。

电梯执行下行动作的条件：电梯没有上行的状态下，电梯停靠四层时，一、二、三层有呼叫信号；电梯停靠在三层时，一、二层有呼叫信号；电梯停靠在二层时，一层有呼叫信号，如图 7-9 所示。

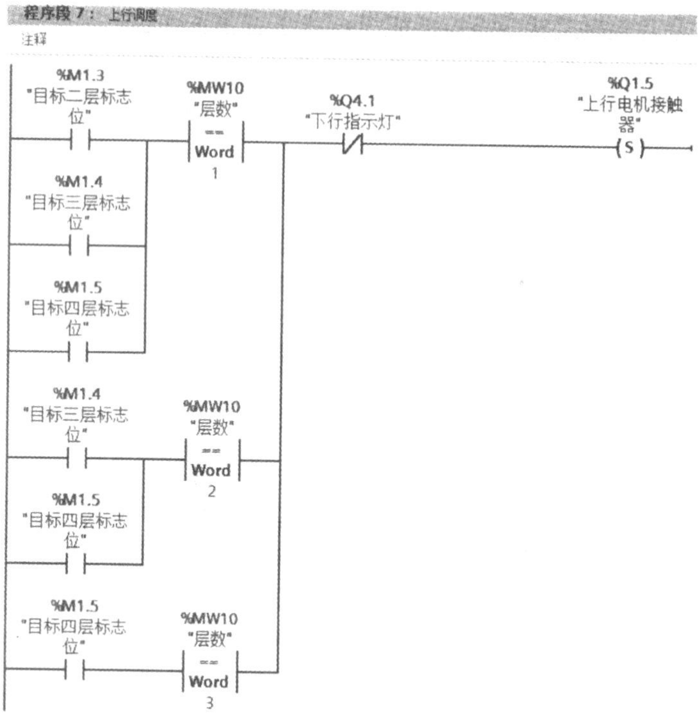

图 7-8　电梯上行的梯形图程序

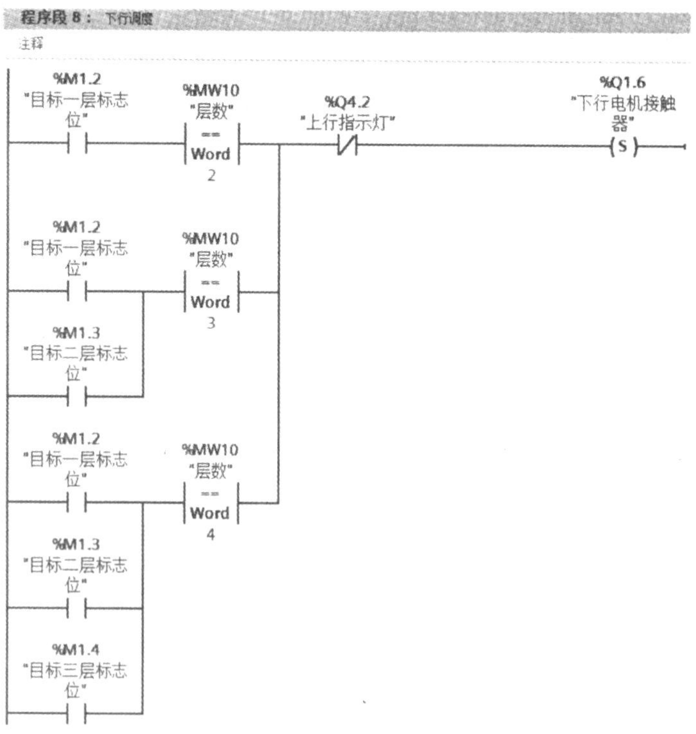

图 7-9　电梯下行的梯形图程序

电梯运行到某楼层时，将该楼层的值送至 MW76 中，其梯形图程序如图 7-10 所示。

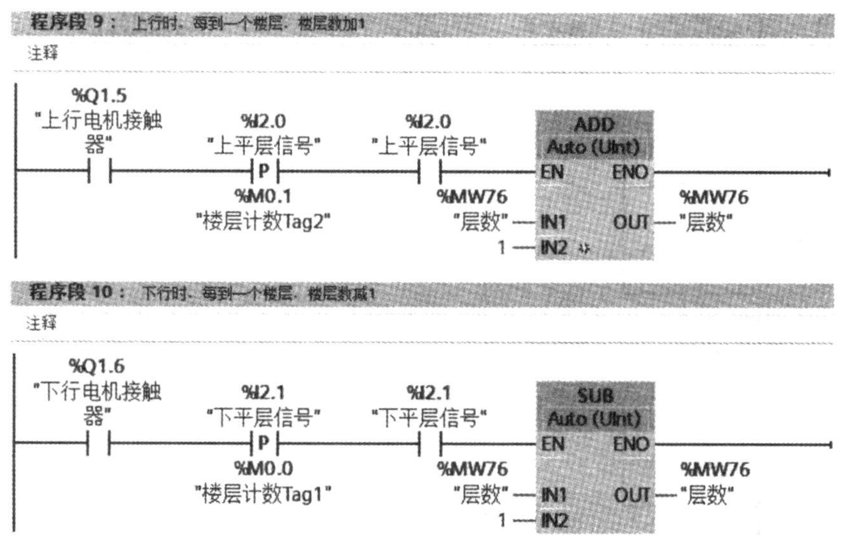

图 7-10　电梯楼层的梯形图程序

3. 开关门控制

电梯到达目标层时，轿厢开门，到达开门限位开关后停止开门。另外，若关门过程中检测到光幕信号，轿厢转为开门程序。开门过程结束后，若没有光幕信号或按下手动开门按钮，延时 30 s。开关门控制的梯形图程序如图 7-11 所示。

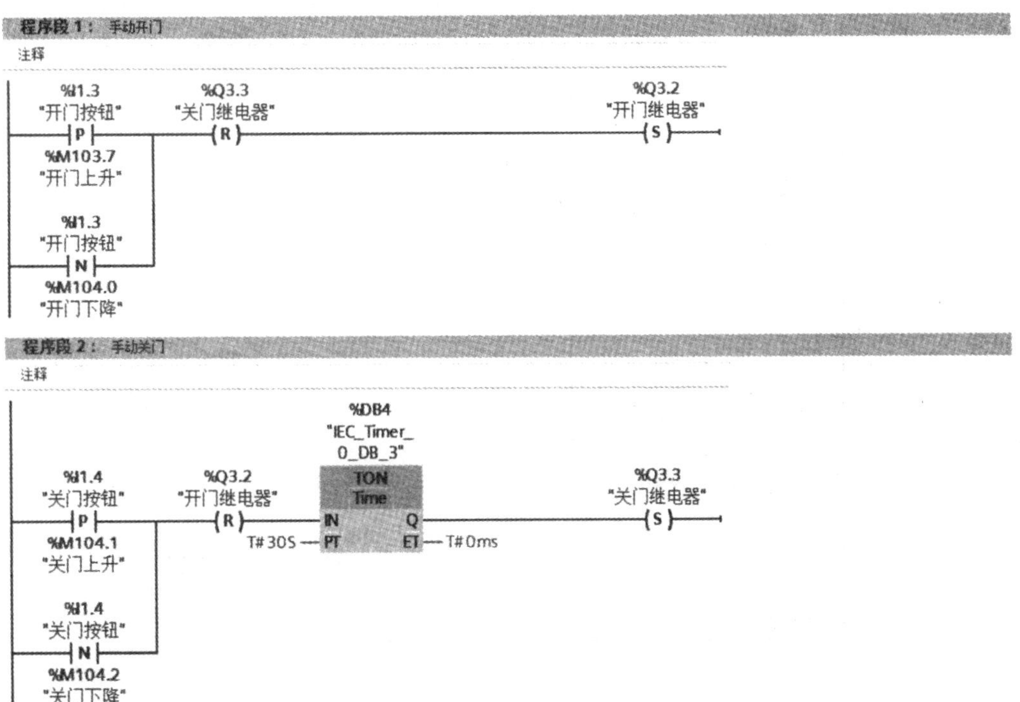

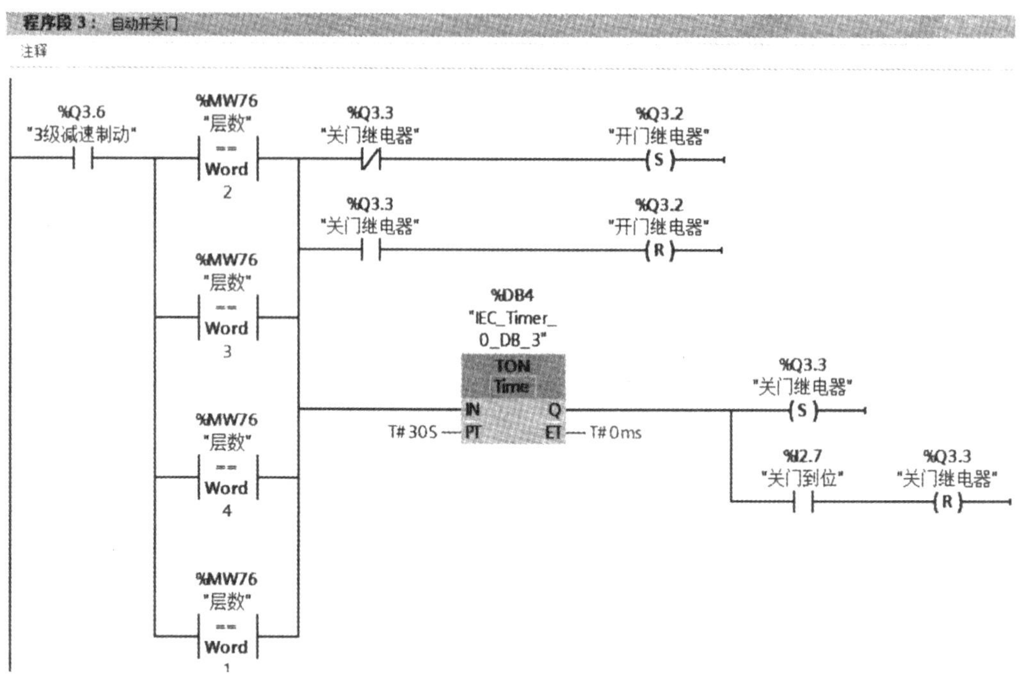

图 7-11 开关门控制的梯形图程序

4. 运行状态显示

运行状态指示包括按钮指示灯、运行方向指示灯和楼层显示，其部分梯形图程序如图 7-12 所示。

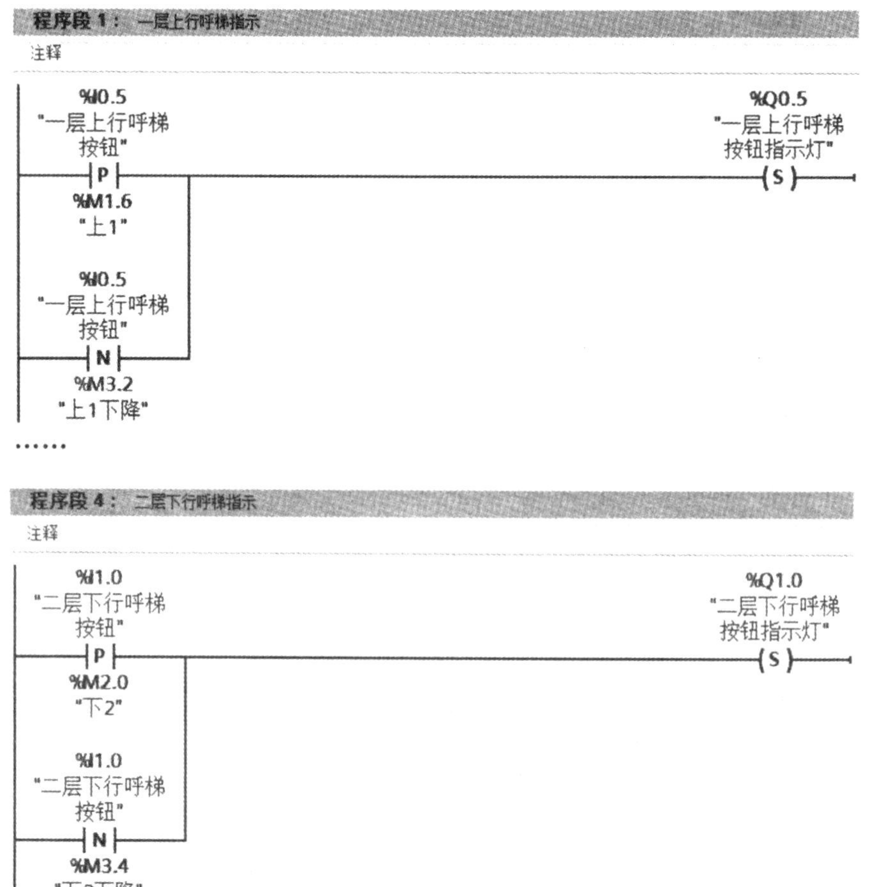

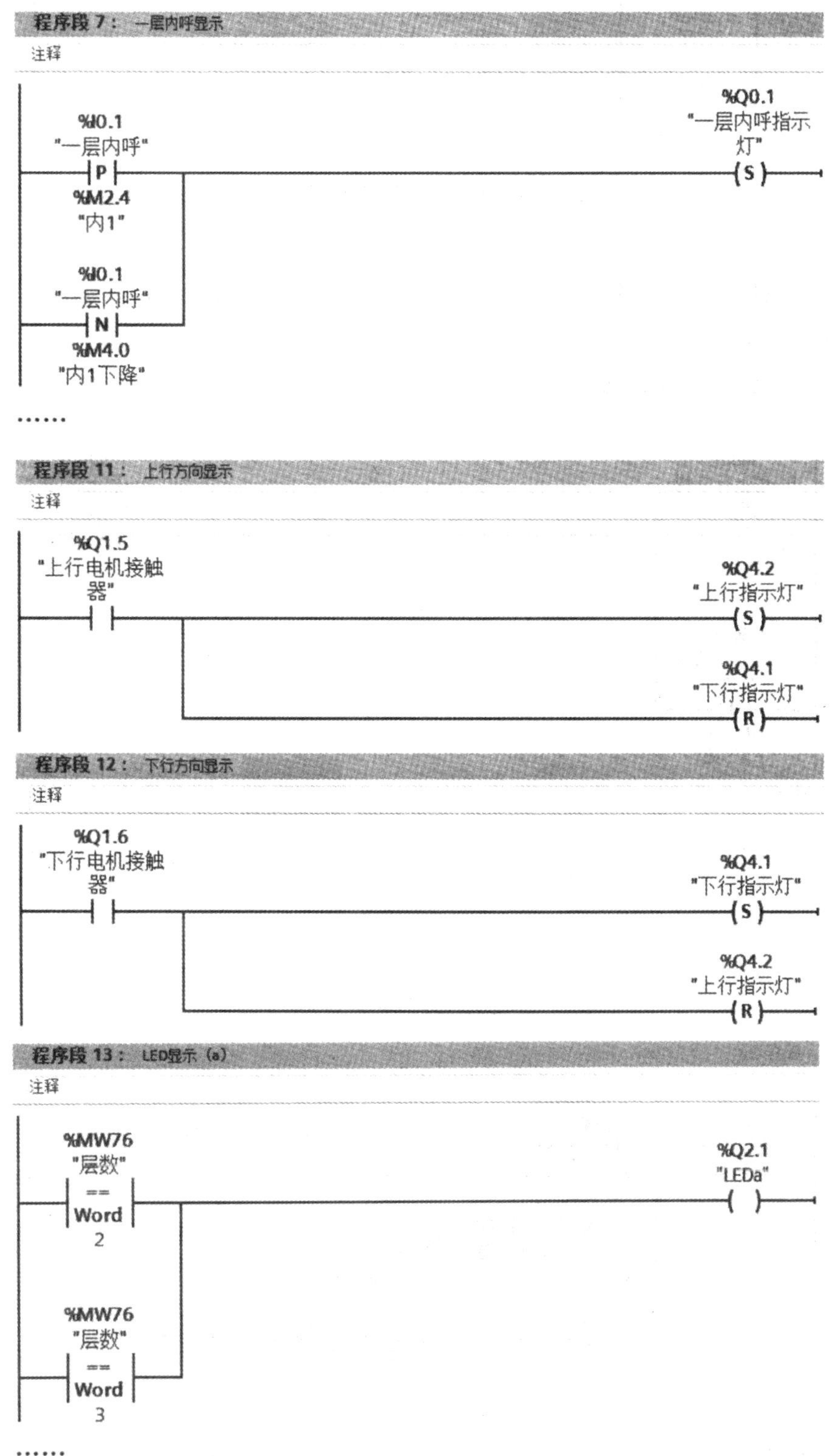

图 7-12　运行状态显不的部分梯形图程序

（四）组合功能模块程序

主程序的作用是将各功能模块程序通过接口变量连接起来，共同完成单部四层电梯的控制。在电梯工作状态下，若电梯停在一层，准备就绪信号 Q3.7 为“1”，此时根据输入信号的状态，调用集选控制函数和显示函数（运行状态显示），控制电梯运行；否则，调用初始化程序，控制电梯运行至一层，其梯形图程序如图 7-13 所示。

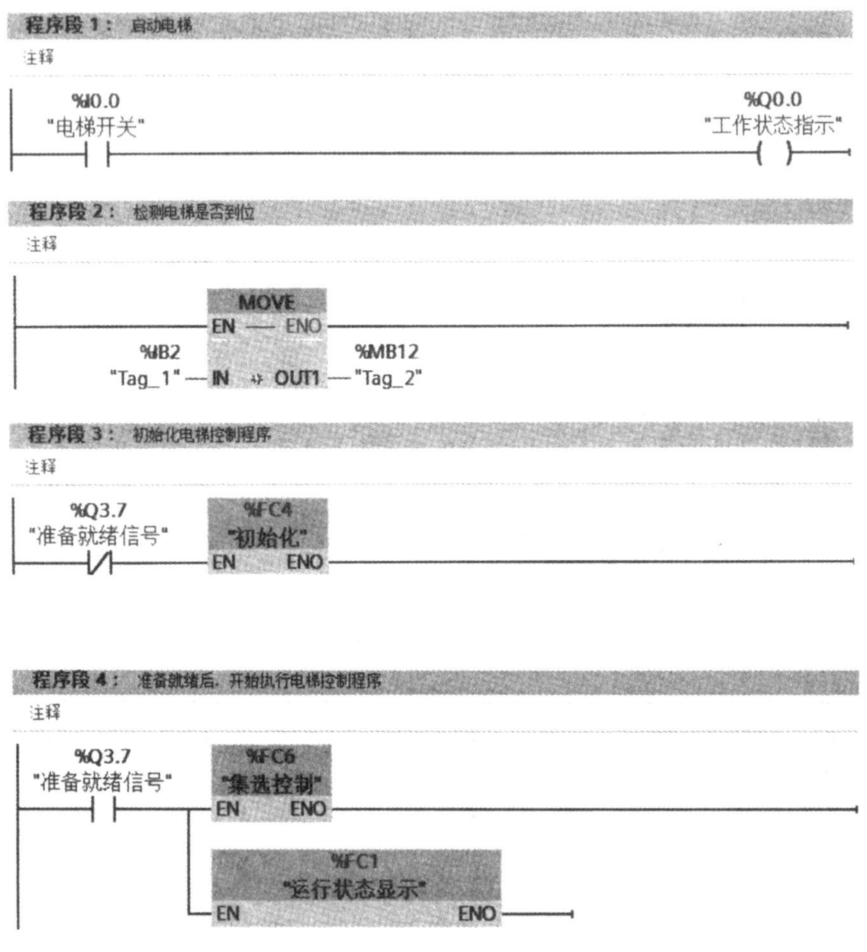

图 7-13　单部四层电梯控制系统的梯形图主程序

（五）调试程序

（1）按照单部四层电梯控制系统的工作过程，分别按呼梯按钮和内呼按钮，观察电梯运行状态是否符合要求。

（2）长按 SB14（模拟光幕信号），观察电梯门是否能够关闭。

（3）长按 SB15，观察电梯门是否能够关闭。

项目实训

一、实训题目

设计单部六层电梯控制系统的梯形图程序。

二、实训目的及要求

(1) 掌握 PLC 控制系统的设计步骤。

(2) 学会 PLC 控制系统的选型。

(3) 能够完成较为复杂系统的功能划分。

(4) 能够设计简单的梯形图程序。

三、实训器材

(1) PLC 实验台 1 台（含 CPU 1214C DC/DC/DC）。

(2) 上位机 1 台（已安装博途软件）。

(3) 导线若干。

四、实训内容

请在单部四层电梯的基础上，设计单部六层电梯控制系统的梯形图程序。

参考文献

［1］朱文杰. S7－1200 PLC 编程与应用［M］. 北京：中国电力出版社，2015.

［2］廖常初. S7－1200 PLC 编程及应用［M］. 北京：机械工业出版社，2010.

［3］李乃夫. 可编程控制器技术［M］. 北京：高等教育出版社，2014.

［4］张安洁，应再恩. S7－1200 PLC 编程与调试项目化教程［M］. 北京：北京理工大学出版社，2020.

［5］吴繁红. 西门子 S7－1200 PLC 应用技术项目教程［M］. 北京：电子工业出版社，2017.

［6］王春峰，段向军. 可编程控制器应用技术项目式教程（西门子 S7. 1200）［M］. 北京：电子工业出版社，2019.

［7］王仁祥，王小曼. S7－1200 编程方法与工程应用［M］. 北京：中国电力出版社，2011.

［8］段礼才. 西门子 S7－1200 PLC 编程及使用指南［M］. 第 2 版. 北京：机械工业出版社，2020.

［9］朱文杰. S7－1200 PLC 编程设计与案例分析［M］. 北京：机械工业出版社，2011.

［10］Siemens. SIMATIC S7－1200 可编程控制器系统手册. 2012.

［11］Siemens. SINAMICS G120 控制单元 CU240B/E－2 参数手册. 2011.

［12］廖常初. S7－1200 PLC 编程及应用［M］. 第 3 版. 北京：机械工业出版社，2017.